招投标与预决算丛书

水暖及通风空调工程
招投标与预决算

SHUINUAN JI TONGFENG KONGTIAO GONGCHENG
ZHAOTOUBIAO YU YUJUESUAN

赵莹华 主编

化学工业出版社

·北京·

《水暖及通风空调工程招投标与预决算》是“招投标与预决算丛书”中的一本。

依据《建设工程工程量清单计价规范》（GB 50500—2013）、《通用安装工程工程量计量规范》（GB 50856—2013）、建筑工程施工合同（示范文本）（GF-2013-0201）及现行招标投标法、合同法，全面介绍了水暖及通风空调工程的工程量清单计算规则与预算工程量计算规则，招标投标与合同管理及相关的工程造价、工程施工图识读、竣工结算与竣工决算等内容。采用“笔记式”的编写方式，简单、明了，并重点突出了工程量计算实例、工程量清单计价实例，便于读者自学并抓住重点、理清知识脉络。

本书内容深浅适宜，理论与实例结合，涉及内容广泛、编写体例新颖、方便查阅、可操作性强，适合水暖及通风空调工程招投标编制、工程造价及项目管理人员参考使用，也可供相关专业的大专院校师生参考阅读。

图书在版编目（CIP）数据

水暖及通风空调工程招投标与预决算/赵莹华主编. 2版.—北京：化学工业出版社，2015.10（2023.1重印）
（招投标与预决算丛书）
ISBN 978-7-122-24966-1

Ⅰ.①水… Ⅱ.①赵… Ⅲ.①采暖设备-建筑安装工程-招标②通风设备-建筑安装工程-招标③空气调节设备-建筑安装工程-招标④采暖设备-建筑安装工程-建筑预算定额⑤通风设备-建筑安装工程-建筑概算定额⑥空气调节设备-建筑安装工程-建筑概算定额 Ⅳ.①TU723

中国版本图书馆 CIP 数据核字（2015）第 196057 号

责任编辑：袁海燕　　装帧设计：王晓宇
责任校对：宋　玮

出版发行：化学工业出版社（北京市东城区青年湖南街 13 号　邮政编码 100011）
印　　装：天津盛通数码科技有限公司
787mm×1092mm　1/16　印张 14　字数 347 千字　2023 年 1 月北京第 2 版第 3 次印刷

购书咨询：010-64518888　　售后服务：010-64518899
网　　址：http://www.cip.com.cn
凡购买本书，如有缺损质量问题，本社销售中心负责调换。

定　　价：45.00 元

《水暖及通风空调工程招投标与预决算》

编写人员

主　　编　赵莹华

参编人员　（按姓名笔画排序）

马小满　王　开　王　安　白　莹

白雅君　朱喜来　刘佳力　季贵斌

郑勇强　赵莹华　谭立新

第二版前言

Foreword

为了规范建设市场秩序、提高投资效益，做好工程造价工作，住房与城乡建设部于2013年颁布实施《建设工程工程量清单计价规范》(GB 50500—2013)、《通用安装工程工程量计算规范》(GB 50856—2013)、建设工程施工合同（示范文本）(GF-2013-0201)、中华人民共和国标准设计施工总承包招标文件（2012年版）、中华人民共和国简明标准施工招标文件（2012年版）等最新标准规范文件，同时《中华人民共和国招投标法》、《中华人民共和国合同法》也进行了更新和修订，这些给广大工程造价人员带来了极大的挑战。

再者，第一版的很多知识对于现在的工程造价人员来说，已经过时，适用性不强。尤其是清单计价规范及招投标相关规范的颁布施行，非常有必要进行第二版修订。本书第二版更注重将最新的标准规范与现有的工程造价知识及招投标知识相结合，更符合当前的市场经济发展趋势，也更有利于工程造价人员学习参考使用。

《水暖及通风空调工程招投标与预决算》(第二版) 内容深浅适宜，理论与实例结合，涉及内容广泛、编写体例新颖、方便查阅、可操作性强。主要内容包括：水暖及通风空调工程造价概述、水暖及通风空调工程施工图识读、水暖及通风空调工程预算、水暖及通风空调工程工程量计算规则、水暖及通风空调工程竣工结算与竣工决算、水暖及通风空调工程施工招标与投标以及水暖及通风空调工程施工合同管理。

本书适合水暖及通风空调工程招投标编制、工程造价及项目管理人员参考使用，也可供相关专业的大专院校师生参考阅读。

由于编者的经验和学识有限，内容难免有疏漏或未尽之处，敬请广大读者批评指正。

编　者

2015年6月

目录

Contents

第 1 章　水暖及通风空调工程造价概述 …… 1

第 1 节　基本建设 …… 1
第 2 节　工程造价的分类 …… 6
第 3 节　工程造价的构成 …… 10
第 4 节　工程造价的计价模式 …… 26
第 5 节　工程造价的特点与职能 …… 31

第 2 章　水暖及通风空调工程施工图识读 …… 34

第 1 节　工程制图一般规定 …… 34
第 2 节　投影与投影图识读 …… 48
第 3 节　剖、断面图识读 …… 55
第 4 节　水暖及通风空调工程施工图识读 …… 60

第 3 章　水暖及通风空调工程预算 …… 66

第 1 节　预算定额概述 …… 66
第 2 节　预算定额的编制 …… 70
第 3 节　水暖及通风空调工程施工预算 …… 73
第 4 节　水暖及通风空调工程施工图预算 …… 74
第 5 节　水暖及通风空调工程预算的应用 …… 79

第 4 章　水暖及通风空调工程工程量计算规则 …… 82

第 1 节　给排水、采暖、燃气管道及支架 …… 82
第 2 节　管道附件 …… 86
第 3 节　卫生器具 …… 89
第 4 节　供暖器具 …… 92
第 5 节　燃气器具及其他 …… 96
第 6 节　通风及其空调设备及部件制作安装 …… 99
第 7 节　通风管道制作安装 …… 104
第 8 节　通风管道部件制作安装 …… 107
第 9 节　通风工程检测、调试 …… 111
第 10 节　水暖及通风空调工程工程量计算实例 …… 114

第 5 章　水暖及通风空调工程竣工结算与竣工决算 …… 123
第 1 节　水暖及通风空调工程价款结算 …… 123
第 2 节　水暖及通风空调工程竣工结算 …… 134
第 3 节　水暖及通风空调工程竣工决算 …… 139
第 6 章　水暖及通风空调工程施工招标与投标 …… 143
第 1 节　工程招投标概述 …… 143
第 2 节　工程招投标监管机构 …… 146
第 3 节　水暖及通风空调工程施工招标 …… 149
第 4 节　招标文件的组成 …… 156
第 5 节　招标标底的编制与审查 …… 159
第 6 节　水暖及通风空调工程施工投标 …… 162
第 7 节　投标文件的组成 …… 165
第 8 节　投标报价的决策与策略 …… 176
第 9 节　投标报价的编制 …… 178
第 7 章　水暖及通风空调工程施工合同管理 …… 181
第 1 节　施工合同概述 …… 181
第 2 节　施工合同的谈判 …… 186
第 3 节　施工合同的签订与审查 …… 190
第 4 节　施工合同的履行与争议处理 …… 193
第 5 节　施工索赔 …… 198
附录　水暖及通风空调工程常用图例 …… 202
参考文献 …… 217

第1章 水暖及通风空调工程造价概述

第1节 基本建设

要 点

基本建设，是指形成固定资产的生产过程，或是对一定固定资产的建筑、安装以及相关联的其他工作的总称，即指行政主管部门或建设单位和施工单位为建立和形成固定资产所进行的一种综合性经济活动，将一定数量的建筑材料、机械设备等，通过购置、建造和安装调试活动，使之成为固定资产，形成新的生产能力和使用效益的过程。

解 释

一、基本建设项目的分类

基本建设是一种宏观的经济活动，通常要通过建筑业的勘察、设计和施工等工作以及其他相关部门的经济活动来实现，它包括国民经济各部门的生产、分配、流通等各个环节，既有物质生产活动，又有非物质生产活动。从基本建设的总体来看，是由若干个基本建设项目组成的。基本建设项目，又简称为建设项目，是指依照总体设计和计划任务书，经济上实行独立核算，行政上具有独立组织形式的基本建设单位所进行施工的建设工程。在民用建设中，医院、学校、房地产商开发的住宅小区、党政机关等即为一个建设项目。对于建设项目，一般可做以下分类。

按照建设项目的性质划分，建设项目可分为新建项目、扩建项目、改建项目、恢复项目和迁建项目。

按照建设项目的用途划分，建设项目可分为生产性建设项目和非生产性建设项目。生产性建设项目包括工业、农业、交通运输、邮电通信、商业和物资供应等建设项目，而非生产性建设项目则包括住宅、公共事业设施、文教卫生和科研机构等建设项目。

按照建设项目的建设过程划分，建设项目可分为筹建项目、在建项目和投产项目。

按照建设项目的投资规模划分，建设项目又可分为大型项目、中型项目和小型项目。

按照建设项目投资的来源划分，建设项目可分为国家投资或国有资金为主的建设项目，银行信用贷款筹资的建设项目，自筹资金的建设项目，引进外资的建设项目和资金市场筹资的建设项目等。

按照建设项目的隶属关系划分，建设项目可分为部直属项目、地方项目和某企业、事业单位的建设项目。

基本建设工程还可以划分为建设项目、单项工程、单位工程、分部工程和分项工程。

(1) 建设项目　是指基本建设工程中依照总体设计进行施工，并且在经济上实行独立核算，在行政上具有独立组织形式的建设工程。即建设项目也可以称作建设单位，也是编制和执行基本建设计划的单位。如上所述，工厂、学校、科研院所、医院等单位均可作为一个建设项目。

(2) 单项工程　是建设项目的组成部分。凡是具有独立的设计文件，建成后可以独立发挥生产能力或效益的工程，称为一个单项工程。一个建设项目，可以由一个或多个单项工程组成。在工业建设项目中，如各个独立的生产车间、实验大楼等；在民用建设项目中，如学校的教学楼、宿舍楼、图书馆、食堂、影剧院、商场等，这些都各自为一个单项工程。

(3) 单位工程　是单项工程的组成部分。凡是具备独立的施工图设计，具备独立的施工组织条件和专业施工特点并能独立施工以及可单独作为计算成本的对象，但完工后不能独立发挥使用功能或效益的工程，称为单位工程。一个单项工程可划分一个或多个单位工程。如房屋建筑中的电气照明工程、暖通工程、给排水工程、土建工程、工业管道安装工程等。

(4) 分部工程　是单位工程的组成部分。一般按单位工程的结构部位、专业结构特点或设备材料的种类和型号的不同等，将一个单位工程划分为多个分部工程。如防雷接地、电缆工程、照明工程等。

(5) 分项工程　是分部工程的组成部分。通常是指按照不同的施工方法、不同的设备材料型号规格，将分项工程分为不能再分的、最基本的单位内容，即属于子目工程。如变配电工程由变压器安装、高低压柜安装、母线安装等分项工程组成。

二、基本建设的程序

基本建设程序是指在整个建设过程中，建设项目中的各项工作必须遵循的先后顺序。因此，基本建设程序是人们通过长期的基本建设经济活动，对基本建设过程的客观规律和方法所作的科学总结的结果。基本建设程序通常包括投资决策阶段、工程项目设计阶段、施工阶段和竣工验收交付使用及生产准备阶段等内容，见图 1-1。

1. 投资决策

(1) 提出项目建议　项目建议书是对拟建项目通过科学论证而提出的设想，即是根据国民经济和社会发展的长远规划、行业规划、地区规划要求，经过调查、预测和分析后提出的，因此是确定建设项目和建设方案的重要文件，也是编制设计文件的重要依据。项目建议书的主要内容如下。

① 项目提出的必要性和依据。

② 产品方案、生产方法、拟建规模和建设地点的初步设想。

③ 资源条件、建设条件、协作关系。如果是引进国外的技术和设备项目，还需要进行国别、厂商的可行性论证初步设计。

④ 投资所需资金的初步估算和资金筹措设想。

⑤ 项目的建设工期进度安排。

⑥ 经济效益和社会效益的初步预计，设想可以达到的技术水平和生产能力。

(2) 建设项目可行性研究 根据国民经济发展规划及项目建议书，对建设项目的投资建设，从技术和经济两个方面进行研究、分析、论证，以判断技术上是否可行，经济上是否合理，并预测其投产后的经济效益和社会效益。建设项目可行性研究多用于新建、扩建和技术改造项目。

(3) 编制设计任务书，选定建设地点

设计任务书是确定建设项目和建设方案的基本文件，是对可行性研究最佳方案的确认，也是编制设计文件的主要依据。大中型工业建设项目的计划任务书，一般应包括以下内容。

① 建设项目提出的背景、建设项目的必要性和经济意义以及建设项目投资的目的和依据。

② 建设规模、产品方案、生产工艺或方法以及市场需求情况的预测。

③ 矿产资源、水文地质、燃料、水、电、运输条件。

④ 建设项目选址方案，建设条件以及初步确定的建设项目的工程地点及占用土地的估算。

⑤ 资源综合利用，环境保护及排污处理方案、城市规划、防震、防空、防洪、劳动保护及可持续发展的要求。

⑥ 建设工期和实施进度。

⑦ 投资估算和资金筹措。

⑧ 生产组织和劳动定员的编制以及人员培训计划安排等。

⑨ 预期技术水平、经济效益和社会效益的评价等。

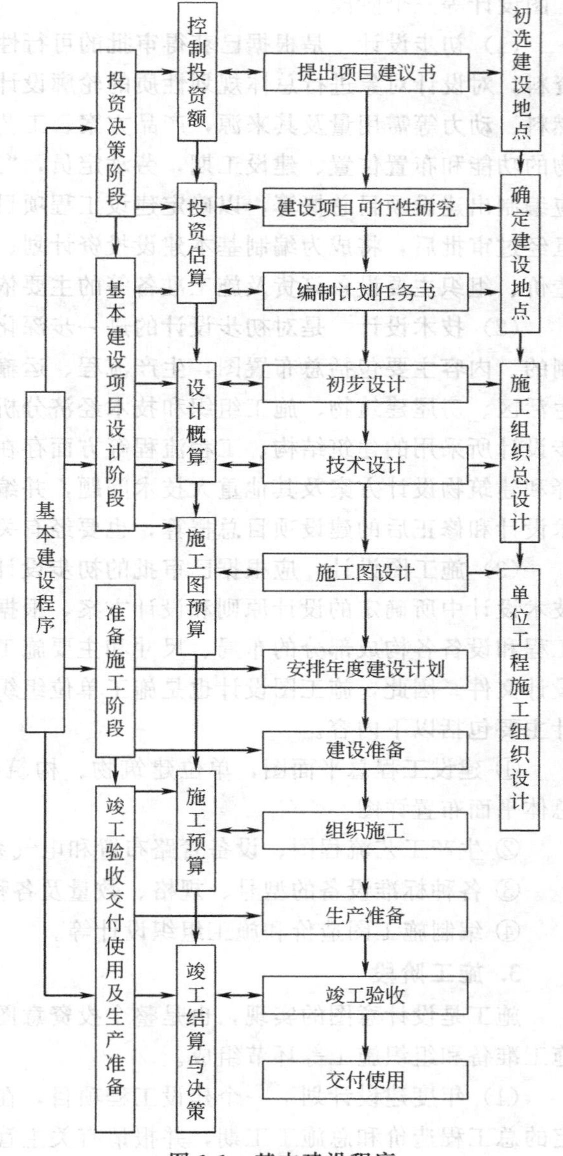

图 1-1 基本建设程序

建设项目立项后，建设单位提出建设用地申请。设计任务书经报批后，必须附有城市规划行政主管部门的选址意见书。建设地点的选择要考虑工程地质、水文地质等自然条件是否可靠；水、电、运输条件是否落实；项目建设投产后的原材料、燃料等是否具备；对于生产人员的生活条件、生产环境以及环保措施等也应全面考虑。在认真细致调查研究的基础上，从几个方案中选出最佳推荐方案，编写选址报告。

2. 设计工作

设计工作是指在可行性研究报告及工程项目选址报告经有关部门审批后，由设计单位负责编制出设计文件的工作。建设项目一般包括初步设计（或扩大初步设计）、技术设计和施工图设计等三个阶段。

(1) 初步设计　是根据已获得审批的可行性报告、工程项目选址报告和必要的设计基础资料，对设计对象进行总体规划性质的轮廓设计。主要包括建设工程项目的规模，原材料和燃料、动力等需用量及其来源，产品方案、工艺流程、设备选型及数量，主要建筑物和构筑物的功能和布置位置、建设工期，劳动定员，“三废”治理方案等。在初步设计过程中，还应编制出建设项目总概算，以确定建设工程项目的总投资。因此，初步设计方案和总概算一旦经过审批后，将成为编制基本建设投资计划、签订工程总承包合同和贷款合同、控制工程造价、组织主要设备订货及施工准备等的主要依据。

(2) 技术设计　是对初步设计的进一步深化，是根据已通过审批的初步设计文件进行编制的。内容主要包括总布置图，生产流程、运输、动力、给水排水、采暖通风、人员及住宅生活区、房屋建筑物、施工组织和技术经济分析等。技术设计的目的就是进一步解决确定初步设计所采用的建筑结构、工程流程等方面存在的主要技术问题，校正初步设计中对设备选择和建筑物设计方案及其他重大技术问题，并编制经修正后的建设项目的总概算。同样，技术设计和修正后的建设项目总概算，也要经有关主管部门或地方有关部门审批。

(3) 施工图设计　应根据已审批的初步设计的技术设计文件进行编制。即将初步设计，技术设计中所确定的设计原则和设计方案，根据建设工程项目的实际要求进一步具体化，将工程和设备各构成部分的布局、尺寸和主要施工方法等，以工程施工图纸的形式加以确定的设计文件。因此，施工图设计也是施工单位组织施工和编制工程造价的基本依据。施工图设计主要包括以下内容。

① 建设工程总平面图，单位建筑物、构筑物和公用设施的平面图、立面图及剖面图，总体平面布置详图。

② 生产工艺流程图、设备管路布置和电气系统等的平面图、系统图、剖面图。

③ 各种标准设备的型号、规格、数量及各种非标准设备加工制作图等。

④ 编制施工图造价和施工组织设计等。

3. 施工阶段

施工是设计意图的实现，也是整个投资意图的实现阶段。施工阶段可由年度建设计划，施工准备和组织施工等环节组成。

(1) 年度建设计划　一个建设工程项目，在完成初步设计、技术设计、施工设计以及确定的总工程造价和总施工工期，并报请有关主管部门审批后，建设单位即可着手编制企业的年度基本建设计划，以报请国家有关部门列入国家年度固定资产投资计划，从而达到合理分配各年度的投资额，使每年的建设内容与当年的投资额及设备材料分配额相适应。配套项目应同时安排，相互衔接，以保证施工的连续性。

(2) 建设工程项目的施工准备　建设工程项目的施工准备工作是建设项目顺利实施的基本保证，主要包括以下内容。

① 完成建设工程项目征地和拆迁工作。

② 组织设计文件的编审，编制建设工程实施方案，制定年度基本建设计划。

③ 组织设计招标，选择设计单位。

④ 申报物资采购计划，提出大型专用设备和特殊设备、材料的采购订货详单。

⑤ 组织招投标，选择施工单位，签订施工承包合同。

⑥ 进行“三通一平”，建造临时设施。落实水通、电通、路通和施工场地平整等外部建

设条件。

⑦ 落实建筑材料、施工机械，组织进货。

⑧ 提供必要的勘察测量技术资料，准备必要的施工图纸。

⑨ 申请贷款，签订贷款协议、合同等。

(3) 组织施工 建设工程项目的施工准备工作完成后，就可以提出开工报告，经政府有关部门批准后，即可开始施工。首先建设单位要采用招标方式选定施工单位并签订合同。施工单位根据设计单位提供的计划和设计文件的规定，编制施工组织设计及施工预算。根据施工图纸，有计划地按照施工程序合理进行施工，确保工程质量并按期完工。

建设工程项目开工建设时间是指第一次正式施工的时间，如土建工程一般是指破土动工时间，电气工程则通常是指第一次进入工地配合土建施工埋设管线、开沟槽或敷设接地装置等施工的时间。

4. 竣工验收交付使用及生产准备

竣工验收是建设工程项目施工过程的最后一个程序，是全面考核建设成果、检查设计和施工质量的重要环节，也是建设投资成果转入生产或使用的标志。根据国家规定，国家对建设项目竣工验收的组织工作，一般按隶属关系和建设项目的重要性而定，一般由建设单位、施工单位、工程监理部门和环境保护部门等共同进行工程验收。竣工验收既可以是单项工程验收，也可以是全部工程验收。对于不合格的建设项目，不能办理验收和移交手续。

此外，生产准备是衔接工程建设和生产的重要环节，也是尽快回收投资的重要措施，因此建设单位要根据工程项目的生产技术特点，在建设项目进入施工阶段以后，在加强施工管理的同时，做好生产准备工作，保证工程一旦竣工，即可投入生产。尤其是对一些现代化的大型项目来说，生产准备工作显得尤为重要。

生产准备包括以下主要内容。

(1) 招收和培训必要的生产人员和技术工人，在他们掌握了一定的技能之后，组织参加生产设备的安装、调试和验收工作。

(2) 组织工具、器具和备品的制作与供应，落实生产用原材料、协作产品、燃料、水、电、气和其他协作配合条件。

(3) 要建立健全各级生产管理机构，制定生产管理和安全操作等规章制度。

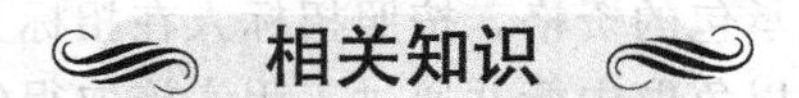

基本建设的作用

基本建设是一种综合性的经济活动，国民经济各部门，都有基本建设的经济活动，包括建设项目的投资决策、技术决策、建设布局、环保、工艺流程的确定，设备选型、生产准备和试生产，以及对工程项目的规划、勘察、设计和施工的监督活动。

任何国家，固定资产都是国民财富的主要组成部分。衡量一个国家经济实力的雄厚与否，社会生产力发展的高低，重要的一点，就是看它拥有的固定资产的数量多少与质量的高低，因为固定资产的物资内容就是生产手段，而生产手段是生产力诸要素中最活跃的一个要素。

基本建设是扩大再生产以提高人民物质、文化生活水平和加强经济和国防实力的重要手段。具体作用是：为国民经济各部门提供生产能力；影响和改变各产业部门内部之间、各部分之间的构成和比例关系；使全局生产力配置更趋合理；用先进的技术提高国民经济；基本建设还为社会提供住宅、文化设施和市政设施，为解决社会重大问题提供物质基础。

但应当指出，基本建设可以是扩大再生产，但它绝不是扩大再生产的唯一途径。因为，扩大再生产分为外延与内涵两个方面，扩大外延必须增加设备，扩大厂房，耗资较大。而扩大内涵即提高生产效率只需少量耗资甚至无需耗资。所以，提高企业的经济效益与社会总效益，必须不断努力提高现有固定资产的生产效率，而不应当单纯追求扩大外延增加基本建设投资。

第2节 工程造价的分类

要 点

建筑安装工程造价的分类因分类标准的不同而不同。本节主要对工程造价分别按用途分类与按计价方法分类的内容作介绍。

解 释

一、按用途分类

1. 标底价格

标底价格指的是招标人的期望价格而不是交易价格。招标人以此作为衡量投标人投标价格的一个尺度，也是招标人的一种控制投资的手段。

招标人设置标底价目的有两个：一是在坚持最低价中标时，标底价可作为招标人自己掌握的招标底数，起参考作用，而不作评标的依据；二是为避免因标价太低而损害质量，使靠近标底的报价评为最高分，高于或低于标底的报价均递减评分，则标底价可作为评标的依据，使招标人的期望价成为价格控制的手段之一。根据哪种目的设置标底，需在招标文件中做出说明。

编制标底价可由招标人自行操作，也可以由招标人委托招标代理机构操作，由招标人做出决策。

2. 投标价格

投标人为了得到工程施工承包的资格，按照招标人在招标文件中的要求进行估价，然后根据投标策略确定投标价格，以争取中标并通过工程实施取得经济效益。因此投标报价是卖方的要价，如果中标，这个价格就是合同谈判和签订合同确定工程价格的基础。

如果设有标底，投标报价时要研究招标文件中评标时如何使用标底：①以靠近标底者得分最高，这时报价就无需追求最低报价；②标底价只作为招标人的期望，但仍要求低价中标，这时，投标人就要努力采取措施，既使标价最具竞争力（最低价），又使报价不低于成本，能获得理想的利润。由于“既能中标，又能获利”是投标报价的原则，故投标人的报价必须有雄厚的技术和管理实力做后盾，编制出有竞争力、又能盈利的投标报价。

3. 中标价格

《中华人民共和国招标投标法》第四十条规定：“评标委员会应当按照招标文件确定的评标标准和方法，对投标文件进行评审和比较；设有标底的，应当参考标底”。所以评标的依据一是招标文件；二是标底（如果设有标底时）。

《中华人民共和国招标投标法》第四十一条规定，中标人的投标应符合下列两个条件之一：一是“能最大限度地满足招标文件中规定的各项综合评价标准”；二是“能够满足招标文件的实质性要求，并且经评审的投标价格最低，但是投标价低于成本的除外”。第二项条件主要说的是投标报价。

4. 直接发包价格

直接发包价格是由发包人直接与指定的承包人接触，并通过谈判达成协议签订施工合同，而不需要像招标承包定价方式那样，通过竞争定价。直接发包方式计价只适用于不宜进行招标的工程，如保密技术工程、军事工程、专利技术工程及发包人认为不宜招标而又不违反《中华人民共和国招标投标法》第三条（招标范围）规定的其他工程。

直接发包方式计价首先提出协商价格意见的可能是发包人或其委托的中介机构，也可能是承包人提出价格意见交发包人或其委托的中介组织进行审核。无论由哪一方提出协商价格意见，都要经过谈判协商，签订承包合同，确定合同价。

直接发包价格是以审定的施工图预算为基础，由发包人与承包人商定增减价的方式定价。

5. 合同价格

《建设工程施工发包与承包计价管理办法》（以下简称《办法》）第十二条规定：“合同价款的有关事项由发承包双方约定，一般包括合同价款约定方式，预付工程款、工程进度款、工程竣工价款的支付和结算方式，以及合同价款的调整情形等。”《办法》第十三条规定：“发承包双方在确定合同价款时，应当考虑市场环境和生产要素价格变化对合同价款的影响。实行工程量清单计价的建筑工程，鼓励发承包双方采用单价方式确定合同价款。建设规模较小、技术难度较低、工期较短的建筑工程，发承包双方可以采用总价方式确定合同价款。紧急抢险、救灾以及施工技术特别复杂的建筑工程，发承包双方可以采用成本加酬金方式确定合同价款。”现分述如下。

（1）固定合同价　合同中确定的工程合同价在实施期间不因价格变化而调整。固定合同价可分为固定合同总价和固定合同单价两种。

① 固定合同总价。它是指承包整个工程的合同价款总额已经确定，在工程实施中不再因物价上涨而变化，所以，固定合同总价应考虑价格风险因素，也需在合同中明确规定合同总价包括的范围。这类合同价可以使发包人对工程总开支做到大体心中有数，在施工过程中可以更有效地控制资金的使用。但对承包人来说，要承担较大的风险，如气候条件恶劣、物价波动、地质地基条件及其他意外困难等，因此合同价款一般会高些。

② 固定合同单价。它是指合同中确定的各项单价在工程实施期间不因价格变化而调整，而在每月（或每阶段）工程结算时，根据实际完成的工程量结算，在工程全部完成时以竣工图的工程量最终结算工程总价款。

（2）可调合同价

① 可调总价。是指合同中确定的工程合同总价在实施期间可随价格变化而调整。发包人和承包人在商订合同时，以招标文件的要求及当时的物价计算出合同总价。如果在执行合同期间，由于通货膨胀引起成本增加达到某一限度时，合同总价则作相应调整。可调合同价使发包人承担了通货膨胀的风险，承包人则承担其他风险。通常适合于工期较长（如一年以上）的项目。

② 可调单价。合同单价可调，一般是在工程招标文件中规定。在合同中签订的单价，根据合同约定的条款，如在工程实施过程中物价发生变化等，可作调整。有的工程在招标或签约时，因某些不确定性因素而在合同中暂定某些分部分项工程的单价，在工程结算时，再

根据实际情况和合同约定对合同单价进行调整，确定实际结算单价。

关于可调价格的调整方法，常用的有以下几种。

第一，按主材计算价差。发包人在招标文件中列出需要调整价差的主要材料表及其基期价格（一般采用当时当地工程造价管理机构公布的信息价或结算价），工程竣工结算时按竣工当时当地工程造价管理机构公布的材料信息价或结算价，与招标文件中列出的基期价比较计算材料差价。

第二，主料按抽料法计算价差，其他材料按系数计算价差。主要材料按施工图预算计算的用量和竣工当月当地工程造价管理机构公布的材料结算价或信息价与基价对比计算差价。其他材料按当地工程造价管理机构公布的竣工调价系数计算方法计算差价。

第三，按工程造价管理机构公布的竣工调价系数及调价计算方法计算差价。

另外，还有调值公式法和实际价格结算法。调值公式一般包括固定部分、材料部分和人工部分三项。当工程规模和复杂性增大时，公式也会变得复杂。调值公式一般如下：

$$P=P_0\left(a_0+a_1\frac{A}{A_0}+a_2\frac{B}{B_0}+a_3\frac{C}{C_0}+\cdots\right) \tag{1-1}$$

式中，P 为调值后的工程价格；P_0 为合同价款中工程预算进度款；a_0 为固定要素的费用在合同总价中所占比重，这部分费用在合同支付中不能调整；a_1，a_2，a_3，…为代表有关各项变动要素的费用（如人工费、钢材费用、水泥费用、运输费用等）在合同总价中所占比重，$a_0+a_1+a_2+a_3+\cdots=1$；A_0，B_0，C_0，…为签订合同时与 a_1，a_2，a_3，…对应的各种费用的基期价格指数或价格；A，B，C，…为在工程结算月份与 a_1，a_2，a_3…对应的各种费用的现行价格指数或价格。

各部分费用在合同总价中所占比重，在许多标书中要求承包人在投标时即提出，并在价格分析中予以论证。也有的由发包人在招标文件中规定一个允许范围，由投标人在此范围内选定。

③ 实际价格结算法。有些地区规定对钢材、木材、水泥等三大材的价格按实际价格结算的方法，工程承包人可凭发票按实报销。此法操作方便，但也导致承包人忽视降低成本。为避免副作用，地方建设主管部门要定期公布最高结算限价，同时合同文件中应规定发包人有权要求承包人选择更廉价的供应来源。

以上几种方法究竟采用哪一种，应按工程价格管理机构的规定，经双方协商后在合同的专用条款中约定。

(3) 成本加酬金确定的合同价　合同中确定的工程合同价，其工程成本部分按现行计价依据计算，酬金部分则按工程成本乘以通过竞争确定的费率计算，将两者相加，确定出合同价。一般分为以下几种形式。

① 成本加固定百分比酬金确定的合同价。这种合同价是发包人对承包人支付的人工、材料和施工机械使用费、措施费、施工管理费等按实际直接成本全部据实补偿，同时按照实际直接成本的固定百分比付给承包人一笔酬金，作为承包方的利润。其计算方法如下：

$$C=C_a(1+P) \tag{1-2}$$

式中，C 为总造价；C_a 为实际发生的工程成本；P 为固定的百分数。

从算式中可以看出，总造价 C 将随工程成本 C_a 而水涨船高，显然不能鼓励承包商关心缩短工期和降低成本，因而对建设单位是不利的。现在这种承包方式已很少被采用。

② 成本加固定酬金确定的合同价。工程成本实报实销，但酬金是事先商定的一个固定

数目。计算式为：

$$C=C_a+F \tag{1-3}$$

式中，F 代表酬金，通常按估算的工程成本的一定百分比确定，数额是固定不变的。这种承包方式虽然不能鼓励承包商关心降低成本；但从尽快取得酬金出发，承包商将会关心缩短工期，这是其可取之处。为了鼓励承包单位更好地工作，也有在固定酬金之外，再根据工程质量、工期和降低成本情况另加奖金的。在这种情况下，奖金所占比例的上限可大于固定酬金，以充分发挥奖励的积极作用。

③ 成本加浮动酬金确定的合同价。这种承包方式要事先商定工程成本和酬金的预期水平。若实际成本恰好等于预期水平，工程造价就是成本加固定酬金；若实际成本低于预期水平，则增加酬金；若实际成本高于预期水平，则减少酬金。这三种情况可用算式表示如下：

$$C=C_a+F \quad (C_a=C_0) \tag{1-4}$$

$$C=C_a+F+\Delta F \quad (C_a<C_0) \tag{1-5}$$

$$C=C_a+F-\Delta F \quad (C_a>C_0) \tag{1-6}$$

式中，C_0 为预期成本；ΔF 为酬金增减部分，可以是一个百分数，也可以是一个固定的绝对数。

采用这种承包方式，通常规定，当实际成本超支而减少酬金时，以原定的固定酬金数额为减少的最高限度。也就是在最坏的情况下，承包人将得不到任何酬金，但不必承担赔偿超支的责任。

从理论上讲，这种承包方式对承发包双方都没有太多风险，又能促使承包商关心降低成本和缩短工期；但在实践中准确地估算预期成本比较困难，所以要求当事双方具有丰富的经验并掌握充分的信息。

④ 目标成本加奖罚确定的合同价。在仅有初步设计和工程说明书即迫切要求开工的情况下，可根据粗略估算的工程量和适当的单价表编制概算，作为目标成本；随着详细设计逐步具体化，工程量和目标成本可加以调整，另外规定一个百分数作为酬金；最后结算时，如果实际成本高于目标成本并超过事先商定的界限（例如 5%），则减少酬金，如果实际成本低于目标成本（也有一个幅度界限），则加给酬金。用算式表示如下：

$$C=C_a+P_1C_0+P_2(C_0-C_a) \tag{1-7}$$

式中，C_0 为目标成本；P_1 为基本酬金百分数；P_2 为奖罚百分数。

另外，还可另加工期奖罚。

这种承包方式可以促使承包商关心降低成本和缩短工期，而且目标成本是随设计的进展而加以调整才确定下来的，故建设单位和承包商双方都不会承担多大风险，这是其可取之处。当然也要求承包商和建设单位的代表都必须具有比较丰富的经验和充分的信息。

在工程实践中，采用哪一种合同计价方式，是选用总价合同、单价合同还是成本加酬金合同，采用固定价还是可调价方式，应根据建设工程的特点，业主对筹建工作的设想，对工程费用、工期和质量的要求等综合考虑后进行确定。

① 项目的复杂程度。规模大且技术复杂的工程项目，承包风险较大，各项费用不易估算准确，不宜采用固定总价合同。或者有把握的部分采用固定总价合同，估算不准的部分采用单价合同或成本加酬金合同。有时，在同一工程中采用不同的合同形式，是业主和承包商合理分担工程实施中不确定风险因素的有效办法。

② 工程设计工作的深度。工程招标时所依据的设计文件的深度，即工程范围的明确程

度和预计完成工程量的准确程度，经常是选择合同计价方式时应考虑的重要因素，因为招标图纸和工程量清单的详细程度是否能让投标人合理报价，取决于已完成的设计工作的深度。

③ 工程施工的难易程度。如果施工中有较大部分采用新技术和新工艺，当发包方和承包方在这方面都没有经验，且在国家颁布的标准、规范、定额中又没有可作为依据的标准时，为了避免投标人盲目地提高承包价格或由于对施工难度估计不足而导致承包亏损，不宜采用固定总价合同，较为保险的做法是选用成本加酬金合同。

④ 工程进度要求的紧迫程度。在招标过程中，对一些紧急工程，如灾后恢复工程、要求尽快开工且工期较紧的工程等，可能仅有实施方案，还没有施工图纸，因此不可能让承包商报出合理的价格。此时，采用成本加酬金合同比较合理，可以邀请招标的方式选择有信誉、有能力的承包商及早开工。

二、按计价方法分类

建筑安装工程造价按计价方法可分为投资估算造价、设计概算造价、施工图预算造价、竣工结（决）算造价等。

相关知识

工程造价的相关概念

（1）静态投资　是以某一基准年、月建设要素的价格为依据计算出的建设工程项目投资的瞬时值。静态投资包括：建设工程项目前期工程费、建筑安装工程费、设备及工器具购置费、工程建设其他费、基本预备费（在概算编制阶段难以包括的工程支出，如工程量差引起的造价变化）等组成。

（2）动态投资　是指为完成一个工程项目的建设，预计投资需要量的总和。除包括静态投资所含内容之外，还包括建设期贷款利息、涨价预备费、固定资产投资方向调节税等组成。动态投资适应了市场价格运行机制的要求，更加符合实际的经济运动规律。

（3）经营性项目铺底流动资金　指生产经营性项目为保证生产和经营正常进行，按其所需流动资金的30%，作为铺底流动资金计入建设工程项目总投资，竣工投产后计入生产流动资金。

第3节　工程造价的构成

要　点

工程造价基本构成中，包括用于购买工程项目所含各种设备的费用，用于建筑施工和安装施工所需支付的费用，用于委托工程勘察设计应支付的费用，用于购置土地所需的费用，也包括用于建设单位自身进行项目筹建和项目管理所花费的费用等。本节主要介绍设备及工、器具购置费与建筑安装工程费用的构成。

解　释

一、我国现行工程造价的构成

我国现行工程造价的构成主要分为设备及工、器具购置费用，建筑安装工程费用，工程建设其他费用，预备费，建设期贷款利息，铺底流动资金等几项。具体构成内容见图1-2。

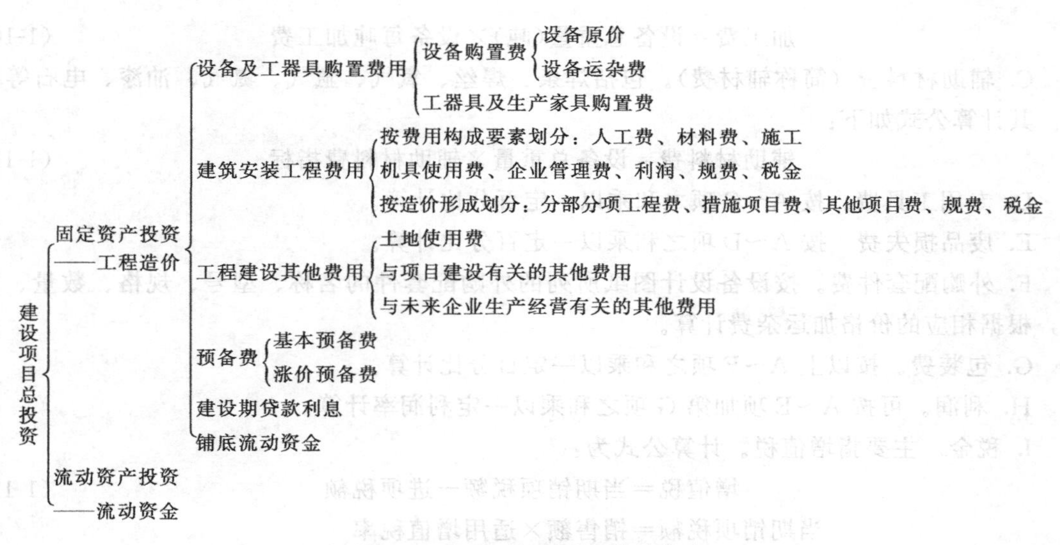

图 1-2　我国现行工程造价的构成

二、设备及工、器具购置费的构成及计算

1. 设备购置费的构成及计算

设备购置费是指达到固定资产标准，为建设工程项目购置或自制的各种国产或进口设备及工器具的费用。它由设备原价和设备运杂费构成。

$$设备购置费=设备原价+设备运杂费 \tag{1-8}$$

式中，设备原价指国产设备或进口设备的原价；设备运杂费指除设备原价之外的关于设备采购、运输、途中包装及仓库保管等方向支出费用的总和。

(1) 国产设备原价的构成及计算　国产设备原价通常指的是设备制造厂的交货价，或订货合同价。它一般根据生产厂或供应商的询价、报价、合同价确定，或采用一定的方法计算确定。国产设备原价分为国产标准设备原价和国产非标准设备原价。

① 国产标准设备原价。国产标准设备是指按照主管部门颁布的标准图纸和技术要求，由设备生产厂批量生产的，符合国家质量检验标准的设备。国产标准设备原价一般指的是设备制造厂的交货价，即出厂价。如设备系由设备成套公司供应，则以订货合同价为设备原价。有的设备有两种出厂价，即带有备件的出厂价和不带有备件的出厂价。在计算设备原价时，一般按带有备件的出厂价计算。

② 国产非标准设备原价。国产非标准设备是指国家尚无定型标准，各设备生产厂不可能在工艺过程中采用批量生产，只能按一次订货，并根据具体的设计图纸制造的设备。非标准设备原价有多种不同的计算方法，如成本计算估价法、系列设备插入估价法、分部组合估价法、定额估价法等。但无论采用哪种方法都应该使非标准设备计价接近实际出厂价，并且计算方法要简便。按成本计算估价法，非标准设备的原价由以下各项组成。

A. 材料费。其计算公式如下：

$$材料费=材料净重\times(1+加工损耗系数)\times每吨材料综合价 \tag{1-9}$$

B. 加工费。包括生产工人工资和工资附加费、燃料动力费、设备折旧费、车间经费等。其计算公式如下：

加工费＝设备总重量(吨)×设备每吨加工费　(1-10)

C. 辅助材料费（简称辅材费）。包括焊条、焊丝、氧气、氩气、氮气、油漆、电石等费用。其计算公式如下：

辅助材料费＝设备总重量×辅助材料费指标　(1-11)

D. 专用工具费。按A～C项之和乘以一定百分比计算。

E. 废品损失费。按A～D项之和乘以一定百分比计算。

F. 外购配套件费。按设备设计图纸所列的外购配套件的名称、型号、规格、数量、重量，根据相应的价格加运杂费计算。

G. 包装费。按以上A～F项之和乘以一定百分比计算。

H. 利润。可按A～E项加第G项之和乘以一定利润率计算。

I. 税金。主要指增值税。计算公式为：

增值税＝当期销项税额－进项税额　(1-12)

当期销项税额＝销售额×适用增值税率

（销售额为A～H项之和）。

J. 非标准设备设计费。按国家规定的设计费收费标准计算。

综上所述，单台非标准设备原价可用下面的公式表达：

单台非标准设备原价＝{[(材料费＋加工费＋辅助材料费)×(1＋专用工具费率)×(1＋废品损失费率)＋外购配套件费]×(1＋包装费率)－外购配套件费}×(1＋利润率)＋销项税金＋非标准设备设计费＋外购配套件费　(1-13)

（2）进口设备原价的构成及计算　进口设备的原价是指进口设备的抵岸价，即抵达买方边境港口或边境车站，且交完关税等税费后形成的价格。进口设备抵岸价的构成与进口设备的交货方式有关。

① 进口设备的交货方式。进口设备的交货方式可分为内陆交货类、目的地交货类、装运港交货类。

② 进口设备原价的构成及计算。进口设备采用最多的是装运港船上交货价（FOB），其抵岸价的构成可概括为：

进口设备原价＝货价＋国际运费＋运输保险费＋银行财务费＋外贸手续费＋关税＋增值税＋消费税＋海关监管手续费＋车辆购置附加费　(1-14)

A. 货价。一般指装运港船上交货价（FOB）。设备货价分为原币货价和人民币货价，原币货价一律折算为美元表示，人民币货价按原币货价乘以外汇市场美元兑换人民币中间价确定。进口设备货价按有关生产厂商询价、报价、订货合同价计算。

B. 国际运费。即从装运港（站）到达我国抵达港（站）的运费。我国进口设备大部分采用海洋运输，小部分采用铁路运输，个别采用航空运输。进口设备国际运费计算公式为：

国际运费(海、陆、空)＝原币货价(FOB)×运费率　(1-15)

国际运费(海、陆、空)＝运量×单位运价　(1-16)

式中，运费率或单位运价参照有关部门或进出口公司的规定执行。

C. 运输保险费。对外贸易货物运输保险是由保险人（保险公司）与被保险人（出口人或进口人）订立保险契约，在被保险人交付议定的保险费后，保险人根据保险契约的规定对货物在运输过程中发生的承保责任范围内的损失给予经济上的补偿。这是一种财产保险。计算公式为：

$$运输保险费=\frac{原币货价(FOB)+国外运费}{1-保险费率}\times保险费率 \tag{1-17}$$

式中，保险费率按保险公司规定的进口货物保险费率计算。

D. 银行财务费。一般是指中国银行手续费，可按下式简化计算：

$$银行财务费=人民币货价(FOB)\times银行财务费率 \tag{1-18}$$

E. 外贸手续费。指按对外经济贸易部规定的外贸手续费率计取的费用，外贸手续费率一般取 1.5%。计算公式为：

$$外贸手续费=[装运港船上交货价(FOB)+国际运费+运输保险费]\times外贸手续费率 \tag{1-19}$$

F. 关税。由海关对进出国境或关境的货物和物品征收的一种税。计算公式为：

$$关税=到岸价格(CIF)\times进口关税税率 \tag{1-20}$$

式中，到岸价格（CIF）包括离岸价格（FOB）、国际运费、运输保险费等费用，它作为关税完税价格。进口关税税率分为优惠和普通两种。优惠税率适用于与我国签订有关税互惠条款的贸易条约或协定的国家的进口设备；普通税率适用于与我国未订有关税互惠条款的贸易条约或协定的国家的进口设备。进口关税税率按我国海关总署发布的进口关税税率计算。

G. 增值税。是对从事进口贸易的单位和个人，在进口商品报关进口后征收的税种。我国增值税条例规定，进口应税产品均按组成计税价格和增值税税率直接计算应纳税额。即：

$$进口产品增值税额=组成计税价格\times增值税税率 \tag{1-21}$$

$$组成计税价格=关税完税价格+关税+消费税 \tag{1-22}$$

增值税税率根据规定的税率计算。

H. 消费税。对部分进口设备（如轿车、摩托车等）征收，一般计算公式为：

$$应纳消费税额=\frac{到岸价+关税}{1-消费税税率}\times消费税税率 \tag{1-23}$$

式中，消费税税率根据规定的税率计算。

I. 海关监管手续费。指海关对进口减税、免税、保税货物实施监督、管理、提供服务的手续费。对于全额征收进口关税的货物不计本项费用。其公式如下：

$$海关监管手续费=到岸价\times海关监管手续费率 \tag{1-24}$$

J. 车辆购置附加费：进口车辆需缴进口车辆购置附加费。其公式如下：

$$进口车辆购置附加费=(到岸价+关税+消费税+增值税)\times进口车辆购置附加费率 \tag{1-25}$$

(3) 设备运杂费的构成和计算　设备运杂费按设备原价乘以设备运杂费率计算，其公式为：

$$设备运杂费=设备原价\times设备运杂费率 \tag{1-26}$$

式中，设备运杂费率按各部门及省、市等的规定计取。

设备运杂费通常由下列各项构成：

① 国产标准设备由设备制造厂交货地点起至工地仓库（或施工组织设计指定的需要安装设备的堆放地点）止所发生的运费和装卸费。

进口设备则由我国到岸港口、边境车站起至工地仓库（或施工组织设计指定的需要安装设备的堆放地点）止所发生的运费和装卸费。

② 在设备出厂价格中没有包含的设备包装和包装材料器具费；在设备出厂价或进口设备价格中如已包括了此项费用，则不应重复计算。

③ 供销部门的手续费，按有关部门规定的统一费率计算。

④ 建设单位（或工程承包公司）的采购与仓库保管费，是指采购、验收、保管和收发设备所发生的各种费用，包括设备采购、保管和管理人员工资、工资附加费、办公费、差旅交通费、设备供应部门办公和仓库所占固定资产使用费、工具用具使用费、劳动保护费、检验试验费等。这些费用可按主管部门规定的采购保管费率计算。

通常来说，沿海和交通便利的地区，设备运杂费率相对低一些；内地和交通不很便利的地区就要相对高一些，边远省份则要更高一些。对于非标准设备来讲，应尽量就近委托设备制造厂，以大幅度降低设备运杂费。进口设备由于原价较高，国内运距较短，因而运杂费比率应适当降低。

2. 工、器具及生产家具购置费的构成及计算

工具、器具及生产家具购置费，是指新建或扩建项目初步设计规定的，保证初期正常生产必须购置的没有达到固定资产标准的设备、仪器、工卡模具、器具、生产家具和备品备件等的购置费用。一般以设备购置费为计算基数，按照部门或行业规定的工具、器具及生产家具费率计算。计算公式为：

$$工具、器具及生产家具购置费=设备购置费\times定额费率 \tag{1-27}$$

三、建筑安装工程费用的构成及计算

1. 建筑安装工程费用项目组成

现行建筑安装工程费用项目组成，根据住房城乡建设部、财政部共同颁发的建标［2013］44号文件规定如下。

(1) 建筑安装工程费用项目组成（按费用构成要素划分）　建筑安装工程费按照费用构成要素划分：由人工费、材料（包含工程设备，下同）费、施工机具使用费、企业管理费、利润、规费和税金组成。其中人工费、材料费、施工机具使用费、企业管理费和利润包含在分部分项工程费、措施项目费、其他项目费中，见图1-3。

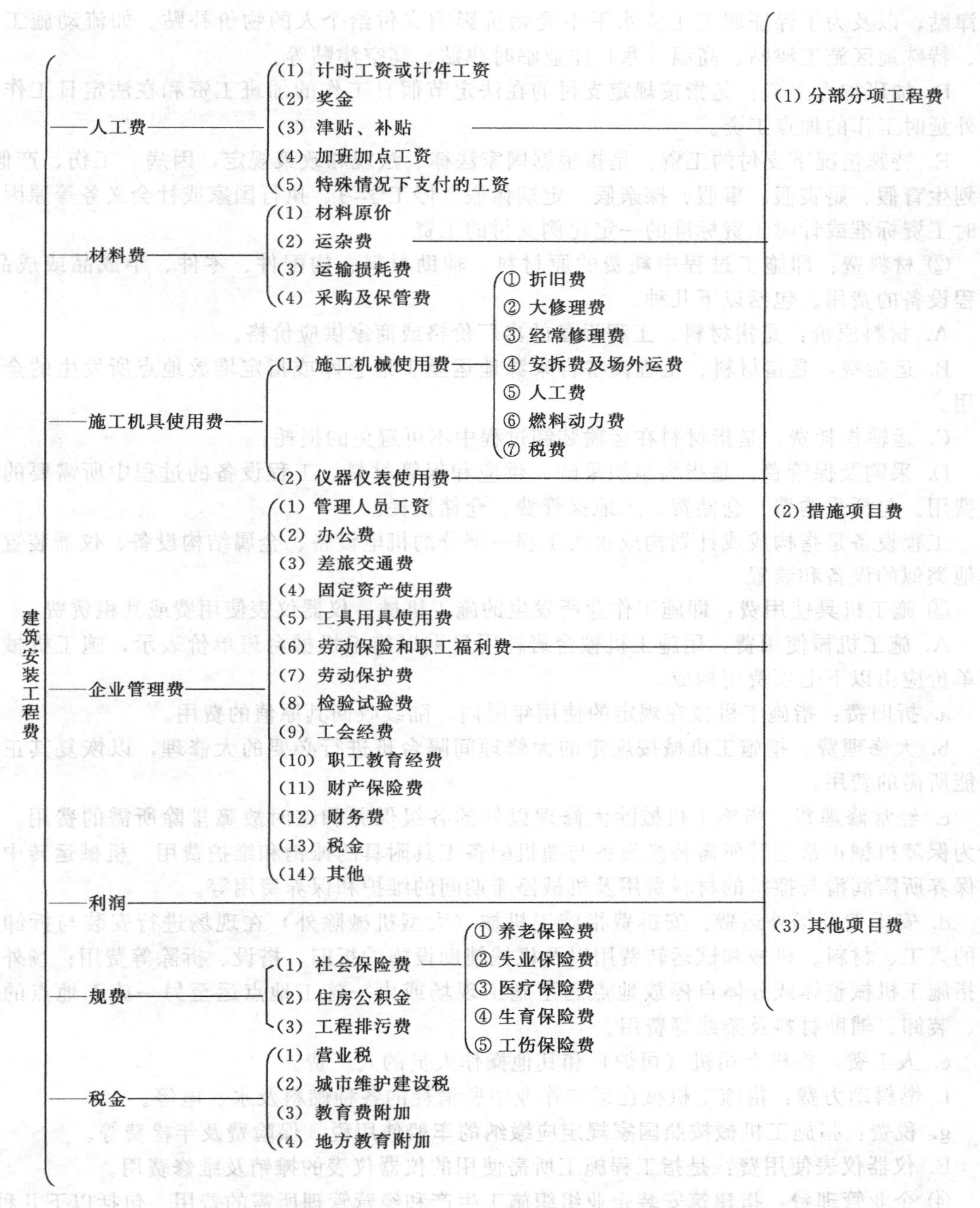

图 1-3　建筑安装工程费用项目组成（按费用构成要素划分）

① 人工费：即按工资总额构成规定，支付给从事建筑安装工程施工的生产工人和附属生产单位工人的各项费用。包括以下几种。

A. 计时工资或计件工资：是指按计时工资标准和工作时间或对已做工作按计件单价支付给个人的劳动报酬。

B. 奖金：指对超额劳动和增收节支支付给个人的劳动报酬。如节约奖、劳动竞赛奖等。

C. 津贴补贴：是指为了补偿职工特殊或额外的劳动消耗和因其他特殊原因支付给个人

的津贴，以及为了保证职工工资水平不受物价影响支付给个人的物价补贴。如流动施工津贴、特殊地区施工津贴、高温（寒）作业临时津贴、高空津贴等。

D. 加班加点工资：是指按规定支付的在法定节假日工作的加班工资和在法定日工作时间外延时工作的加点工资。

E. 特殊情况下支付的工资：是指根据国家法律、法规和政策规定，因病、工伤、产假、计划生育假、婚丧假、事假、探亲假、定期休假、停工学习、执行国家或社会义务等原因按计时工资标准或计时工资标准的一定比例支付的工资。

② 材料费：即施工过程中耗费的原材料、辅助材料、构配件、零件、半成品或成品、工程设备的费用。包括以下几种。

A. 材料原价：是指材料、工程设备的出厂价格或商家供应价格。

B. 运杂费：是指材料、工程设备自来源地运至工地仓库或指定堆放地点所发生的全部费用。

C. 运输损耗费：是指材料在运输装卸过程中不可避免的损耗。

D. 采购及保管费：是指为组织采购、供应和保管材料、工程设备的过程中所需要的各项费用。包括采购费、仓储费、工地保管费、仓储损耗。

工程设备是指构成或计划构成永久工程一部分的机电设备、金属结构设备、仪器装置及其他类似的设备和装置。

③ 施工机具使用费：即施工作业所发生的施工机械、仪器仪表使用费或其租赁费。

A. 施工机械使用费：用施工机械台班耗用量乘以施工机械台班单价表示，施工机械台班单价应由以下七项费用构成。

a. 折旧费：指施工机械在规定的使用年限内，陆续收回其原值的费用。

b. 大修理费：指施工机械按规定的大修理间隔台班进行必要的大修理，以恢复其正常功能所需的费用。

c. 经常修理费：指施工机械除大修理以外的各级保养和临时故障排除所需的费用。包括为保障机械正常运转所需替换设备与随机配备工具附具的摊销和维护费用，机械运转中日常保养所需润滑与擦拭的材料费用及机械停滞期间的维护和保养费用等。

d. 安拆费及场外运费：安拆费指施工机械（大型机械除外）在现场进行安装与拆卸所需的人工、材料、机械和试运转费用以及机械辅助设施的折旧、搭设、拆除等费用；场外运费指施工机械整体或分体自停放地点运至施工现场或由一施工地点运至另一施工地点的运输、装卸、辅助材料及架线等费用。

e. 人工费：指机上司机（司炉）和其他操作人员的人工费。

f. 燃料动力费：指施工机械在运转作业中所消耗的各种燃料及水、电等。

g. 税费：指施工机械按照国家规定应缴纳的车船使用税、保险费及年检费等。

B. 仪器仪表使用费：是指工程施工所需使用的仪器仪表的摊销及维修费用。

④ 企业管理费：指建筑安装企业组织施工生产和经营管理所需的费用。包括以下几种。

A. 管理人员工资：是指按规定支付给管理人员的计时工资、奖金、津贴补贴、加班加点工资及特殊情况下支付的工资等。

B. 办公费：是指企业管理办公用的文具、纸张、账表、印刷、邮电、书报、办公软件、现场监控、会议、水电、烧水和集体取暖降温（包括现场临时宿舍取暖降温）等费用。

C. 差旅交通费：是指职工因公出差、调动工作的差旅费、住勤补助费，市内交通费和误餐补助费，职工探亲路费，劳动力招募费，职工退休、退职一次性路费，工伤人员就医路费，工地转移费以及管理部门使用的交通工具的油料、燃料等费用。

D. 固定资产使用费：是指管理和试验部门及附属生产单位使用的属于固定资产的房屋、设备、仪器等的折旧、大修、维修或租赁费。

E. 工具用具使用费：是指企业施工生产和管理使用的不属于固定资产的工具、器具、家具、交通工具和检验、试验、测绘、消防用具等的购置、维修和摊销费。

F. 劳动保险和职工福利费：是指由企业支付的职工退职金、按规定支付给离休干部的经费，集体福利费、夏季防暑降温、冬季取暖补贴、上下班交通补贴等。

G. 劳动保护费：是企业按规定发放的劳动保护用品的支出。如工作服、手套、防暑降温饮料以及在有碍身体健康的环境中施工的保健费用等。

H. 检验试验费：是指施工企业按照有关标准规定，对建筑以及材料、构件和建筑安装物进行一般鉴定、检查所发生的费用，包括自设试验室进行试验所耗用的材料等费用。不包括新结构、新材料的试验费，对构件做破坏性试验及其他特殊要求检验试验的费用和建设单位委托检测机构进行检测的费用，对此类检测发生的费用，由建设单位在工程建设其他费用中列支。但对施工企业提供的具有合格证明的材料进行检测不合格的，该检测费用由施工企业支付。

I. 工会经费：是指企业按《工会法》规定的全部职工工资总额比例计提的工会经费。

J. 职工教育经费：是指按职工工资总额的规定比例计提，企业为职工进行专业技术和职业技能培训，专业技术人员继续教育、职工职业技能鉴定、职业资格认定以及根据需要对职工进行各类文化教育所发生的费用。

K. 财产保险费：是指施工管理用财产、车辆等的保险费用。

L. 财务费：是指企业为施工生产筹集资金或提供预付款担保、履约担保、职工工资支付担保等所发生的各种费用。

M. 税金：是指企业按规定缴纳的房产税、车船使用税、土地使用税、印花税等。

N. 其他：包括技术转让费、技术开发费、投标费、业务招待费、绿化费、广告费、公证费、法律顾问费、审计费、咨询费、保险费等。

⑤ 利润：是指施工企业完成所承包工程获得的盈利。

⑥ 规费：是指按国家法律、法规规定，由省级政府和省级有关权力部门规定必须缴纳或计取的费用。包括以下几项。

A. 社会保险费。

a. 养老保险费：是指企业按照规定标准为职工缴纳的基本养老保险费。

b. 失业保险费：是指企业按照规定标准为职工缴纳的失业保险费。

c. 医疗保险费：是指企业按照规定标准为职工缴纳的基本医疗保险费。

d. 生育保险费：是指企业按照规定标准为职工缴纳的生育保险费。

e. 工伤保险费：是指企业按照规定标准为职工缴纳的工伤保险费。

B. 住房公积金：是指企业按规定标准为职工缴纳的住房公积金。

C. 工程排污费：是指按规定缴纳的施工现场工程排污费。

其他应列而未列入的规费，按实际发生计取。

⑦ 税金：是指国家税法规定的应计入建筑安装工程造价内的营业税、城市维护建设税、教育费附加以及地方教育附加。

(2) 建筑安装工程费用项目组成（按造价形成划分） 建筑安装工程费按照工程造价形成由分部分项工程费、措施项目费、其他项目费、规费、税金组成，分部分项工程费、措施项目费、其他项目费包含人工费、材料费、施工机具使用费、企业管理费和利润，见图1-4。

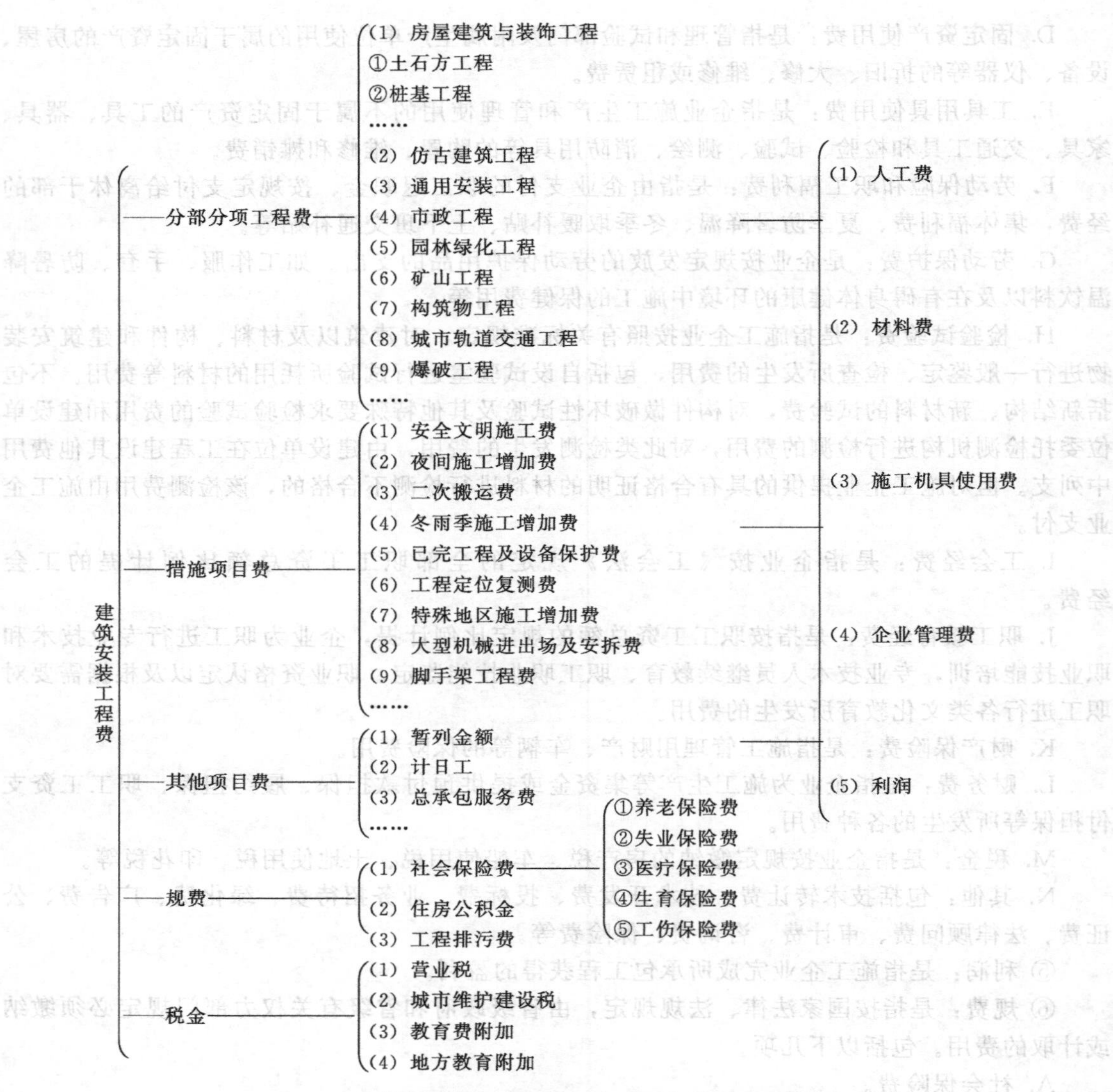

图 1-4　建筑安装工程费用项目组成（按造价形成划分）

① 分部分项工程费：是指各专业工程的分部分项工程应予列支的各项费用。

A. 专业工程：是指按现行国家计量规范划分的房屋建筑与装饰工程、仿古建筑工程、通用安装工程、市政工程、园林绿化工程、矿山工程、构筑物工程、城市轨道交通工程、爆破工程等各类工程。

B. 分部分项工程：指按现行国家计量规范对各专业工程划分的项目。如房屋建筑与装饰工程划分的土石方工程、地基处理与桩基工程、砌筑工程、钢筋及钢筋混凝土工程等。

各类专业工程的分部分项工程划分见现行国家或行业计量规范。

② 措施项目费：是指为完成建设工程施工，发生于该工程施工前和施工过程中的技术、生活、安全、环境保护等方面的费用。包括以下几种。

A. 安全文明施工费

a. 环境保护费：是指施工现场为达到环保部门要求所需要的各项费用。

b. 文明施工费：是指施工现场文明施工所需要的各项费用。

c. 安全施工费：是指施工现场安全施工所需要的各项费用。

d. 临时设施费：是指施工企业为进行建设工程施工所必须搭设的生活和生产用的临时建筑物、构筑物和其他临时设施费用。包括临时设施的搭设、维修、拆除、清理费或摊销费等。

B. 夜间施工增加费：是指因夜间施工所发生的夜班补助费、夜间施工降效、夜间施工照明设备摊销及照明用电等费用。

C. 二次搬运费：是指因施工场地条件限制而发生的材料、构配件、半成品等一次运输不能到达堆放地点，必须进行二次或多次搬运所发生的费用。

D. 冬雨季施工增加费：是指在冬季或雨季施工需增加的临时设施、防滑、排除雨雪，人工及施工机械效率降低等费用。

E. 已完工程及设备保护费：是指竣工验收前，对已完工程及设备采取的必要保护措施所发生的费用。

F. 工程定位复测费：是指工程施工过程中进行全部施工测量放线和复测工作的费用。

G. 特殊地区施工增加费：是指工程在沙漠或其边缘地区、高海拔、高寒、原始森林等特殊地区施工增加的费用。

H. 大型机械设备进出场及安拆费：是指机械整体或分体自停放场地运至施工现场或由一个施工地点运至另一个施工地点，所发生的机械进出场运输及转移费用及机械在施工现场进行安装、拆卸所需的人工费、材料费、机械费、试运转费和安装所需的辅助设施的费用。

I. 脚手架工程费：是指施工需要的各种脚手架搭、拆、运输费用以及脚手架购置费的摊销（或租赁）费用。

措施项目及其包含的内容详见各类专业工程的现行国家或行业计量规范。

③ 其他项目费

A. 暂列金额：是指建设单位在工程量清单中暂定并包括在工程合同价款中的一笔款项。用于施工合同签订时尚未确定或者不可预见的所需材料、工程设备、服务的采购，施工中可能发生的工程变更、合同约定调整因素出现时的工程价款调整以及发生的索赔、现场签证确认等的费用。

B. 计日工：是指在施工过程中，施工企业完成建设单位提出的施工图纸以外的零星项目或工作所需的费用。

C. 总承包服务费：是指总承包人为配合、协调建设单位进行的专业工程发包，对建设单位自行采购的材料、工程设备等进行保管以及施工现场管理、竣工资料汇总整理等服务所需的费用。

④ 规费：定义同（1）中的规费。

⑤ 税金：定义同（1）中的税金。

2. 建筑安装工程费用参考计算方法

（1）各费用构成要素可参考以下计算方法：

① 人工费

$$人工费=\sum(工日消耗量\times日工资单价) \tag{1-28}$$

$$日工资单价=\frac{生产工人平均月工资(计时/计件)+平均月(奖金+津贴补贴+特殊情况下支付的工资)}{年平均每月法定工作日} \tag{1-29}$$

注：以上公式(1-28)、公式(1-29)主要适用于施工企业投标报价时自主确定人工费，也是工程造价管理机构编制计价定额确定定额人工单价或发布人工成本信息的参考依据。

人工费=∑(工程工日消耗量×日工资单价)　(1-30)

其中，日工资单价指施工企业平均技术熟练程度的生产工人在每工作日（国家法定工作时间内）按规定从事施工作业应得的日工资总额。

工程造价管理机构确定日工资单价需通过市场调查、根据工程项目的技术要求，参考实物工程量人工单价综合分析确定，最低日工资单价不得低于工程所在地人力资源和社会保障部门所发布的最低工资标准的：普工1.3倍、一般技工2倍、高级技工3倍。

工程计价定额不能只列一个综合工日单价，应根据工程项目技术要求及工种差别适当划分多种日人工单价，确保各分部工程人工费的合理构成。

注：公式(1-30)适用于工程造价管理机构编制计价定额时确定定额人工费，是施工企业投标报价的参考依据。

② 材料费

A. 材料费

材料费=∑(材料消耗量×材料单价)　(1-31)

材料单价={(材料原价+运杂费)×[1+运输损耗率(%)]}×[1+采购保管费率(%)]　(1-32)

B. 工程设备费

工程设备费=∑(工程设备量×工程设备单价)　(1-33)

工程设备单价=(设备原价+运杂费)×[1+采购保管费率(%)]　(1-34)

③ 施工机具使用费

A. 施工机械使用费

施工机械使用费=∑(施工机械台班消耗量×机械台班单价)　(1-35)

机械台班单价=台班折旧费+台班大修费+台班经常修理费+台班安拆费及场外运费+台班人工费+台班燃料动力费+台班车船税费　(1-36)

注：工程造价管理机构在确定计价定额中的施工机械使用费时，应根据《建筑施工机械台班费用计算规则》并结合市场调查编制施工机械台班单价。施工企业可以参考工程造价管理机构发布的台班单价，自主确定施工机械使用费的报价，例如租赁施工机械，计算式为：施工机械使用费=∑(施工机械台班消耗量×机械台班租赁单价)。

B. 仪器仪表使用费

仪器仪表使用费=工程使用的仪器仪表摊销费+维修费　(1-37)

④ 企业管理费费率

A. 以分部分项工程费为计算基础

$$企业管理费费率(\%)=\frac{生产工人年平均管理费}{年有效施工天数\times人工单价}\times人工费占分部分项工程费比例(\%) \tag{1-38}$$

B. 以人工费和机械费合计为计算基础

$$企业管理费费率(\%)=\frac{生产工人年平均管理费}{年有效施工天数\times(人工单价+每一工日机械使用费)}\times100\% \tag{1-39}$$

C. 以人工费为计算基础

$$企业管理费费率(\%)=\frac{生产工人年平均管理费}{年有效施工天数\times人工单价}\times100\% \tag{1-40}$$

注：以上公式适用于施工企业投标报价时自主确定管理费，是工程造价管理机构编制计价定额确定企业管理费的参考依据。

工程造价管理机构在确定计价定额中企业管理费时，应以定额人工费或“定额人工费＋定额机械费”为计算基数，其费率依照历年工程造价积累的资料，辅以调查数据确定，列入分部分项工程和措施项目中。

⑤ 利润

A. 施工企业根据企业自身需求并结合建筑市场实际自主确定，列入报价中。

B. 工程造价管理机构在确定计价定额中利润时，应以定额人工费或（定额人工费＋定额机械费）为计算基数，其费率依照历年工程造价积累的资料，并结合建筑市场实际确定，以单位（单项）工程测算，利润在税前建筑安装工程费的比重可按不低于5%且不高于7%的费率计算。利润应列入分部分项工程和措施项目中。

⑥ 规费

A. 社会保险费和住房公积金

社会保险费和住房公积金应以定额人工费为计算基础，依工程所在地省、自治区、直辖市或行业建设主管部门规定费率计算。

$$社会保险费和住房公积金=\sum(工程定额人工费\times社会保险费和住房公积金费率) \tag{1-41}$$

式中，社会保险费和住房公积金费率可以每万元发承包价的生产工人人工费和管理人员工资含量与工程所在地规定的缴纳标准综合分析取定。

B. 工程排污费

工程排污费等其他应列却未列入的规费应按工程所在地环境保护等部门规定的标准缴纳，按实计取列入。

⑦ 税金

税金计算公式：

$$税金=税前造价\times综合税率(\%) \tag{1-42}$$

综合税率：

A. 纳税地点在市区的企业

$$综合税率(\%)=\frac{1}{1-3\%-(3\%\times7\%)-(3\%\times3\%)-(3\%\times2\%)}-1 \tag{1-43}$$

B. 纳税地点在县城、镇的企业

$$综合税率(\%)=\frac{1}{1-3\%-(3\%\times5\%)-(3\%\times3\%)-(3\%\times2\%)}-1 \tag{1-44}$$

C. 纳税地点不在市区、县城、镇的企业

$$综合税率(\%)=\frac{1}{1-3\%-(3\%\times1\%)-(3\%\times3\%)-(3\%\times2\%)}-1 \tag{1-45}$$

D. 实行营业税改增值税的，按纳税地点现行税率计算。

(2) 建筑安装工程计价可参考以下计算公式：

① 分部分项工程费

$$分部分项工程费=\sum(分部分项工程量\times综合单价) \quad (1\text{-}46)$$

式中，综合单价由人工费、材料费、施工机具使用费、企业管理费和利润以及一定范围的风险费用组成（下同）。

② 措施项目费

A. 国家计量规范规定应予计量的措施项目，其计算公式为：

$$措施项目费=\sum(措施项目工程量\times综合单价) \quad (1\text{-}47)$$

B. 国家计量规范规定不宜计量的措施项目，计算方法如下：

a. 安全文明施工费

$$安全文明施工费=计算基数\times安全文明施工费费率(\%) \quad (1\text{-}48)$$

计算基数应为定额基价（定额分部分项工程费+定额中可以计量的措施项目费）、定额人工费或“定额人工费+定额机械费”，而由工程造价管理机构根据各专业工程的特点综合确定其费率。

b. 夜间施工增加费

$$夜间施工增加费=计算基数\times夜间施工增加费费率(\%) \quad (1\text{-}49)$$

c. 二次搬运费

$$二次搬运费=计算基数\times二次搬运费费率(\%) \quad (1\text{-}50)$$

d. 冬雨季施工增加费

$$冬雨季施工增加费=计算基数\times冬雨季施工增加费费率(\%) \quad (1\text{-}51)$$

e. 已完工程及设备保护费

$$已完工程及设备保护费=计算基数\times已完工程及设备保护费费率(\%) \quad (1\text{-}52)$$

以上 b～e 项措施项目的计费基数应为定额人工费或“定额人工费+定额机械费”，而由工程造价管理机构根据各专业工程特点和调查资料综合分析后确定其费率。

③ 其他项目费

A. 暂列金额由建设单位依照工程特点，根据有关计价规定估算，施工过程中由建设单位掌握使用、扣除合同价款调整后若有余额，归建设单位。

B. 计日工由建设单位和施工企业按施工过程中的签证计价。

C. 总承包服务费由建设单位在招标控制价中依照总包服务范围和有关计价规定编制，施工企业投标时自主报价，施工过程中按签约合同价执行。

④ 规费和税金

建设单位及施工企业均应按照省、自治区、直辖市或行业建设主管部门发布标准计算规费和税金，不得作为竞争性费用。

(3) 相关问题的说明

① 各专业工程计价定额的编制及其计价程序，均按相关规定实施。

② 各专业工程计价定额的使用周期原则上为 5 年。

③ 工程造价管理机构在定额使用周期内，应及时发布人工、材料、机械台班价格信息，实行工程造价动态管理，若遇国家法律、法规、规章或相关政策变化以及建筑市场物价波动较大时，应适时调整定额人工费、定额机械费以及定额基价或规费费率，使建筑安装工程费能反映建筑市场实际。

④ 建设单位在编制招标控制价时，应按照各专业工程的计量规范和计价定额以及工程造价信息编制。

⑤ 施工企业在使用计价定额时除不可竞争费用外，其余只作参考，由施工企业投标时自主报价。

3. 建筑安装工程计价程序

建筑安装工程计价程序见表 1-1～表 1-3。

表 1-1　建设单位工程招标控制价计价程序

工程名称：　　　　　　　　　　　　　　标段：　　　　　　　　　　　　　　第　页　共　页

序号	内　　容	计 算 方 法	金额/元
1	分部分项工程费	按计价规定计算	
1.1			
1.2			
1.3			
1.4			
1.5			
2	措施项目费	按计价规定计算	
2.1	其中:安全文明施工费	按规定标准计算	
3	其他项目费		
3.1	其中:暂列金额	按计价规定估算	
3.2	其中:专业工程暂估价	按计价规定估算	
3.3	其中:计日工	按计价规定估算	
3.4	其中:总承包服务费	按计价规定估算	
4	规费	按规定标准计算	
5	税金(扣除不列入计税范围的工程设备金额)	(1+2+3+4)×规定税率	
招标控制价合计=1+2+3+4+5			

表 1-2　施工企业工程投标报价计价程序

工程名称：　　　　　　　　　　　　　　标段：　　　　　　　　　　　　　　第　页　共　页

序号	内　　容	计 算 方 法	金额/元
1	分部分项工程费	自主报价	
1.1			
1.2			
1.3			
1.4			
1.5			
2	措施项目费	自主报价	
2.1	其中:安全文明施工费	按规定标准计算	

续表

序号	内容	计算方法	金额/元
3	其他项目费		
3.1	其中:暂列金额	按招标文件提供金额计列	
3.2	其中:专业工程暂估价	按招标文件提供金额计列	
3.3	其中:计日工	自主报价	
3.4	其中:总承包服务费	自主报价	
4	规费	按规定标准计算	
5	税金(扣除不列入计税范围的工程设备金额)	(1+2+3+4)×规定税率	
投标报价合计=1+2+3+4+5			

表 1-3　竣工结算计价程序

工程名称：　　　　　标段：　　　　　第　页　共　页

序号	汇总内容	计算方法	金额/元
1	分部分项工程费	按合同约定计算	
1.1			
1.2			
1.3			
1.4			
1.5			
2	措施项目	按合同约定计算	
2.1	其中:安全文明施工费	按规定标准计算	
3	其他项目		
3.1	其中:专业工程结算价	按合同约定计算	
3.2	其中:计日工	按计日工签证计算	
3.3	其中:总承包服务费	按合同约定计算	
3.4	索赔与现场签证	按发承包双方确认数额计算	
4	规费	按规定标准计算	
5	税金(扣除不列入计税范围的工程设备金额)	(1+2+3+4)×规定税率	
竣工结算总价合计=1+2+3+4+5			

相关知识

世界银行及国外项目的工程造价的构成

世界银行、国际咨询工程师联合会对项目的总建设成本（相当于我国的工程造价）作了统一的规定，其详细内容如下。

1. 建设工程项目直接建设成本

建设工程项目直接建设成本指直接用于项目建设的各项费用。包括以下各项。

(1) 土地征购费。

(2) 场外设施费用。如道路、码头、桥梁、机场、输电线路等设施费用。

(3) 场地费用。指用于场地准备、厂区道路、铁路、围栏、场内设施等的建设费用。

(4) 工艺设备费。指主要设备、辅助设备及零配件的购置费用。

(5) 设备安装费。指设备供应商的监理费用，本国劳务及工资费用，辅助材料、施工设备，消耗品和工具费用以及安装承包商的管理费和利润等。

(6) 管道系统费用。指与系统的材料及劳务相关的全部费用。

(7) 电气设备费。其内容与第 (4) 项相似。

(8) 电气安装费。指设备供应商的监理费用，本国劳务与工资费用，辅助材料、电缆、管道和工具费用，以及安装承包商的管理费和利润。

(9) 仪器仪表费。指所有自动仪表、控制板、配线和辅助材料的费用以及供应商的监理费，国外或本国劳务及工资费用、承包商的管理费和利润。

(10) 机械的绝缘和油漆费。指与机械及管道的绝缘和油漆相关的全部费用。

(11) 工艺建筑费。指原材料、劳务费以及与基础、建筑结构、屋顶、内外装修、公共设施有关的全部费用。

(12) 服务性建筑费用。其内容与第 (11) 项类似。

(13) 工厂普通公共设施费。包括材料和劳务费以及与供水、燃料供应、通风、蒸汽发生及分配、下水道、污物处理等公共设施有关的费用。

(14) 车辆费。指工艺操作必需的机动设备零件费用，包括海运包装费用以及交货港的离岸价，但不包括税金。

(15) 其他当地费用。指那些不能归类于以上任何一个项目，不能计入建设工程项目的间接成本，但在建设期间又是必不可少的费用。如临时设备、临时公共设施及场地的维持费，营地设施及其管理、建筑保险和债券、杂项开支等费用。

2. 建设工程项目间接建设成本

建设工程项目间接建设成本指虽不直接用于该项目建设，但与项目相关的各种费用。

(1) 项目管理费。包括以下各项。

① 总部人员的薪金和福利费，以及用于初步和详细工程设计、采购、时间和成本控制、行政和其他一般管理人员的费用。

② 施工管理现场人员的薪金、福利费和用于施工现场监督、质量保证、现场采购、时间及成本控制、行政及其他施工管理机构的费用。

③ 零星杂项费用，如返工、旅行、生活津贴、业务支出等。

④ 各种酬金。

(2) 开工试车费。指工厂投料试车必需的劳务和材料费用（项目直接成本包括项目完工后的试车和空运转费用）。

(3) 业主的行政性费用。指业主的项目管理人员支出的费用。

(4) 生产前准备费。指前期研究、勘测、建矿、采矿等费用。

(5) 运费和保险费。指海运、国内运输、许可证及佣金、海洋保险、综合保险等费用。

(6) 地方税。指地方关税、地方税及对特殊项目征收的税金。

3. 应急费

应急费指在项目建设中，为了应付建设初期无法明确的子项目或建设过程中可能出现的事先无法预料事件而准备的费用。

(1) 未明确项目的准备金。此项准备金用于在估算时不可能明确的潜在项目，包括那些在进行成本估算时因为缺乏准确、完整和详细的资料而不能够完全预见和不能注明的项目，而且这些项目是必须完成的，或其费用是一定要发生的。它是估算不可或缺的一个组成部分。

(2) 不可预见准备金。此项准备金是在未明确项目准备金之外，由于物质、社会和经济的变化，导致估算增加的情况。此种情况可能发生，也可能不发生。因此，不可预见准备金只是一种储备，可能动用，也可能不动用。

4. 建设成本上升费用

建设成本上升费用指用于补偿在项目实际建设过程中，因工资、材料、设备等价格比在项目建设前期估算的价格增高而增加的费用。

第 4 节 工程造价的计价模式

要 点

我国现行的工程造价的计价模式有两种，分别为定额计价与工程量清单计价，本节主要对此进行介绍。

解 释

一、定额计价

1. 定额的概念

在建筑安装工程施工过程中，为了完成每一单位产品的施工（生产）过程，就必需消耗一定数量的人力、物力（材料、工机具）和资金，但这些资源的消耗是随着生产因素和生产条件的变化而变化的。定额是在正常的施工生产条件下，完成单位合格产品所必需的人工、材料、施工机械设备及其资金消耗的数量标准。不同的产品有不同的质量要求，因此，不能把定额看成是单纯的数量关系，而应看成是质和量的统一体。考察个别的生产过程中的因素不能形成定额，唯有从考察总体生产过程中的各生产因素，归结出社会平均必须的数量标准，才能形成定额。同时，定额反映一定时期的社会生产力水平。

尽管管理科学在不断发展，但是它仍然离不开定额。定额虽然是科学管理发展初期的产物，但它在企业管理中一直占有重要地位。无论是在研究工作中还是在实际工作中，都要重视工作时间的研究和操作方法的研究，都要重视定额的制定。定额是企业管理科学化的产物，也是科学管理的基础。

所谓定额，就是进行生产经营活动时，在人力、物力、财力消耗方面所应遵循或达到的数量标准。在建筑生产中，为了完成建筑产品，必须消耗一定数量的劳动力、材料和机械台班以及相应的资金，在一定的生产条件下，用科学方法制定出的生产质量合格的单位建筑产品所需要的劳动力、材料和机械台班等的数量标准，就称为建筑工程定额。

2. 定额计价的意义

(1) 定额计价方式在工程造价管理各个阶段的作用　定额计价方式的主要特征是，由政府行政主管部门颁发反映社会平均水平的消耗量定额；由工程造价主管部门发布人工、材料等指导价格。当建设项目进入可行性阶段和设计阶段，就需要利用上述定额（或概算指标）和指导价格编制工程估价、设计概算、施工图预算。因此，实施工程量清单计价方式后在不同的工程造价控制和管理阶段还需要用定额计价方式来确定工程估算造价、概算造价、预算造价等，定额计价方式将在相当长的时间与清单计价方式共存。

（2）采用定额计价方式编制标底　不管采用工程量清单招投标还是采用定额计价方式招投标，一般情况下，都应编制标底。

由于标底是业主的期望工程造价，所以，不可能采用某个企业的定额来编制。只有采用反映社会平均水平的预算定额和主管部门颁发的指导价格和有关规定编制后，在此基础上进行调整，才能确定合理的标底价。因而，常采用定额计价方式来编制标底。

3. 定额计价方式在特殊工程招标中的应用

在推行工程量清单计价的同时，并没有禁止采用定额计价方式进行招投标。例如，非政府投资、非公有制企业投资的项目，业主可以自行选择清单计价方式，也可以选择定额计价方式。又如，当所建设的特殊工程没有可选择的企业定额，采用定额计价方式显得更为简单合理一些。再如，特种设备安装工程，只能由符合条件的某个专业公司来完成，采用定额计价方式也是较为合适的方法。因为只有这样，才能较好地控制住工程造价。

综上所述，工程量清单计价方式是在市场经济条件下，适合建设工程招标投标这个特定阶段确定工程造价的计价方式。在工程造价控制与管理的其他阶段甚至包括招投标阶段还会采用定额计价方式来计算工程造价。所以，定额计价方式将与清单计价方式长期共存下去。

二、工程量清单计价

1. 工程量清单的定义

工程量清单是表现拟建工程的分部分项工程项目、措施项目、其他项目、规费项目和税金项目的名称和相应数量的明细清单。工程量清单包括分部分项工程量清单、措施项目清单、其他项目清单、规费项目清单和税金项目清单。

（1）工程量清单应由招标人负责编制，如果招标人不具备编制工程量清单的能力，则可根据《工程造价咨询企业管理办法》（建设部第149号令）的规定，委托具有工程造价咨询性质的工程造价咨询人编制。

（2）采用工程量清单方式招标，工程量清单必须作为招标文件的组成部分，其准确性和完整性由招标人负责。

（3）工程量清单是工程量清单计价的基础，应作为编制招标控制价、投标报价、计算工程量、支付工程款、调整合同价款、办理竣工结算以及工程索赔等的依据之一。

2. 实行工程量清单计价的目的和意义

（1）推行工程量清单计价是深化工程造价管理改革，推进建设市场化的重要途径。长期以来，工程预算定额是我国承发包计价、定价的主要依据。现预算定额中规定的消耗量和有关施工措施性费用是按社会平均水平编制的，以此为依据形成的工程造价基本上也属于社会平均价格。这种平均价格可作为市场竞争的参考价格，但不能反映参与竞争企业的实际消耗和技术管理水平，在一定程度上限制了企业的公平竞争。

工程量清单计价是建设工程招标投标中，按照国家统一的工程量清单计价规范，由招标人提供工程数量，投标人自主报价，经评审低价中标的工程造价计价模式。采用工程量清单计价能反映工程个别成本，有利于企业自主报价和公平竞争。

（2）在建设工程招标投标中实施工程量清单计价是规范建筑市场秩序的治本措施之一，

适应市场经济的需要。工程造价是工程建设的核心，也是市场运行的核心内容，建筑市场存在着许多不规范的行为，大多数与工程造价有直接联系。建筑产品是商品，具有商品的共性，它受价值规律、货币流通规律和供求规律的支配。但是，建筑产品与一般的工业产品价格构成不一样，建筑产品具有某些特殊性。

① 它竣工后一般不在空间发生物理运动，可以直接移交用户，立即进入生产消费或生活消费，因而价格中不含商品使用价值运动发生的流通费用，即因生产过程在流通领域内继续进行而支付的商品包装运输费、保管费。

② 它是固定在某地方的。

③ 由于施工人员和施工机具围绕着建设工程流动，因而，有的建设工程构成还包括施工企业远离基地的费用，甚至包括成建制转移到新的工地所增加的费用等。

建筑产品价格随建设时间和地点而变化，相同结构的建筑物在同一地段建造，施工的时间不同造价就不一样；同一时间、不同地段造价也不一样；即使时间和地段相同，施工方法、施工手段、管理水平不同工程造价也有所差别。所以说，建筑产品的价格，既有它的同一性，又有它的特殊性。

(3) 推行工程量清单计价是与国际接轨的需要。工程量清单计价是目前国际上通行的做法，一些发达国家和地区，如我国香港地区基本采用这种方法，在国内的世界银行等国外金融机构、政府机构贷款项目在招标中大多也采用工程量清单计价办法。随着我国加入世贸组织，国内建筑业面临着两大变化：一是中国市场将更具有活力；二是国内市场逐步国际化，竞争更加激烈。入世以后，一是外国建筑商要进入我国建筑市场开展竞争，他们必然要带进国际惯例、规范和做法来计算工程造价；二是国内建筑公司也同样要到国外市场竞争，也需要按国际惯例、规范和做法来计算工程造价；三是我国的国内工程方面，为了与外国建筑商在国内市场竞争，也要改变过去的做法，参照国际惯例、规范和做法来计算工程承发包价格。因此说，建筑产品的价格由市场形成是市场经济和适应国际惯例的需要。

(4) 实行工程量清单计价，是促进建设市场有序竞争和企业健康发展的需要。工程量清单是招标文件的重要组织部分，由招标单位编制或委托有资质的工程造价咨询单位编制，工程量清单编制的准确、详尽、完整，有利于提高招标单位的管理水平，减少索赔事件的发生。由于工程量清单是公开的，有利于防止招标工程中弄虚作假、暗箱操作等不规范行为。投标单位通过对单位工程成本、利润进行分析，统筹考虑，精心选择施工方案，根据企业的定额合理确定人工、材料、机械等要素投入量的合理配置，优化组合，合理控制现场经费和施工技术措施费，在满足招标文件需求的前提下，合理确定自己的报价，让企业有自主报价权。改变了过去依赖建设行政主管部门发布的定额和规定的取费标准进行计价的模式，有利于提高劳动生产率，促进企业技术进步，节约投资和规范建设市场。采用工程量清单计价后，将使招标活动的透明度提高，在充分竞争的基础上降低了造价，提高了投资效益，且便于操作和推行，业主和承包商将都会接受这种计价模式。

(5) 实行工程量清单计价，有利于我国工程造价政府职能的转变。按照政府部门真正履行起"经济调节、市场监督、社会管理和公共服务"的职能要求，政府对工程造价管理的模式要进行相应的调整，将推行政府宏观调控、企业自主报价、市场形成价格、社会全面监督的工程造价管理思路。实行工程量清单计价，将会有利于我国工程造价政府职能的转变，由过去的政府控制的指令性定额转变为制定适应市场经济规律需要的工程量清单计价方法，由过去的行政干预转变为对工程造价进行依法监管，有效地强化政府对工程造价的宏观调控。

三、定额计价与工程量清单计价的比较

1. 编制工程量的单位不同

传统定额预算计价方法是：建设工程的工程量分别由招标单位和投标单位分别按图计算。工程量清单计价是：工程量由招标单位统一计算或委托有工程造价咨询资质的单位统一计算，“工程量清单”是招标文件的重要组成部分，各投标单位根据招标人提供的“工程量清单”，根据自身的技术装备、施工经验、企业成本、企业定额、管理水平自主填写报单价。

2. 编制工程量清单时间不同

传统的定额预算计价法是在发出招标文件后编制（招标与投标人同时编制或投标人编制在前，招标人编制在后）。工程量清单报价法必须在发出招标文件前编制。

3. 表现形式不同

采用传统的定额预算计价法一般是总价形式。工程量清单报价法采用综合单价形式，综合单价包括人工费、材料费、机械使用费、管理费、利润，并考虑风险因素。工程量清单报价具有直观、单价相对固定的特点，工程量发生变化时，单价一般不作调整。

4. 编制依据不同

传统的定额预算计价法依据图纸；人工、材料、机械台班消耗量依据建设行政主管部门颁发的预算定额；人工、材料、机械台班单价依据工程造价管理部门发布的价格信息进行计算。工程量清单报价法，根据建设部第107号令规定，标底的编制根据招标文件中的工程量清单和有关要求、施工现场情况、合理的施工方法以及按建设行政主管部门制定的有关工程造价计价办法编制。企业的投标报价则根据企业定额和市场价格信息，或参照建设行政主管部门发布的社会平均消耗量定额编制。

5. 费用组成不同

传统预算定额计价法的工程造价由直接工程费、措施费、间接费、利润、税金组成。工程量清单计价法的工程造价包括分部分项工程费、措施项目费、其他项目费、规费、税金；包括完成每项工程包含的全部工程内容的费用；完成每项工程内容所需的费用（规费、税金除外）；工程量清单中没有体现的，施工中又必须发生的工程内容所需费用，包括风险因素而增加的费用。

6. 评标所用的方法不同

传统预算定额计价投标通常采用百分制评分法。采用工程量清单计价法投标，一般采用合理低报价中标法，既要对总价进行评分，还要对综合单价进行分析评分。

7. 项目编码不同

采用传统的预算定额项目编码，全国各省市采用不同的定额子目，采用工程量清单计价全国实行统一编码，项目编码采用十二位阿拉伯数字表示。一到九位为统一编码，其中，一、二位为附录顺序码，三、四位为专业工程顺序码，五六位为分部工程顺序码。七、八、九位为分项工程项目名称顺序码，十到十二位为清单项目名称顺序码。前九位码不能变动，后三位码，由清单编制人根据项目设置的清单项目编制。

8. 合同价调整方式不同

传统的定额预算计价的合同价调整方式有：变更签证、定额解释、政策性调整。工程量清单计价法的合同价调整方式主要是索赔。工程量清单的综合单价一般通过招标中报价的形式体现，一旦中标，报价作为签订施工合同的依据相对固定下来，工程结算按

承包商实际完成工程量乘以清单中相应的单价计算，减少了调整活口。采用传统的预算定额经常有定额解释及定额规定，结算中又有政策性文件调整。工程量清单计价单价不能随意调整。

9. 工程量计算时间前置

工程量清单，在招标前由招标人编制。也可能业主为了缩短建设周期，通常在初步设计完成后就开始施工招标，在不影响施工进度的前提下陆续发放施工图纸，因此承包商据以报价的工程量清单中各项工作内容下的工程量一般为概算工程量。

10. 投标计算口径达到了统一

因为各投标单位都根据统一的工程量清单报价，达到了投标计算口径统一。不再是传统预算定额招标，各投标单位各自计算工程量，各投标单位计算的工程量均不一致。

11. 索赔事件增加

因承包商对工程量清单单价包含的工作内容一目了然，故凡建设方不按清单内容施工的，任意要求修改清单的，都会增加施工索赔的因素。

相关知识

国际上普遍采用的计价模式

1. 英国工程造价的计价模式

英国是国际上实行工程造价管理最早的国家之一，其组织管理体系亦较完整。在英国，确定工程造价实行统一的工程量计算规则、相关造价信息指数和通用合同文本，进行自主报价，依据合同确定价格。英国的QS（工料测量）学会通常采用比较法、系数法估价等计价方法；承包商则建立起自己的成本库（信息数据库）、定额库等进行风险估计、综合报价。

2. 美国工程造价的计价模式

美国对规范造价的管理，体现出高度的市场化和信息化。美国自身并没有统一的计价依据和计价标准，计价体系靠高度的信息化造价信息网络支撑，据此确定的工程造价是典型的市场化价格。即由各地区咨询公司制定本地区的单位建筑面积消耗量、基价和费用估算格式等信息，提供给业内人士使用，政府也定期发布相关的造价信息，用以实施宏观调控。

在美国，通常将工程造价称为“建设工程成本”，美国工程造价工程师协会（AACE）将工程成本分为两部分。其一由设计范围内涉及的费用构成，通常称为“造价估算”。诸如勘察设计费、人工、材料和机械费用等；其二是业主方涉及的费用，通常称为“工程预算”。诸如场地使用费、资金的筹措费、执照费、保险费等等。确定工程造价一般由设计单位或工程估价公司承担。在工程估价中不仅要对工程项目进行风险评估，而且还要贯彻“全面造价管理”（TCM）的思想。在工程施工中，根据工程特点对项目进行WBS分解并编制详细的成本控制计划进行造价控制。

3. 日本工程造价的计价模式

日本的工程造价管理具有三大特点，即行业化、系统化和规范化。日本在昭和五十年（1945年）民间就成立了“建筑积算事务所协会”，对工程造价实行行业化管理；20世纪90年代，政府有关部门认可积算协会举办的全国统考，并对通过考试人员授予“国家建筑积算师”资格；日本对工程造价的管理拥有完整的法规、规章以及标准化体系，工程造价通常采取招标方式与合同方式确定，对其实行规范化管理。

第5节 工程造价的特点与职能

要 点

本节主要介绍了工程造价的作用与职能，学习以后，要了解工程造价在我国建设行业中发挥的巨大作用。

解 释

一、工程造价的特点

1. 大额性

能够发挥投资效果的任一项工程，不仅实物形体庞大，而且造价高昂。动辄数百万、数千万、数亿、十几亿，特大型工程项目的造价可达百亿、千亿元人民币。工程造价的大额性使其关系到有关各方面的重大经济利益，同时也会对宏观经济产生重大影响。这就决定了工程造价的特殊地位，也说明了造价管理的重要意义。

2. 个别性、差异性

任何一项工程都有特定的用途、功能、规模，因此对每一项工程的结构、造型、空间分割、设备配置和内外装饰都有具体的要求，因而使工程内容和实物形态都具有个别性、差异性。产品的差异性决定了工程造价的个别性差异。同时，每项工程所处地区、地段都不相同，使这一特点得到强化。

3. 动态性

任何一项工程从决策到竣工交付使用，都有一个较长的建设期间，而且由于不可控因素的影响，在预计工期内，许多影响工程造价的动态因素，如工程变更，设备材料价格，工资标准以及费率、利率、汇率会发生变化。这种变化必然会影响到造价的变动。所以，工程造价在整个建设期中处于不确定状态，直至竣工决算后才能最终确定工程的实际造价。

4. 层次性

造价的层次性取决于工程的层次性。一个建设项目往往含有多个能够单独发挥设计效能的单项工程（车间、写字楼、住宅楼等）。一个单项工程又是由能够各自发挥专业效能的多个单位工程（土建工程、电气安装工程等）组成。与此相适应，工程造价有三个层次：建设项目总造价、单项工程造价和单位工程造价。如果专业分工更细，单位工程（如土建工程）的组成部分——分部分项工程也可以成为交换对象，如大型土方工程、基础工程、装饰工程等，这样工程造价的层次就增加分部工程和分项工程而成为五个层次。即使从造价的计算和工程管理的角度看，工程造价的层次性也是非常突出的。

5. 兼容性

工程造价的兼容性首先表现在它具有两种含义，其次表现在工程造价构成因素的广泛性和复杂性。在工程造价中，首先是成本因素非常复杂。其中为获得建设工程用地支出的费用、项目可行性研究和规划设计费用、与政府一定时期政策（特别是产业政策和税收政策）相关的费用占有相当的份额。再次，盈利的构成也较为复杂，资金成本较大。

二、工程造价的职能

工程造价的职能除一般商品价格职能以外，还有自己特殊的职能。

1. 预测职能

工程造价的大额性和多变性，无论是投资者或是承包商都要对拟建工程进行预先估算。投资者预先测算工程造价不仅作为项目决策依据，同时也是筹集资金、控制造价的依据。承包商对工程造价的估算，既为投标决策提供依据，也为投标报价和成本管理提供依据。

2. 控制职能

工程造价的控制职能表现在两方面：一方面是它对投资的控制，即在投资的每个阶段，根据对造价的多次性预估，对造价进行全过程、多层次的控制；另一方面，是对以承包商为代表的商品和劳务供应企业的成本控制。在价格一定的条件下，企业实际成本开支决定企业的盈利水平。成本越高，盈利越低。成本高于价格，就会危及企业的生存。所以，企业要以工程造价来控制成本，利用工程造价提供的信息资料作为控制成本的依据。

3. 评价职能

工程造价是评价总投资和分项投资合理性和投资效益的主要依据之一。评价土地价格、建筑安装产品和设备价格的合理性时，就必须利用工程造价资料；在评价建设项目偿贷能力、获利能力和宏观效益时，也要依据工程造价。工程造价也是评价建筑安装企业管理水平和经营成果的重要依据。

4. 调节职能

工程建设直接关系到经济增长，也直接关系到国家重要资源分配和资金流向，对国计民生都产生深远影响。所以，国家对建设规模、结构进行宏观调节是在任何条件下都不可缺少的，对政府投资项目进行直接调控和管理也是非常必需的。这些都要通过工程造价来对工程建设中的物资消耗水平、建设规模、投资方向等进行调节。

工程造价职能实现的条件，最主要的是市场竞争机制的形成。在现代市场经济中，市场主体要有自身独立的经济利益，并能根据市场信息（特别是价格信息）和利益取向来决定其经济行为。无论是购买者还是销售者，在市场上都处于平等竞争的地位，他们都不可能单独地影响市场价格，更没有能力单方面决定价格。作为买方的投资者和作为卖方的建筑安装企业，以及其他商品和劳务的提供者，是在市场竞争中根据价格变动，根据自己对市场走向的判断来调节自己的经济活动。也只有在这种条件下，价格才能实现它的基本职能和其他各项职能。因此，建立和完善市场机制，创造平等竞争的环境是十分迫切而重要的任务。具体来说，投资者和建筑安装企业等商品和劳务的提供者首先要使自己真正成为具有独立经济利益的市场主体，能够了解并适应市场信息的变化，能够做出正确的判断和决策。其次，要给建筑安装企业创造出平等竞争的条件，使不同类型、不同所有制、不同规模、不同地区的企业，在同一项工程的投标竞争中处于同样平等的地位。为此，就要规范建筑市场和市场主体的经济行为；其次，要建立完善的、灵活的价格信息系统。

相关知识

工程造价的作用

1. 工程造价是项目决策的依据

建设工程投资大、生产和使用周期长等特点决定了项目决策的重要性。工程造价决定着项目的一次投资费用。投资者是否有足够的财务能力支付这笔费用，是否认为值得支付这项费用，是项目决策中要考虑的主要问题。财务能力是一个独立的投资主体必须首先解决的问题。如果建设工程的价格超过投资者的支付能力，就会迫使他放弃拟建的项目；如果项目投资的效果达不到预期目标，他也会自动放弃拟建的工程。因此，在项目决策阶段，建设工程造价就成为项目财务分析和经济评价的重要依据。

2. 工程造价是制定投资计划和控制投资的依据

工程造价在控制投资方面的作用非常显著。工程造价是通过多次性预估，最终通过竣工决算确定下来的。每一次预估的过程就是对造价的控制过程；而每一次估算又都是对下一次估算的严格控制，具体讲，每一次估算都不能超过前一次估算的一定幅度。这种控制是在投资者财务能力的限度内为取得既定的投资效益所必需的。建设工程造价对投资的控制也表现在利用制定各类定额、标准和参数，对建设工程造价的计算依据进行控制。在市场经济利益风险机制的作用下，造价对投资控制作用成为投资的内部约束机制。

3. 工程造价是筹集建设资金的依据

投资体制的改革和市场经济的建立，要求项目的投资者必须有很强的筹资能力，以保证工程建设有充足的资金供应。工程造价基本决定了建设资金的需要量，从而为筹集资金提供了比较准确的依据。当建设资金来源于金融机构的贷款时，金融机构在对项目的偿贷能力进行评估的基础上，也需要依据工程造价来确定给予投资者的贷款数额。

4. 工程造价是评价投资效果的重要指标

工程造价是一个包含着多层次工程造价的体系，就一个工程项目来说，它既是建设项目的总造价，又包含单项工程的造价和单位工程的造价，同时也包含单位生产能力的造价，或一个平方米建筑面积的造价等等。所有这些，使工程造价本身形成了一个指标体系。它能够为评价投资效果提供出多种评价指标，并能够形成新的价格信息，为今后类似项目的投资提供参照系。

5. 工程造价是合理利益分配和调节产业结构的手段

工程造价的高低，涉及国民经济各部门和企业间的利益分配。在市场经济中，工程造价也无例外地受供求状况的影响，并在围绕价值的波动中实现对建设规模、产业结构和利益分配的调节。加上政府正确的宏观调控和价格政策导向，工程造价在这方面的作用会完全发挥出来。

第2章

水暖及通风空调工程施工图识读

第1节　工程制图一般规定

要　点

暖通工程制图主要有编号、标高、尺寸标注、比例、图线、图纸幅面、管径和符号等规定，本节主要对此进行介绍。

解　释

一、图纸

(1) 图纸幅面及图框尺寸，应符合表2-1的规定。

表2-1　幅面及图框尺寸　　单位：mm

尺寸代号	幅面代号				
	A_0	A_1	A_2	A_3	A_4
$b\times l$	841×1189	594×841	420×594	297×420	210×297
c	10			5	
a	25				

(2) 需要微缩复制的图纸，其一个边上应附有一段准确米制尺度，四个边上均附有对中标志，米制尺度的总长应为100mm，分格应为10mm。对中标志应画在图纸各边长的中点处，线宽应为0.35mm，伸入框内应为5mm。

(3) 图纸的短边一般不应加长，长边可加长，但应符合表2-2的规定。

(4) 图纸以短边作为垂直边称为横式，以短边作为水平边称为立式。一般A_0～A_3图纸宜横式使用；必要时，也可立式使用。

(5) 一个工程设计中，每个专业所使用的图纸，一般不宜多于两种幅面，不含目录及表格所采用的A_4幅面。

表 2-2 图纸长边加长尺寸 单位：mm

幅面尺寸	长边尺寸	长边加长后尺寸						
A_0	1189	1486	1635	1783	1932	2080	2230	2378
A_1	841	1051	1261	1471	1682	1892	2102	
A_2	594	743 1783	891 1932	1041 2080	1189	1338	1486	1635
A_3	420	630	841	1051	1261	1471	1682	1892

注：有特殊需要的图纸，可采用 $b \times l$ 为 841mm×891mm 与 1189mm×1261mm 的幅面。

二、比例

图样的比例，应为图形与实物相对应的线性尺寸之比。例如 1∶100 就是用图上 1m 的长度表示房屋实际长度 100m。比例的大小是指比值的大小，如 1∶50 大于 1∶100。建筑工程中大都用缩小比例。

比例的符号为“∶”，比例应用阿拉伯数字表示，如 1∶1、1∶50、1∶100等。比例宜注写在图名的右侧，字的基准线应取平；比例的字高宜比图名的字高小一号或二号（图 2-1）。

平面图 1∶100 ⑥1∶20

图 2-1 比例的注写

1. 常用绘图比例

绘图所用的比例，应根据图样的用途与被绘对象的复杂程度选用，常用绘图比例见表 2-3，并应优先用表中常用比例。

表 2-3 绘图所用的比例

常用比例	1∶1、1∶2、1∶5、1∶10、1∶20、1∶30、1∶50、1∶100、1∶150、1∶200、1∶500、1∶1000、1∶2000
可用比例	1∶3、1∶4、1∶6、1∶15、1∶25、1∶40、1∶60、1∶80、1∶250、1∶300、1∶400、1∶600、1∶5000、1∶10000、1∶20000、1∶50000、1∶100000、1∶200000

2. 建筑制图比例

建筑专业、室内设计专业制图选用的比例，宜符合表 2-4 的规定。

表 2-4 建筑制图比例

图 名	比 例
建筑物或构筑物的平面图、立面图、剖面图	1∶50、1∶100、1∶150、1∶200、1∶300
建筑物或构筑物的局部放大图	1∶10、1∶20、1∶25、1∶30、1∶50
配件及构造详图	1∶1、1∶2、1∶5、1∶10、1∶15、1∶20、1∶25、1∶30、1∶50

3. 建筑结构制图比例

绘图时根据图样的用途，被绘物体的复杂程度，应选用表 2-5 中的常用比例，特殊情况下也可选可用比例。

表 2-5 建筑结构制图比例

图 名	常用比例	可用比例
结构平面图 基础平面图	1∶50、1∶100 1∶150	1∶60、1∶200
圈梁平面图、总图中管沟、地下设施等	1∶200、1∶500	1∶300
详图	1∶10、1∶20、1∶50	1∶5、1∶25、1∶30

4. 总图制图比例

总图制图采用的比例，宜符合表 2-6 的规定。

表 2-6　总图制图比例

图　　名	比　　例
现状图	1∶500、1∶1000、1∶2000
地理交通位置图	(1∶25000)～(1∶200000)
总体规划、总体布置、区域位置图	1∶2000、1∶5000、1∶10000、1∶25000、1∶50000
总平面图、竖向布置图、管线综合图、土方图、铁路、道路平面图	1∶300、1∶500、1∶1000、1∶2000
场地园林景观总平面图、场地园林景观竖向布置图、种植总平面图	1∶300、1∶500、1∶1000
铁路、道路纵断面图	垂直：1∶100、1∶200、1∶500 水平：1∶1000、1∶2000、1∶5000
铁路、道路横断面图	1∶20、1∶50、1∶100、1∶200
场地断面图	1∶100、1∶200、1∶500、1∶1000
详图	1∶1、1∶2、1∶5、1∶10、1∶20、1∶50、1∶100、1∶200

5. 其他规定

(1) 一般情况下，一个图样应选用一种比例。根据专业制图需要，同一图样可选用两种比例。

(2) 特殊情况下也可自选比例，这时除应注出绘图比例外，还必须在适当位置绘制出相应的比例尺。

① 在建筑制图中，铁路、道路、土方等的纵断面图，可在水平方向和垂直方向选用不同比例。

② 在建筑结构制图中，当构件的纵、横向断面尺寸相差悬殊时，可在同一详图中的纵、横向选用不同的比例绘制。轴线尺寸与构件尺寸也可选用不同的比例绘制。

(3) 在同一张图纸中，相同比例的各图样，应选用相同的线宽组。

三、图线

施工图中常用线型见表 2-7。

表 2-7　线型

名　称	线　　型	线　宽	用　　途
粗实线	————————	b	新设计的各种排水和其他重力流管线
粗虚线	— — — — — —	b	新设计的各种排水和其他重力流管线的不可见轮廓线
中粗实线	————————	$0.7b$	新设计的各种给水和其他压力流管线；原有的各种排水和其他重力流管线
中粗虚线	— — — — — —	$0.7b$	新设计的各种给水和其他压力流管线及原有的各种排水和其他重力流管线的不可见轮廓线
中实线	————————	$0.5b$	给水排水设备、零(附)件的可见轮廓线；总图中新建的建筑物和构筑物的可见轮廓线；原有的各种给水和其他压力流管线
中虚线	— — — — — —	$0.5b$	给水排水设备、零(附)件的不可见轮廓线；总图中新建的建筑物和构筑物的不可见轮廓线；原有的各种给水和其他压力流管线的不可见轮廓线

续表

名　称	线　　型	线　宽	用　　途
细实线	————————	0.25b	建筑的可见轮廓线；总图中原有的建筑物和构筑物的可见轮廓线；制图中的各种标注线
细虚线	— — — — — — —	0.25b	建筑的不可见轮廓线；总图中原有的建筑物和构筑物的不可见轮廓线
单点长画线	——·——·——	0.25b	中心线、定位轴线
折断线	——∧∨——	0.25b	断开界线
波浪线	～～～～	0.25b	平面图中水平线；局部构造层次范围线；保温范围示意线

图线的宽度 b，应根据图纸的类别、比例和复杂程度，按《房屋建筑制图统一标准》中第 4.0.1 条的规定选用。线宽 b 宜为 0.7mm 或 1.0mm。

四、编号

（1）当建筑物的给水引入管或排水排出管的数量超过 1 根时，宜进行编号，编号宜按图 2-2 的方法表示。

（2）建筑物内穿越楼层的立管，其数量超过 1 根时宜进行编号，编号宜按图 2-3 的方法表示。

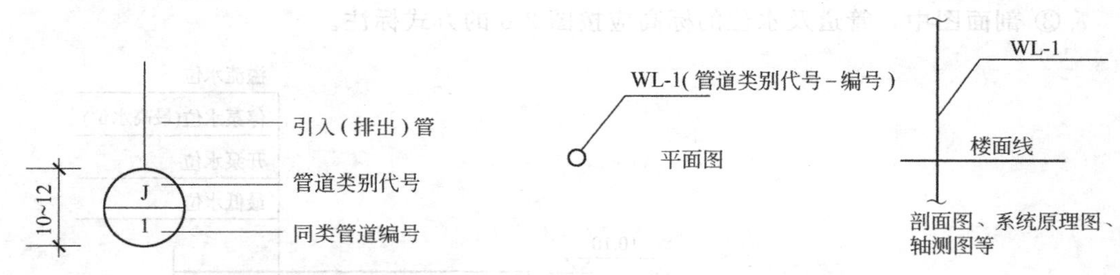

图 2-2　给水引入（排水排出）管编号表示法　　　　图 2-3　立管编号表示法

（3）在总平面图中，当给排水附属构筑物的数量超过 1 个时，宜进行编号。

① 编号方法为：构筑物代号-编号；

② 给水构筑物的编号顺序宜为：从水源到干管，再从干管到支管，最后到用户；

③ 排水构筑物的编号顺序宜为：从上游到下游，先干管后支管。

（4）当给排水机电设备的数量超过 1 台时，宜进行编号，并应有设备编号与设备名称对照表。

五、标高

施工图中标高的标注应符合下列要求。

（1）标高符号及一般标注方法应符合《房屋建筑制图统一标准》（GB/T 50001—2010）的规定。标高的尺寸单位为“m”（米）时，可注写到小数点后第 2 位。

（2）室内工程应标注相对标高；室外工程宜标注绝对标高，当无绝对标高资料时，可标注相对标高，但应与总图专业相同。

（3）压力管道应标注管中心标高；沟渠和重力流管道宜标注沟（管）内底标高。

（4）在下列部位应标注标高。

① 沟渠和重力流管道：

A. 建筑物内应标注起点、变径（尺寸）点、变坡点、穿外墙及剪力墙处。

B. 需控制标高处。

C. 小区内管道按《建筑给水排水制图标准》（GB/T 50106—2010）第 4.4.3 条或第

4.4.4 条、第 4.4.5 条的规定执行。

② 压力流管道中的标高控制点。

③ 管道穿外墙、剪力墙和构筑物的壁及底板等处。

④ 不同水位线处。

⑤ 建（构）筑物中土建部分的相关标高。

(5) 标高的标注方法应符合下列规定。

① 平面图中，管道标高应按图 2-4 的方式标注。

② 平面图中，沟渠标高应按图 2-5 的方式标注。

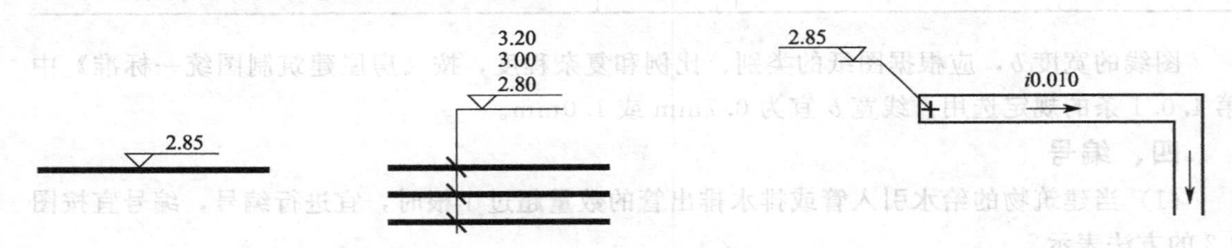

图 2-4　平面图中管道标高标注法　　图 2-5　平面图中沟渠标高标注法

③ 剖面图中，管道及水位的标高应按图 2-6 的方式标注。

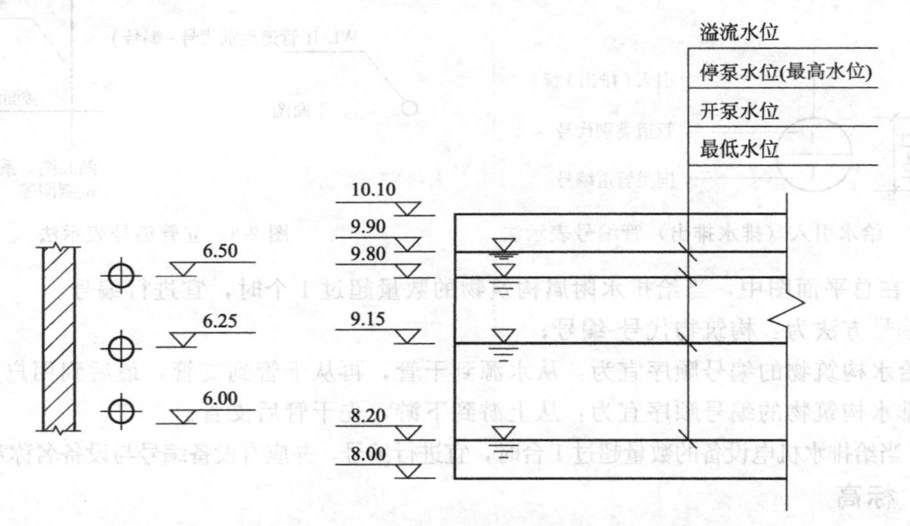

图 2-6　剖面图中管道及水位标高标注法

④ 轴测图中，管道标高应按图 2-7 的方式标注。

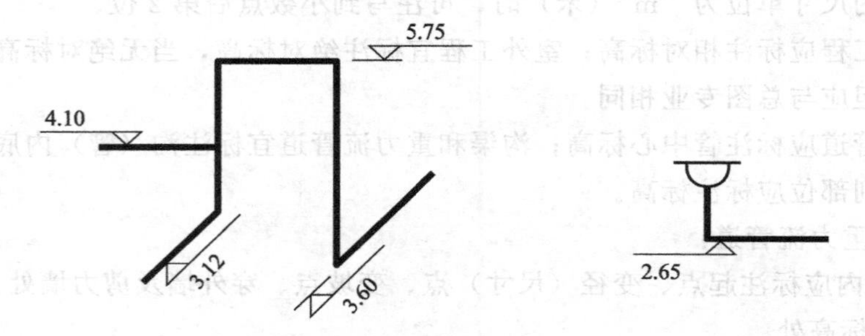

图 2-7　轴测图中管道标高标注法

（6）建筑物内的管道也可按本层建筑地面的标高加管道安装高度的方式标注管道标高，标注方法应为 $H+\times.\times\times$，H 表示本层建筑地面标高。

六、尺寸标注

1. 尺寸的组成与分类

（1）图样上的尺寸，包括尺寸界线、尺寸线、尺寸起止符号和尺寸数字（图 2-8）。

（2）尺寸分为总尺寸、定位尺寸、细部尺寸三种。绘图时，应根据设计深度和图纸用途确定所需注写的尺寸。

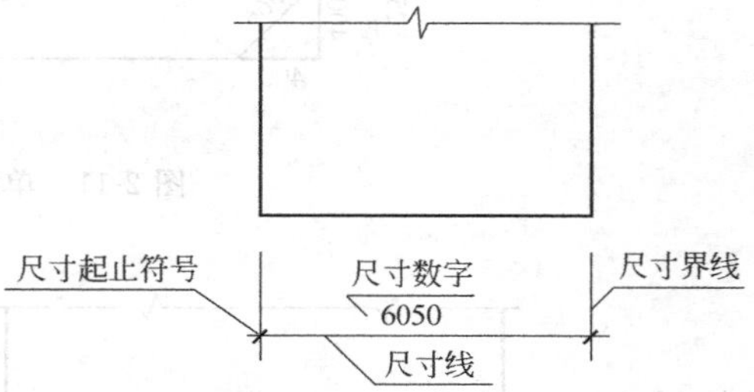

图 2-8　尺寸的组成

2. 建筑制图尺寸标注

（1）楼地面、地下层地面、阳台、平台、檐口、屋脊、女儿墙、台阶等处的高度尺寸及标高，宜按下列规定注写。

① 平面图及其详图注写完成面标高。

② 立面图、剖面图及其详图注写完成面标高及高度方向的尺寸。

③ 其余部分注写毛面尺寸及标高。

④ 标注建筑平面图各部位的定位尺寸时，注写与其最邻近的轴线间的尺寸；标注建筑剖面各部位的定位尺寸时，注写其所在层次内的尺寸。

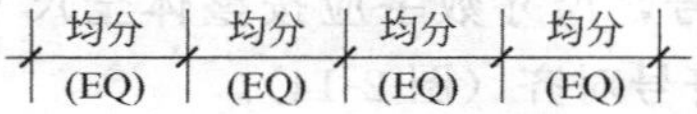

⑤ 室内设计图中连续重复的构配件等，当不易标明定位尺寸时，可在总尺寸的控制下，定位尺寸不用数值而用“均分”或“EQ”字样表示，见图 2-9。

图 2-9　定位尺寸“均分”或“EQ”表示

（2）相邻的立面图或剖面图，宜绘制在同一水平线上，图内相互有关的尺寸及标高，宜标注在同一竖线上（图 2-10）。

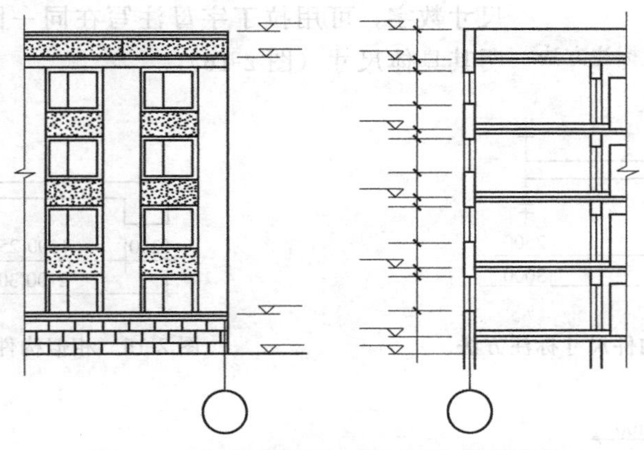

图 2-10　相邻立面图、剖面图的位置关系

3. 尺寸的简化标注

（1）杆件或管线的长度，在单线图（桁架简图、钢筋简图、管线简图）上，可直接将尺寸数字沿杆件或管线的一侧注写（图 2-11）。

（2）连续排列的等长尺寸，可用“个数×等长尺寸＝总长”的形式标注（图 2-12）。

（3）构配件内的构造因素（如孔、槽等）如相同，可仅标注其中一个要素的尺寸（图 2-13）。

（4）对称构配件采用对称省略画法时，该对称构配件的尺寸线应略超过对称符号，仅在

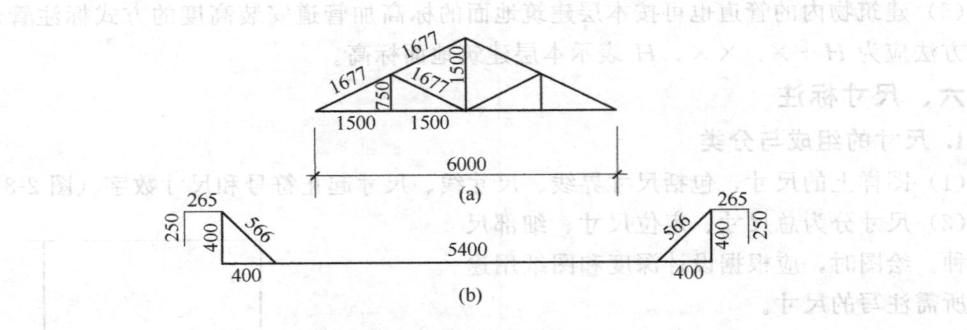

图 2-11　单线图尺寸标注方法

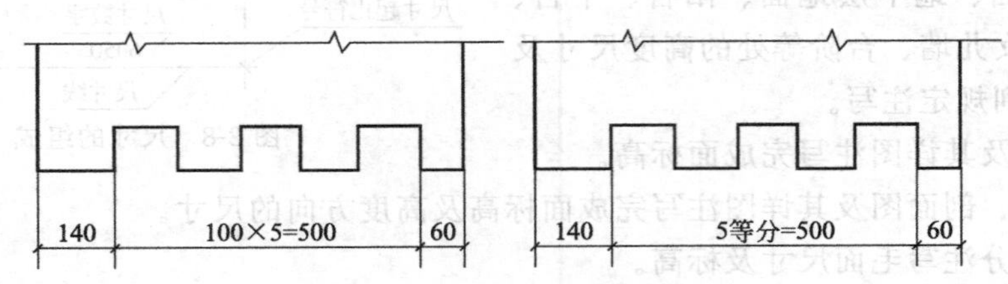

图 2-12　等长尺寸简化标注方法

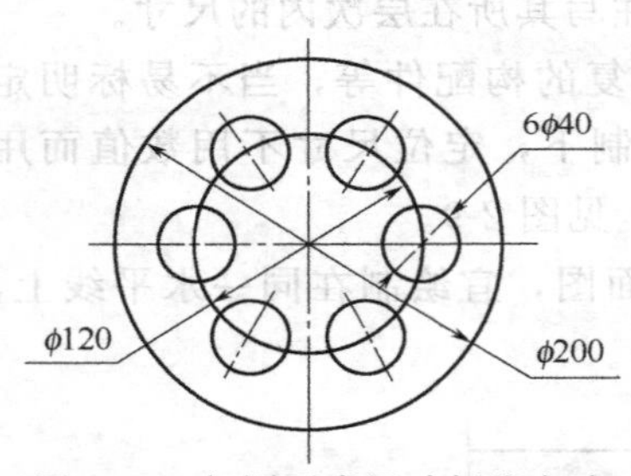

图 2-13　相同要素尺寸标注方法

尺寸线的一端画尺寸起止符号，尺寸数字应按整体全尺寸注写，其注写位置宜与对称符号对齐（图 2-14）。

（5）两个构配件，如个别尺寸数字不同，可在同一图样中将其中一个构配件的不同尺寸数字注写在括号内，该构配件的名称也应注写在相应的括号内（图 2-15）。

（6）数个构配件，如仅某些尺寸不同，这些有变化的尺寸数字，可用拉丁字母注写在同一图样中，另列表格写明其具体尺寸（图 2-16）。

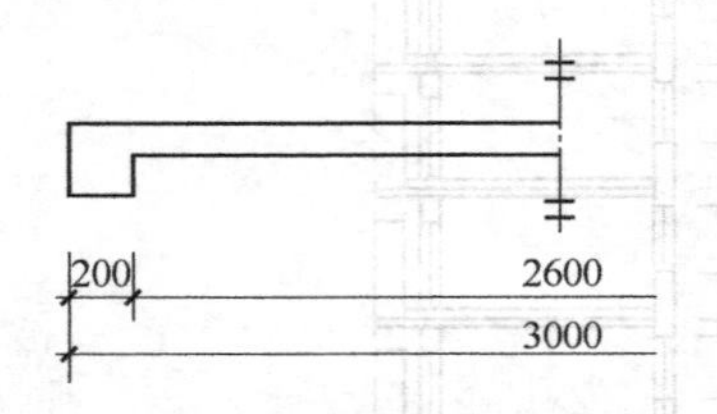

图 2-14　对称构件尺寸标注方法

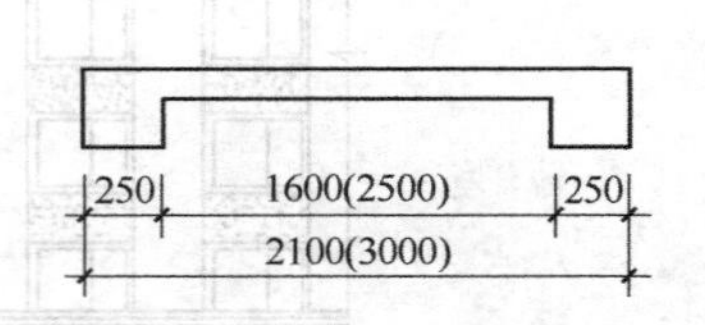

图 2-15　相似构件尺寸标注方法

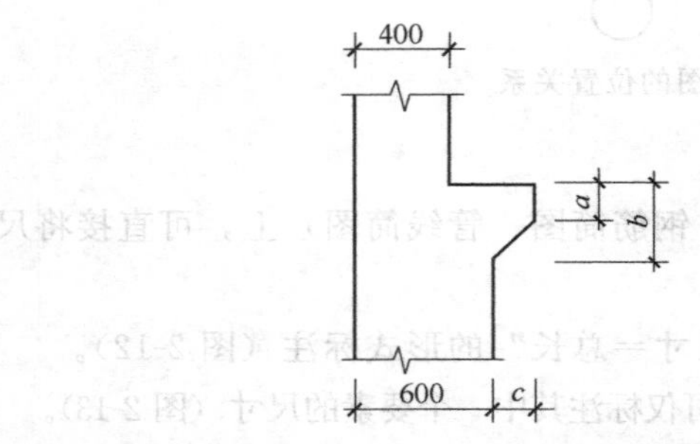

构件编号	a	b	c
Z-1	200	200	200
Z-2	250	450	200
Z-3	200	450	250

图 2-16　相似构配件尺寸表格式标注方法

4. 建筑结构构件尺寸标注

（1）钢筋、钢丝束及钢筋网片应按下列规定标注。

① 钢筋、钢丝束的说明应给出钢筋的代号、直径、数量、间距、编号及所在位置，其说明应沿钢筋的长度标注或标注在相关钢筋的引出线上。

② 钢筋网片的编号应标注在对角线上。网片的数量应与网片的编号标注在一起。

注：简单的构件、钢筋种类较少可不编号。

（2）构件配筋图中箍筋的长度尺寸，应指箍筋的里皮尺寸。弯起钢筋的高度尺寸应指钢筋的外皮尺寸（图 2-17）。

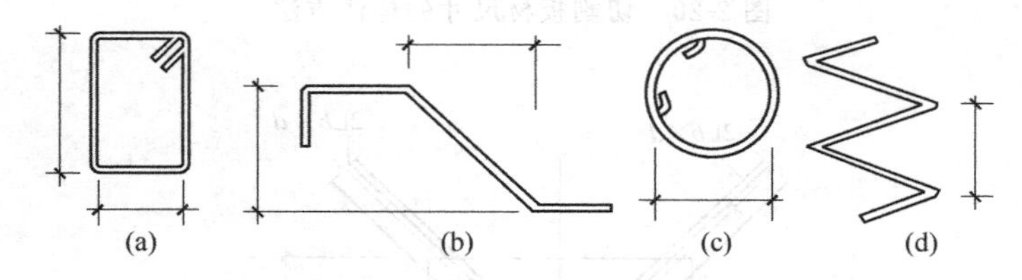

图 2-17　钢箍尺寸标注法

（a）箍筋尺寸标注图；（b）弯起钢筋尺寸标注图；
（c）环型钢筋尺寸标注图；（d）螺旋钢筋尺寸标注图

（3）两构件的两条很近的重心线，应在交汇处将其各自向外错开（图 2-18）。

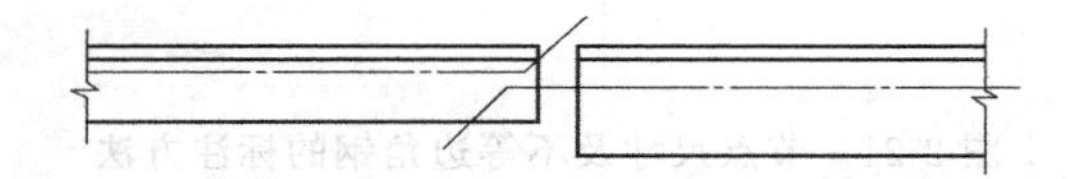

图 2-18　两构件重心线不重合的表示方法

（4）弯曲构件的尺寸应沿其弧度的曲线标注弧的轴线长度（图 2-19）。

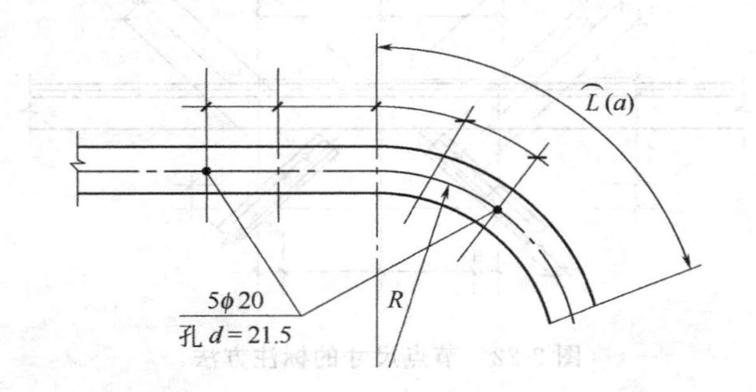

图 2-19　弯曲构件尺寸的标注方法

（5）切割的板材，应标注各线段的长度及位置（图 2-20）。

（6）不等边角钢的构件，必须标注出角钢一肢的尺寸（图 2-21）。

（7）节点尺寸，应注明节点板的尺寸和各杆件螺栓孔中心或中心距，以及杆件端部至几何中心线交点的距离（图 2-21、图 2-22）。

（8）双型钢组合截面的构件，应注明缀板的数量及尺寸（图 2-23）。引出横线上方标注缀板的数量及缀板的宽度、厚度，引出横线下方标注缀板的长度尺寸。

（9）非焊接的节点板，应注明节点板的尺寸和螺栓孔中心与几何中心线交点的距离（图 2-24）。

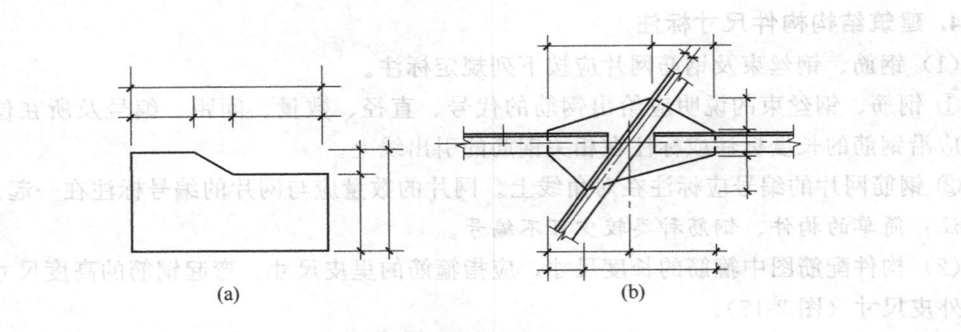

图 2-20 切割板材尺寸的标注方法

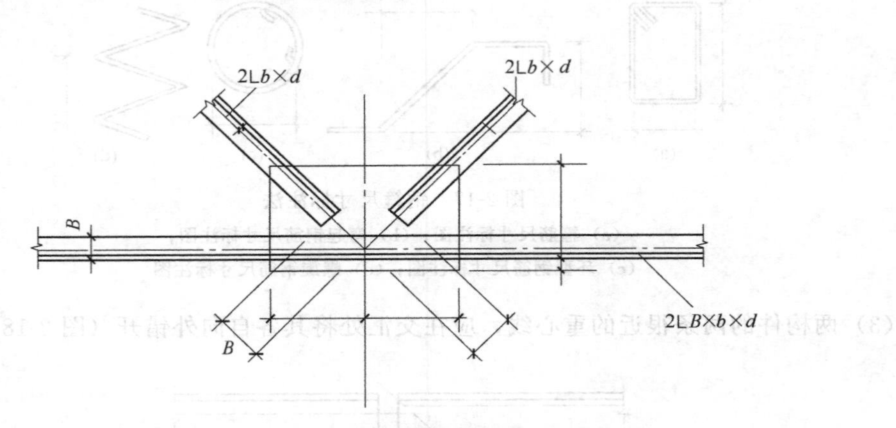

图 2-21 节点尺寸及不等边角钢的标注方法

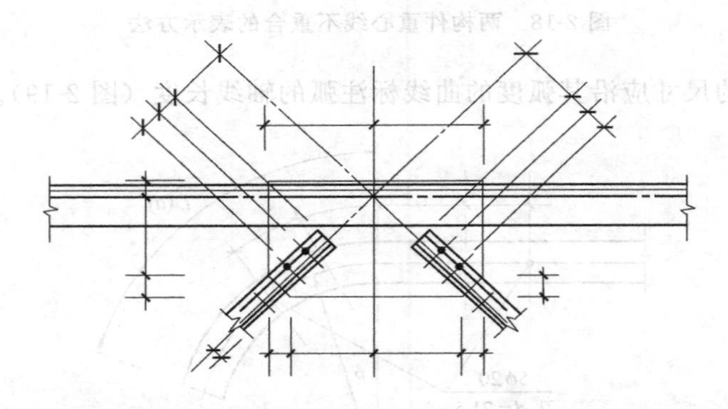

图 2-22 节点尺寸的标注方法

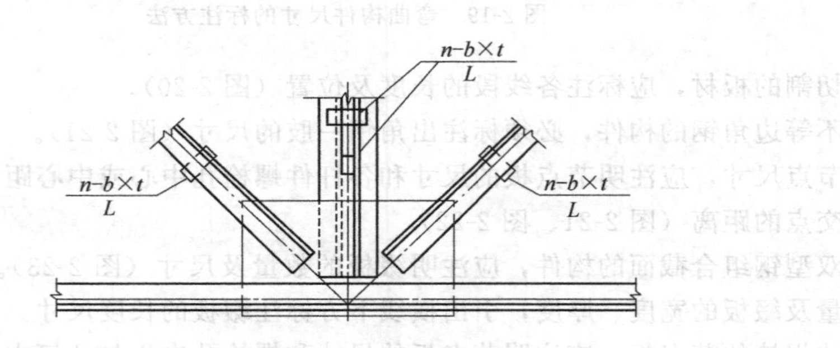

图 2-23 缀板的标注方法（L 为板长）

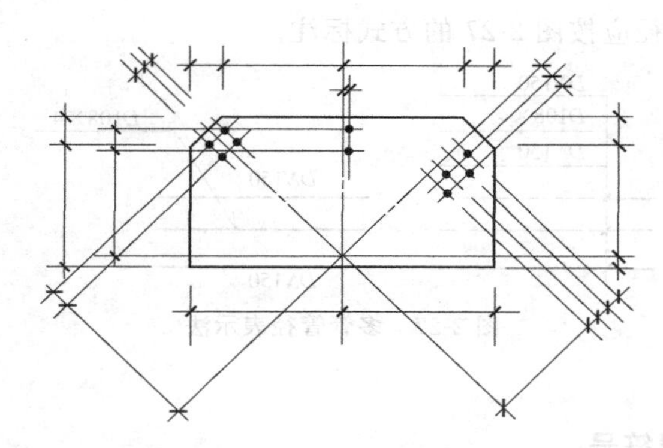

图 2-24 非焊接节点板尺寸的标注方法

（10）桁架式结构的几何尺寸图可用单线图表示。杆件的轴线长度尺寸应标注在构件的上方（图 2-25）。

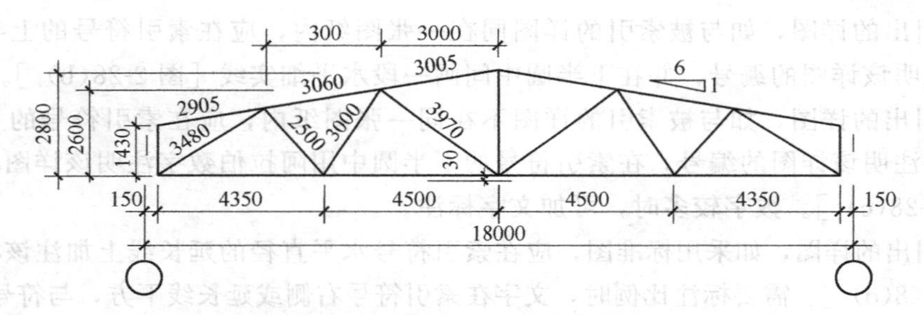

图 2-25 对称桁架几何尺寸标注方法

（11）在杆件布置和受力均对称的桁架单线图中，若需要时可在桁架的左半部分标注杆件的几何轴线尺寸，右半部分标注杆件的内力值和反力值；非对称的桁架单线图，可在上方标注杆件的几何轴线尺寸，下方标注杆件的内力值和反力值。竖杆的几何轴线尺寸可标注在左侧，内力值标注在右侧。

七、管径

（1）管径应以 mm 为单位。

（2）管径的表达方式应符合下列规定。

① 水煤气输送钢管（镀锌或非镀锌）、铸铁管等管材，管径宜以公称直径 DN 表示。

② 无缝钢管、焊接钢管（直缝或螺旋缝）等管材，管径宜以外径 $D\times$壁厚表示。

③ 铜管、薄壁不锈钢管等管材，管径宜以公称外径 D_w 表示。

④ 建筑给水排水塑料管材，管径宜以公称外径 dn 表示。

⑤ 钢筋混凝土（或混凝土）管，管径宜以内径 d 表示。

⑥ 复合管、结构壁塑料管等管材，管径应按产品标准的方法表示。

⑦ 当设计均采用公称直径 DN 表示管径时，应有公称直径 DN 与相应产品规格对照表。

（3）管径的标注方法应符合下列规定。

① 单根管道时，管径应按图 2-26 的方式标注。

$DN20$

图 2-26 单管管径表示法

② 多根管道时，管径应按图 2-27 的方式标注。

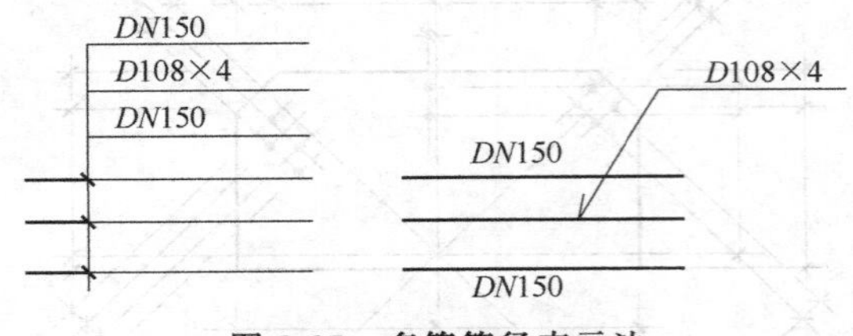

图 2-27 多管管径表示法

八、符号

1. 索引符号与详图符号

(1) 图样中的某一局部或构件，如需另见详图，应以索引符号索引［图 2-28(a)］。索引符号是由直径为 8～10mm 的圆和水平直径组成，圆及水平直径均应以细实线绘制。索引符号应按下列规定编写。

① 索引出的详图，如与被索引的详图同在一张图纸内，应在索引符号的上半圆中用阿拉伯数字注明该详图的编号，并在下半圆中间画一段水平细实线［图 2-28(b)］。

② 索引出的详图，如与被索引的详图不在同一张图纸内，应在索引符号的上半圆中用阿拉伯数字注明该详图的编号，在索引符号的下半圆中用阿拉伯数字注明该详图所在图纸的编号［图 2-28(c)］。数字较多时，可加文字标注。

③ 索引出的详图，如采用标准图，应在索引符号水平直径的延长线上加注该标准图册的编号［图 2-28(d)］。需要标注比例时，文字在索引符号右侧或延长线下方，与符号下对齐。

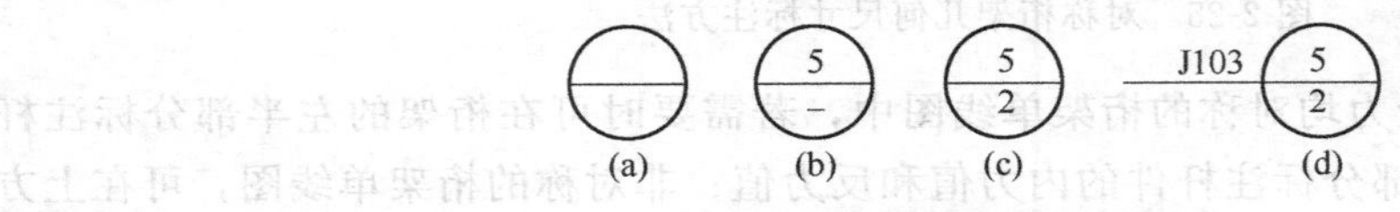

图 2-28 索引符号

(2) 索引符号如用于索引剖视详图，应在被剖切的部位绘制剖切位置线，并以引出线引出索引符号，引出线所在的一侧应为剖视方向。索引符号的编写见图 2-29。

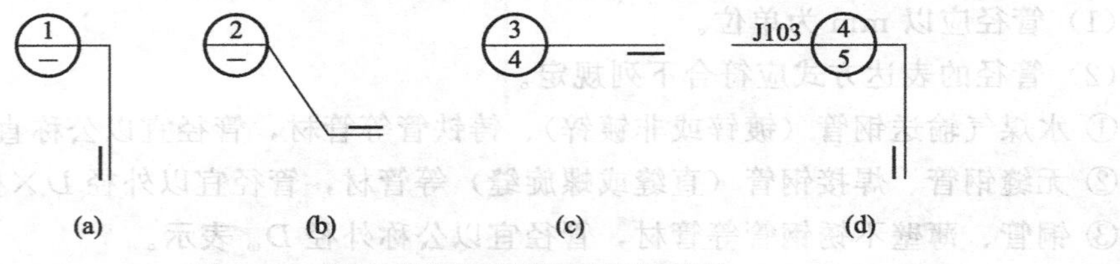

图 2-29 用于索引剖面详图的索引符号

(3) 零件、钢筋、杠杆、设备等的编号直径宜以 5～6mm 的细实线圆表示，同一图样应保持一致，其编号应用阿拉伯数字按顺序编写（图 2-30）。消火栓、配电箱、管井等的索引符号，直径宜以 4～6mm 为宜。

(4) 详图的位置和编号，应以详图符号表示。详图符号的圆应以直径为 14mm 粗实线绘制。详图应按下列规定编号。

① 详图与被索引的图样同在一张图纸内时，应在详图符号内用阿拉伯数字注明详图的编号（图 2-31）。

② 详图与被索引的图样不在同一张图纸内时，应用细实线在详图符号内画一水平直径，

在上半圆中注明详图编号，在下半圆中注明被索引的图纸的编号（图 2-32）。

图 2-30　零件、钢筋等的编号

图 2-31　与被索引图样同在一张图纸内的详图符号

图 2-32　与被索引图样不在同一张图纸内的详图符号

2. 剖切符号

（1）剖视的剖切符号应由剖切位置线及剖视方向线组成，均应以粗实线绘制。剖视的剖切符号应符合下列规定：

① 剖切位置线的长度宜为 6～10mm；剖视方向线应垂直于剖切位置线，长度应短于剖切位置线，宜为4～6mm（图 2-33）。也可采用国际统一和常用的剖视方法，如图 2-34 所示。绘制时，剖视的剖切符号不应与其他图线相接触。

② 剖视剖切符号的编号宜采用阿拉伯数字，按剖切顺序由左至右、由下至上连续编排，并应注写在剖视方向线的端部。

③ 需要转折的剖切位置线，应在转角的外侧加注与该符号相同的编号。

④ 建（构）筑物剖面图的剖切符号应注在±0.000 标高的平面图或首层平面图上。

⑤ 局部剖面图（不含首层）的剖切符号应注在包含剖切部位的最下面一层的平面图上。

（2）断面的剖切符号的规定

① 断面的剖切符号应只用剖切位置线表示，并应以粗实线绘制，长度宜为 6～10mm。

② 断面剖切符号的编号宜采用阿拉伯数字，按顺序连续编排，并应注写在剖切位置线的一侧；编号所在的一侧应为该断面的剖视方向（图 2-35）。

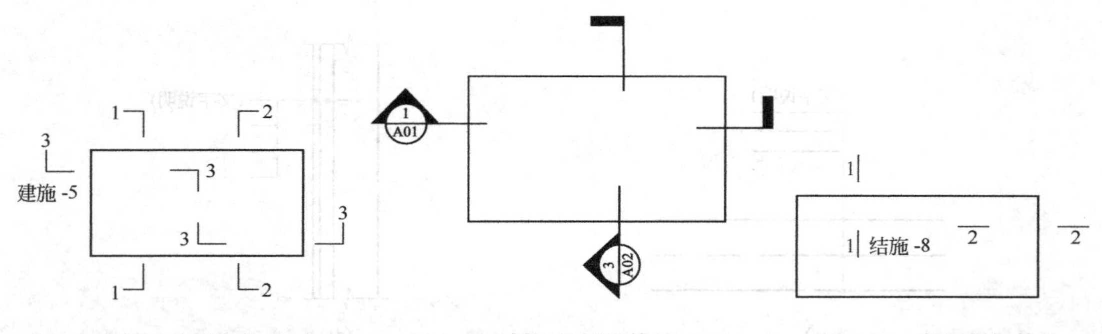

图 2-33　剖视的剖切符号（一）　　图 2-34　剖视的剖切符号（二）　　图 2-35　断面剖切符号

（3）剖面图或断面图，如与被剖切图样不在同一张图内，应在剖切位置线的另一侧注明其所在图纸的编号，也可以在图上集中说明。

3. 引出线

（1）引出线应以细实线绘制，宜采用水平方向的直线，与水平方向成 30°、45°、60°、90°的直线，或经上述角度再折为水平线。文字说明宜注写在水平线的上方［图 2-36(a)］，也可注写在水平线的端部［图 2-36(b)］。索引详图的引出线，应与水平直径线相连接［图 2-36(c)］。

（2）同时引出几个相同部分的引出线，宜互相平行［图 2-37(a)］，也可画成集中于一

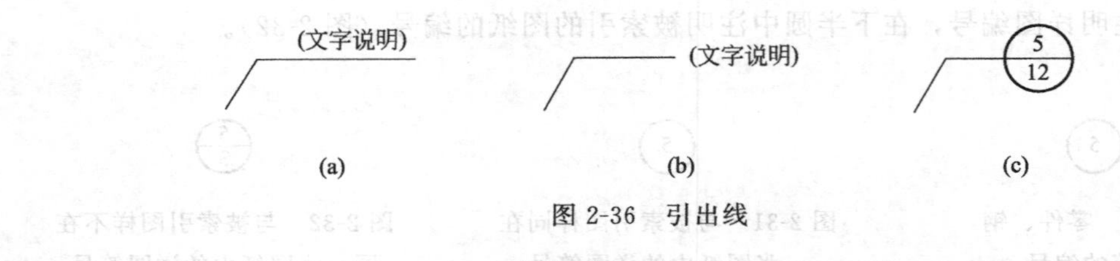

图 2-36 引出线

图 2-37 共用引出线

点的放射线［图 2-37(b)］。

(3) 多层构造或多层管道共用引出线，应通过被引出的各层，并用圆点示意对应各层次。文字说明宜注写在水平线的上方，或注写在水平线的端部，说明的顺序应由上至下，并应与被说明的层次对应一致；如层次为横向排序，则由上至下的说明顺序应与由左至右的层次对应一致（图 2-38）。

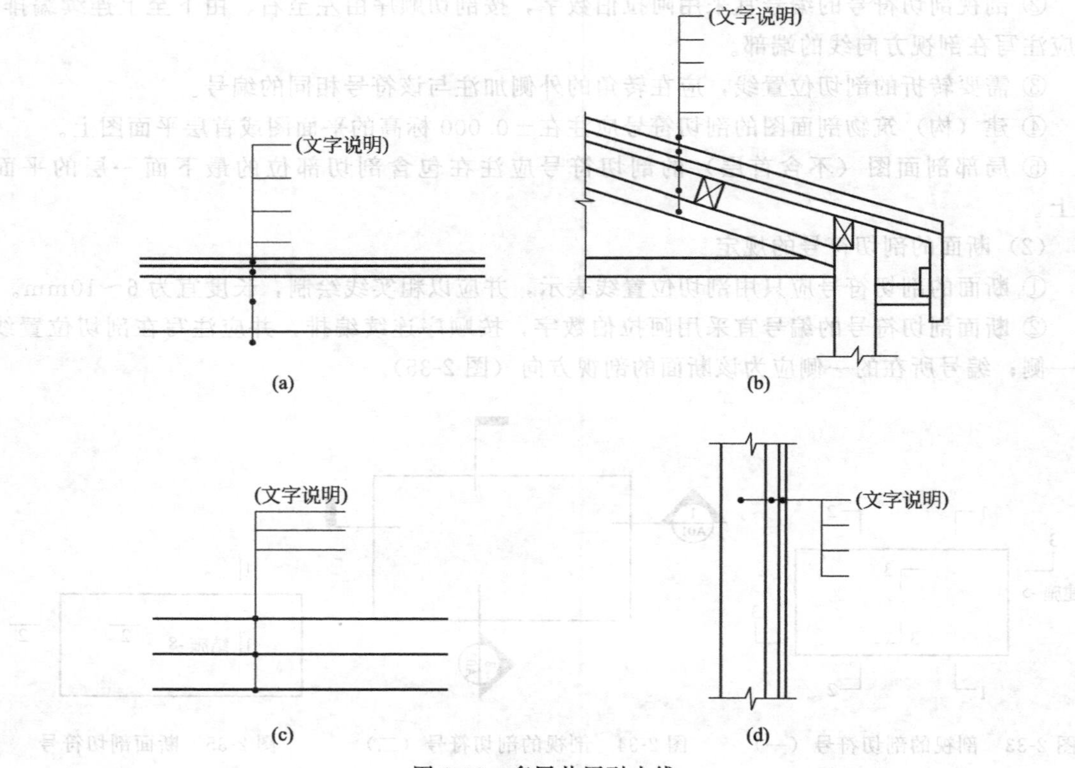

图 2-38 多层共用引出线

4. 其他符号

(1) 对称符号由对称线和两端的两对平行线组成。对称线用细单点长画线绘制；平行线用细实线绘制：其长度宜为 6～10mm，每对的间距宜为 2～3mm；对称线垂直平分于两对平行线，两端超出平行线宜为 2～3mm（图 2-39）。

(2) 连接符号应以折断线表示需连接的部位。两部位相距过远时，折断线两端靠图样一侧应标注大写拉丁字母表示连接编号。两个被连接的图样应用相同的字母编号(图2-40)。

(3) 指北针的形状宜如图 2-41 所示，其圆的直径宜为 24mm，用细实线绘制；指针尾部的宽度宜为 3mm，指针头部应注“北”或“N”字。需用较大直径绘制指北针时，指针尾部宽度宜为直径的 1/8。

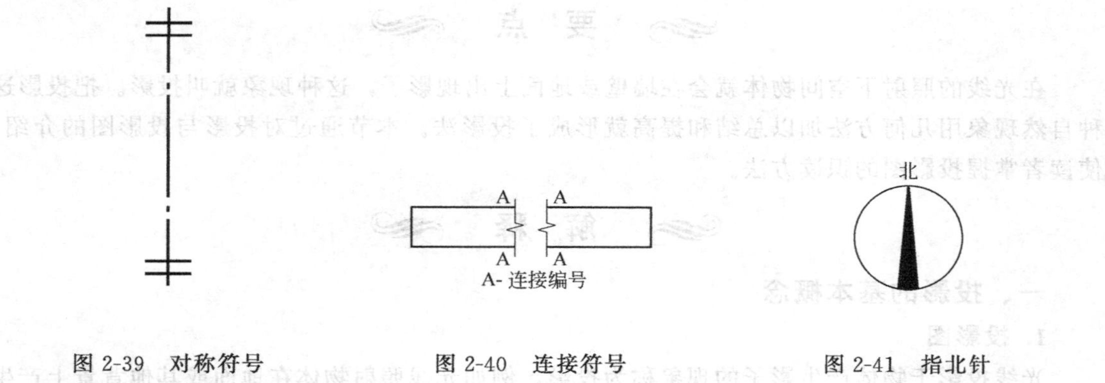

图 2-39　对称符号　　图 2-40　连接符号　　图 2-41　指北针

建筑制图中，指北针应绘制在建筑物±0.00 标高的平面图上，并放在明显位置，所指的方向应与总图一致。

(4) 对图纸中局部变更部分宜采用云线，并宜注明修改版次（图 2-42）。

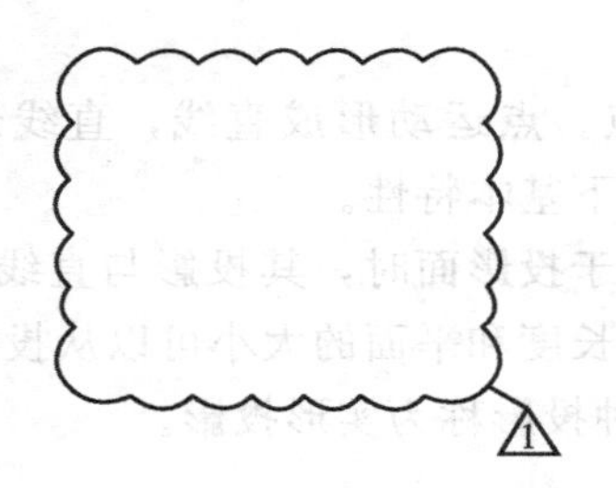

图 2-42　变更云线（1 为修改次数）

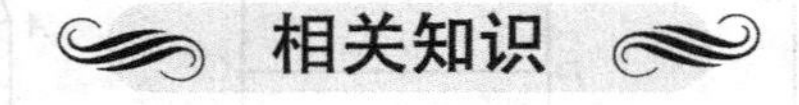

相关知识

给水排水工程施工图的分类

(1) 室外管道及附属设备图。指城镇居住区和工矿企业厂区的给水排水管道施工图。属于这类图样的有区域管道平面图、街道管道平面图、工矿企业厂区管道平面图、管道纵剖面图、管道上的附属设备图、泵站及水池和水塔管道施工图、污水及雨水出口施工图。

(2) 室内管道及卫生设备图。指一幢建筑物内用水房间（如厕所、浴室、厨房、实验室、锅炉房）以及工厂车间用水设备的管道平面布置图、管道系统平面图、卫生设备、用水设备、加热设备和水箱、水泵等的施工图。

(3) 水处理工艺设备图。指给水厂、污水处理厂的平面布置图、水处理设备图（如沉淀池、过滤池、曝气池、消化池等全套施工图）、水流或污流流程图。

给水排水工程施工图按图纸表现的形式可分为基本图和详图两大类。基本图包括图纸目录、施工图说明、材料设备明细表、工艺流程图、平面图、轴测图和立（剖）面图；详图包括节点图、大样图和标准图。

第2节 投影与投影图识读

要 点

在光线的照射下空间物体就会在墙壁或地面上出现影子，这种现象就叫投影。把投影这种自然现象用几何方法加以总结和提高就形成了投影法。本节通过对投影与投影图的介绍，使读者掌握投影图的识读方法。

解 释

一、投影的基本概念

1. 投影图

光线投影于物体产生影子的现象称为投影，例如光线照射物体在地面或其他背景上产生影子，这个影子就是物体的投影。在制图学上把此投影称为投影图（亦称视图）。

用一组假想的光线把物体的形状投射到投影面上，并在其上形成物体的图像，这种用投影图表示物体的方法称投影法，它表示光源、物体和投影面三者间的关系。投影法是绘制工程图的基础。

2. 正投影的基本特性

构成物体最基本的元素是点。点运动形成直线，直线运动形成平面。在正投影法中，点、直线、平面的投影，具有以下基本特性。

(1) 显实性。当直线段平行于投影面时，其投影与直线等长。当平面平行于投影面时，其投影与该平面全等。即直线的长度和平面的大小可以从投影图中直接度量出来，这种特性称为显实性［图 2-43(a)］，这种投影称为实形投影。

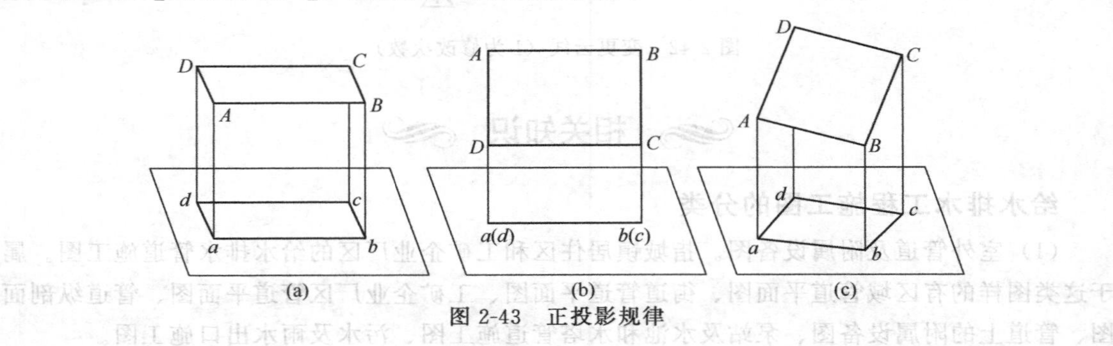

图 2-43 正投影规律

(2) 积聚性。直线、平面垂直于投影面时，其投影积聚为一点、直线时，这种特性称投影的积聚性，见图 2-43(b)。

(3) 类似性。直线、平面倾斜于投影面时，其投影仍为直线（长度缩短）、平面（形状缩小），这种特性称投影的类似性，见图 2-43(c)。

二、三视图及投影规律

1. 三投影面体系的建立

为表达物体形状，常采用互相垂直的三个投影面，建立三投影面体系，见图 2-44，其名称如下。

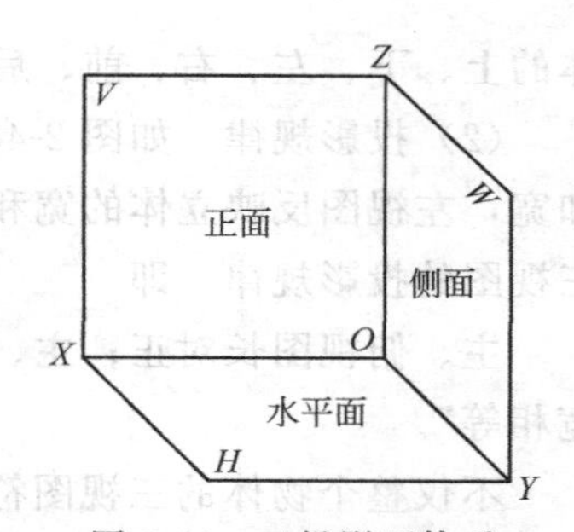

图 2-44　三投影面体系

正立投影面简称正面，用 V 表示；

水平投影面简称水平面，用 H 表示；

侧立投影面简称侧面，用 W 表示。

OX 轴——正面与水平面的交线，它代表长度方向；

OY 轴——水平方向与侧面的交线，它代表宽度方向；

OZ 轴——正面与侧面的交线，它代表高度方向。

原点 O——OX、OY、OZ 三轴的交点。

2. 物体在三投影面体系中的投影

为了获得三视图，把物体放置在所建立的三投影面体系中，使物体的各主要平面分别平行于各投影面，投影时使物体处于观察者与投影面之间，按正投影法分别向各投影面投影，见图 2-45，名称为：

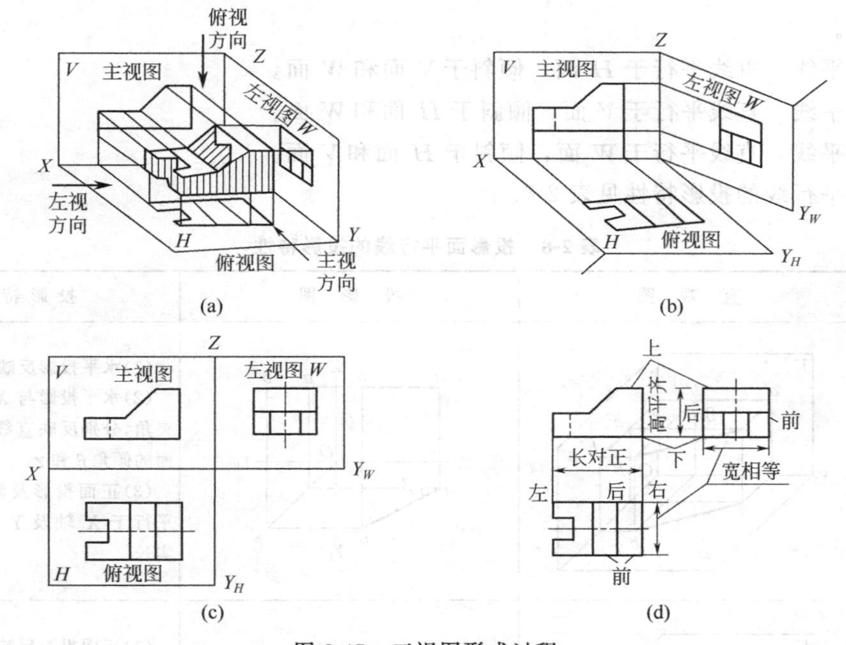

图 2-45　三视图形成过程

主视图——物体由前向正投影面投影所得的图形；

俯视图——物体由上向水平投影面投影所得的图形；

左视图——物体由左向右侧投影面投影所得的图形。

3. 三投影面的展开

为了把三个视图画在一张图纸上，必须把相互垂直的三个投影面展开成一个平面，如图 2-45(b) 所示。先将空间的物体移走，正面 V 保持不动，将水平面 H 沿 OX 轴向下旋转 90°，将侧面 W 沿 OZ 轴向右转 90°。这样就在同一平面上得到了三视图，如图 2-45(c) 所示。为简化作图，在三视图中，不画投影面的边框，视图间的距离也是由实际情况而定的，视图名称也不标出，如图 2-45(d) 所示。

4. 三视图的投影规律

(1) 视图与物体的方位关系　方位关系是指观察者面对正面 V 来观察物体为准，看物体的上、下、左、右、前、后六个方位在三视图中的对应关系，如图 2-45(d) 所示。

(2) 投影规律　如图 2-45(d) 所示，主视图反映物体的长和高，俯视图反映物体的长和宽，左视图反映立体的宽和高。表明了每个视图反映了物体两个方向的尺寸，因此总结出三视图的投影规律，即

主、俯视图长对正；主、左视图高平齐；俯、左视图宽相等。简称“长对正、高平齐、宽相等”。

不仅整个物体的三视图符合上述投影规律，而且物体上的每一组成部分的三个投影也符合上述投影规律。

三、直线的三视图投影特性

1. 投影面平行线

平行于一个投影面，而倾斜于另两个投影面的直线，称为投影面平行线。投影面平行线分以下三种。

(1) 水平线　直线平行于 H 面，倾斜于 V 面和 W 面。

(2) 正平线　直线平行于 V 面，倾斜于 H 面和 W 面。

(3) 侧平线　直线平行于 W 面，倾斜于 H 面和 V 面。

投影面平行线的投影特性见表 2-8。

表 2-8　投影面平行线的投影特性

名　称	直　观　图	投　影　图	投 影 特 性
水平线	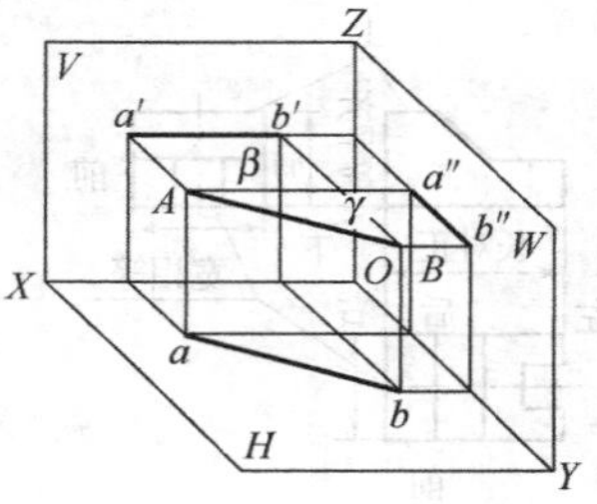	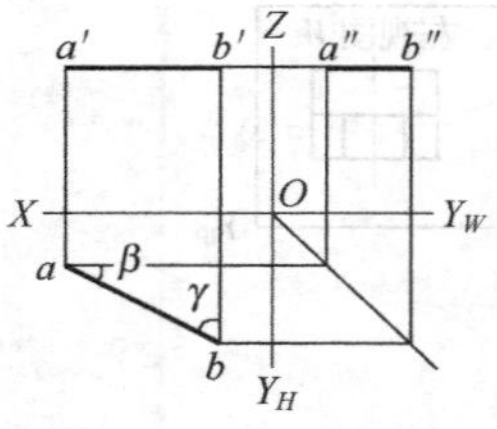	(1)水平投影反映实长 (2)水平投影与 X 轴和 Y 轴的夹角，分别反映直线与 V 面和 W 面的倾角 β 和 γ (3)正面投影及侧面投影分别平行于 X 轴及 Y 轴，但不反映实长
正平线	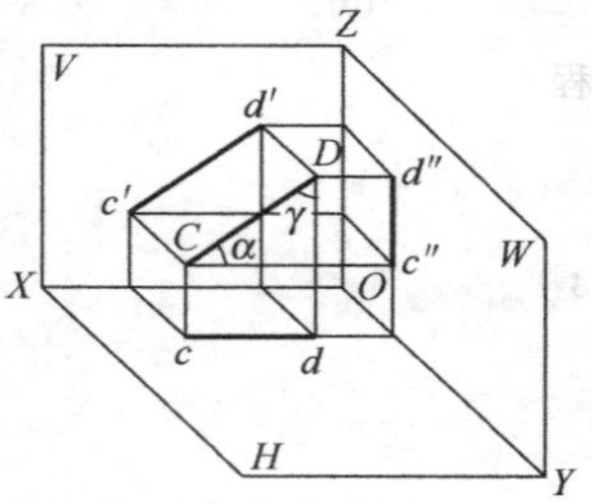	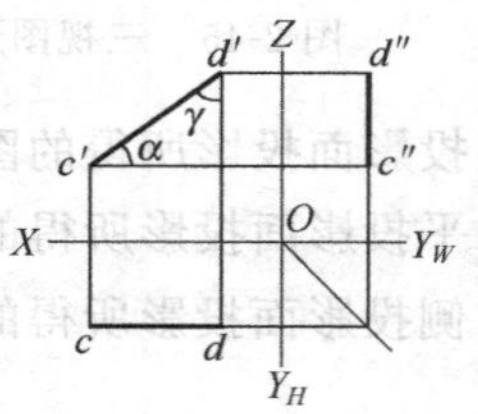	(1)正面投影反映实长 (2)正面投影与 X 轴和 Z 轴的夹角，分别反映直线与 H 面和 W 面的倾角 α 和 γ (3)水平投影及侧面投影分别平行于 X 轴及 Z 轴，但不反映实长
侧平线	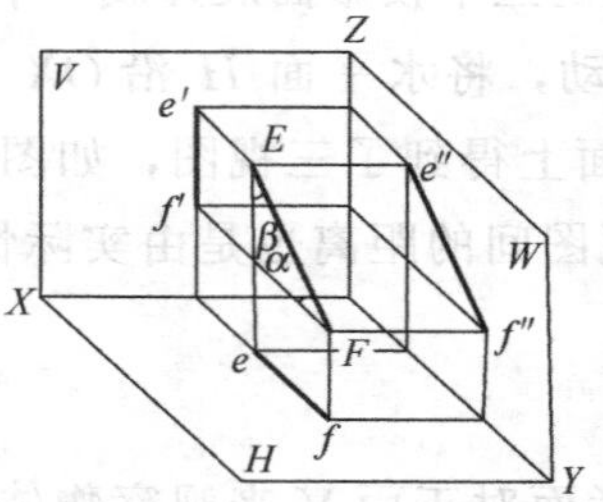	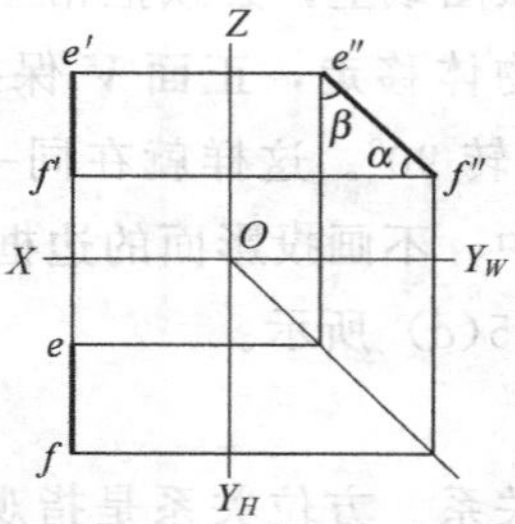	(1)侧面投影反映实长 (2)侧面投影与 Y 轴和 Z 轴的夹角，分别反映直线与 H 面和 V 面的倾角 α 和 β (3)水平投影及正面投影分别平行于 Y 轴及 Z 轴，但不反映实长

2. 投影面垂直线

垂直于一投影面，而平行于另两个投影面的直线，称为投影面垂直线。投影面垂直线分为以下三种。

(1) 铅垂线　直线垂直于 H 面，平行于 V 面和 W 面。

(2) 正垂线　直线垂直于 V 面，平行于 H 面和 W 面。

(3) 侧垂线　直线垂直于 W 面，平行于 H 面和 V 面。

投影面垂直线的投影特性见表 2-9。

3. 一般位置直线

如图 2-46 所示为一般位置直线。由于直线 AB 倾斜于 H 面、V 面和 W 面，所以其端点 A、B 到各投影面的距离都不相等，因此一般位置直线的三个投影与投影轴都成倾斜位置，且不反映实长，也不反映直线对投影面的倾角。图 2-46 为一般位置直线的投影。

四、平面的三视图投影特性

空间平面与投影面的位置关系有三种：投影面平行面、投影面垂直面、一般位置平面。

1. 投影面平行面

投影面平面平行于一个投影面，同时垂直于另外两个投影面，见表 2-10，其投影特征如下。

(1) 平面在它所平行的投影面上的投影反映实形。

(2) 平面在另两个投影面上的投影积聚为直线，且分别平行于相应的投影轴。

表 2-9　投影面垂直线的投影特性

名称	直观图	投影图	投影特性
铅垂线	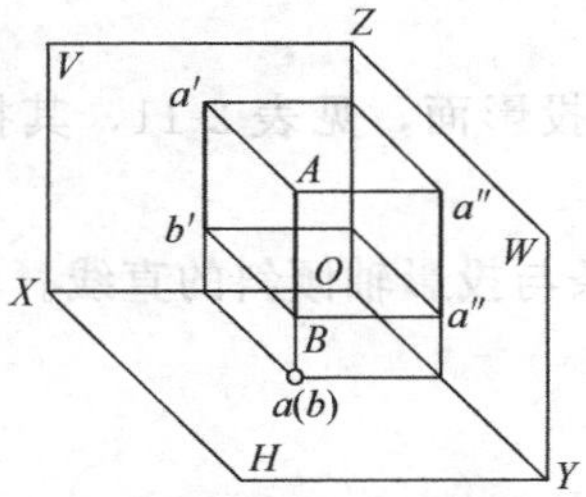 V, Z, a′, A, a″, b′, W, O, X, a″, B, a(b), H, Y	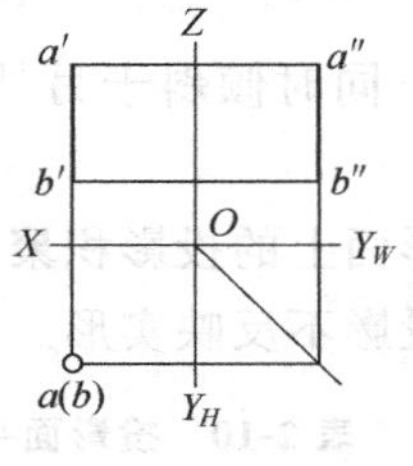 a′, Z, a″, b′, b″, X, O, Y_W, a(b), Y_H	(1)水平投影积聚成一点 (2)正面投影及侧面投影分别垂直于 X 轴及 Y 轴，且反映实长
正垂线	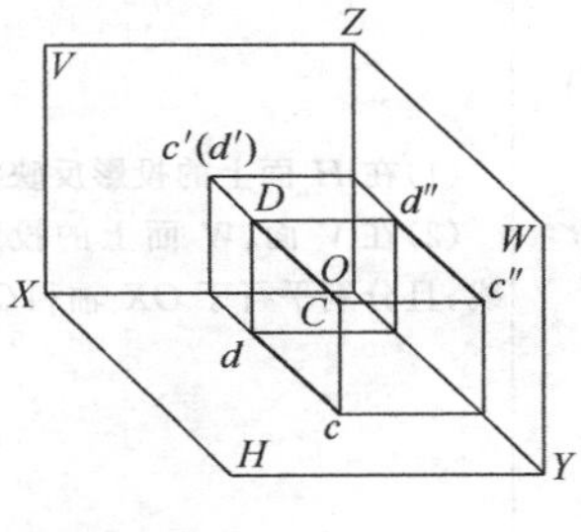 V, Z, c′(d′), D, d″, W, O, c″, X, C, d, c, H, Y	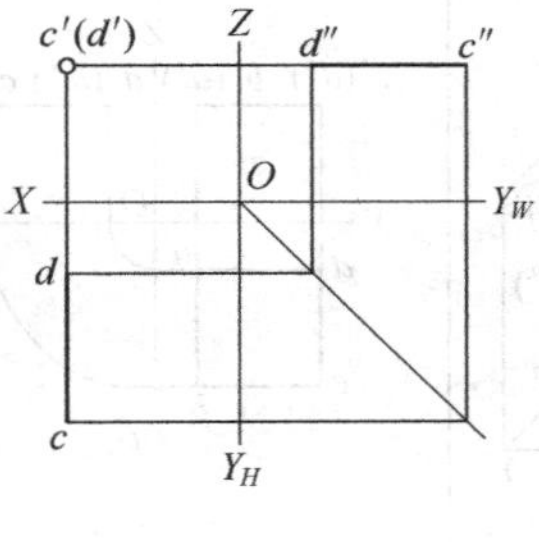 c′(d′), Z, d″, c″, O, X, Y_W, d, c, Y_H	(1)正面投影积聚成一点 (2)水平投影及侧面投影分别垂直于 X 轴及 Z 轴，且反映实长

续表

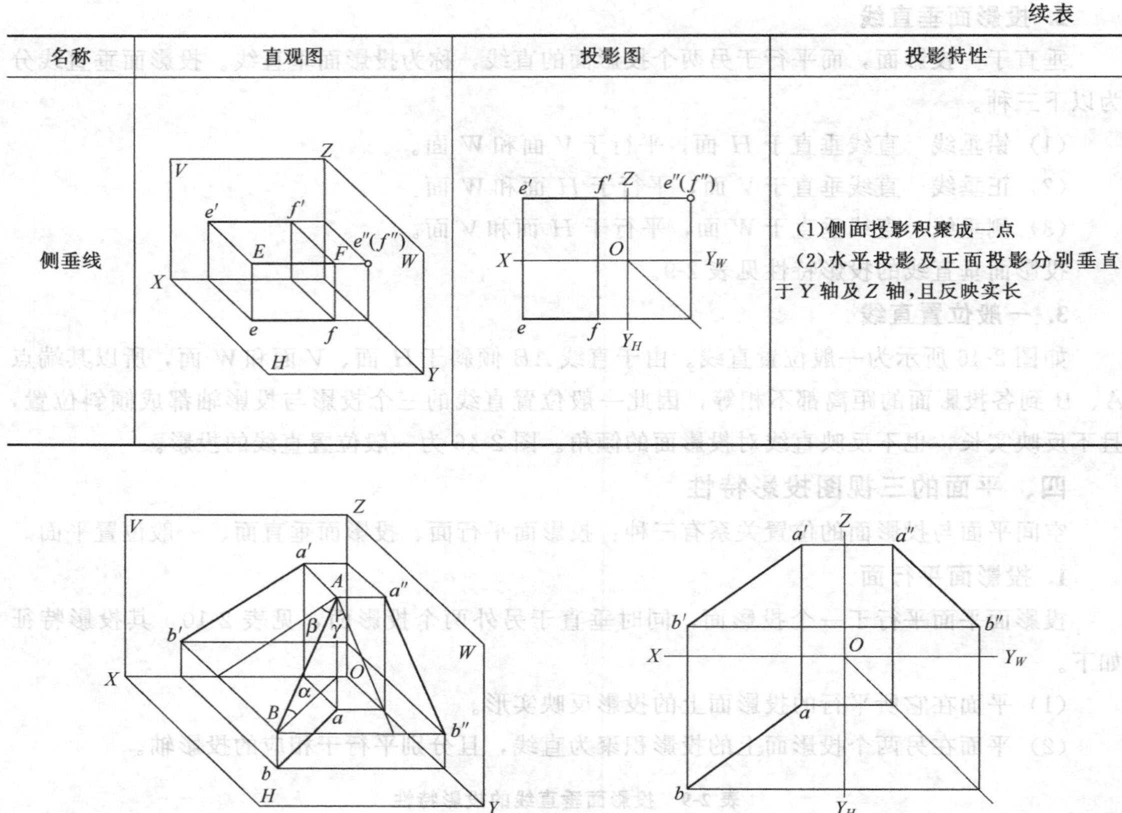

名称	直观图	投影图	投影特性
侧垂线			(1)侧面投影积聚成一点 (2)水平投影及正面投影分别垂直于 Y 轴及 Z 轴，且反映实长

(a) 直观图　　(b) 投影图

图 2-46　一般位置直线的投影

2. 投影面垂直面

此类平面垂直于一个投影面，同时倾斜于另外两个投影面，见表 2-11，其投影图的特征如下。

（1）垂直面在它所垂直的投影面上的投影积聚为一条与投影轴倾斜的直线。

（2）垂直面在另两个面上的投影不反映实形。

表 2-10　投影面平行面

名称	直观图	投影图	投影特点
水平面	Z, V, $c'(d')$, $b'(a')$, D, A, $d''(a'')$, W, X, C, B, $c''(b'')$, d, a, c, b, H, Y	Z, $c'(d')$, $b'(a')$, $d''(a'')$, $c''(b'')$, X, O, Y_W, d, a, c, b, Y_H	(1)在 H 面上的投影反映实形 (2)在 V 面、W 面上的投影积聚为一直线，且分别平行于 OX 轴和 OY_W 轴

续表

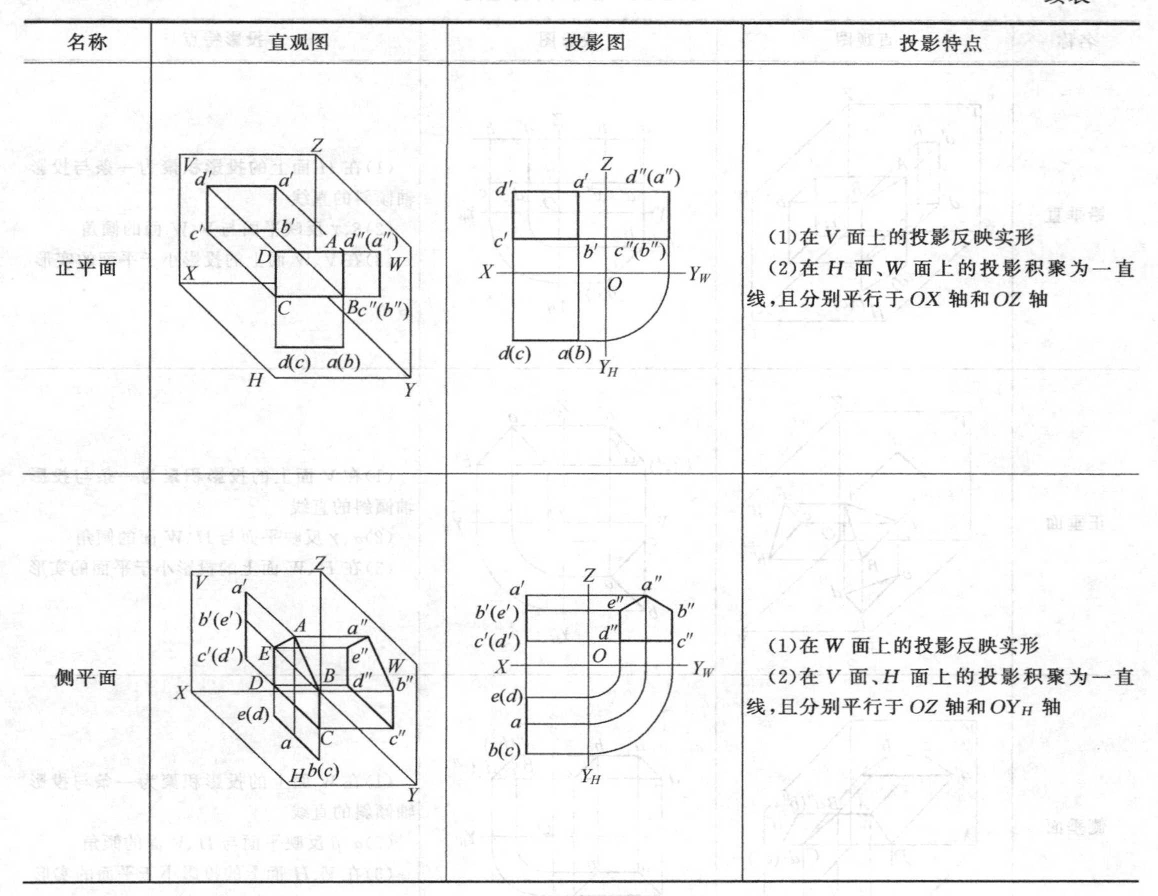

名称	直观图	投影图	投影特点
正平面			(1)在 V 面上的投影反映实形 (2)在 H 面、W 面上的投影积聚为一直线，且分别平行于 OX 轴和 OZ 轴
侧平面			(1)在 W 面上的投影反映实形 (2)在 V 面、H 面上的投影积聚为一直线，且分别平行于 OZ 轴和 OY_H 轴

五、投影图的识读

1. 投影图阅读步骤

阅读图纸的顺序一般是先外形，后内部；先整体，后局部；最后由局部回到整体，综合想象出物体的形状。读图的方法，一般以形状分析法为主，线面分析法为辅。

阅读投影图的基本步骤如下。

(1) 从最能反映形体特征的投影图入手，一般以正立面（或平面）投影图为主，粗略分析形体的大致形状和组成。

(2) 结合其他投影图阅读，正立面图与平面图对照，三个视图联合起来，运用形体分析和线面分析法，形成立体感，综合想象，得出组合体的全貌。

(3) 结合详图（剖面图、断面图），综合各投影图，想象整个形体的形状与构造。

2. 形体分析法

形体分析法是根据基本形体的投影特性，在投影图上分析组合体各组成部分的形状和相对位置，然后综合起来想象出组合形体的形状。

3. 线面分析法

线面分析法是以线和面的投影规律为基础，根据投影图中的某些棱线和线框，分析它们的形状和相互位置，从而想象出它们所围成形体的整体形状。为应用线面分析法，必须掌握

表 2-11　投影面垂直面

名称	直观图	投影图	投影特点
铅垂直	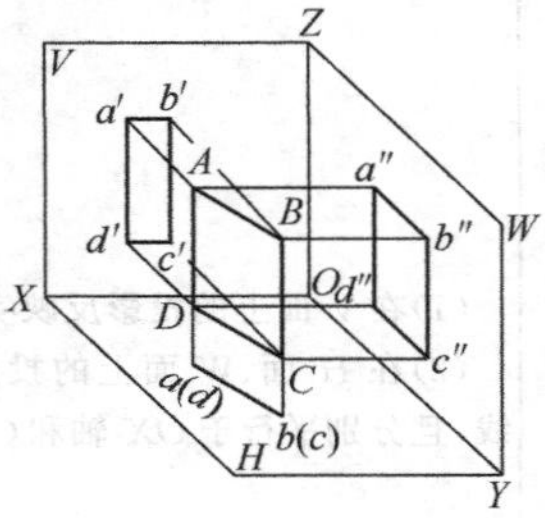	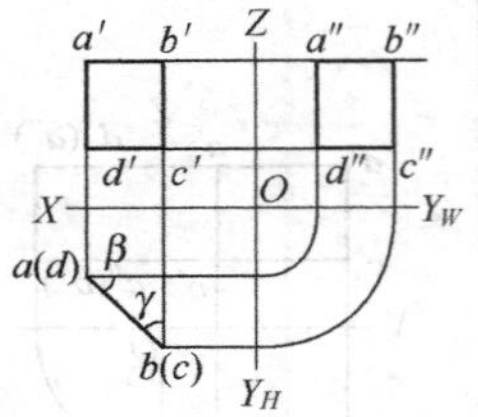	(1)在 H 面上的投影积聚为一条与投影轴倾斜的直线 (2)β、γ 反映平面与 V、W 面的倾角 (3)在 V、W 面上的投影小于平面的实形
正垂面	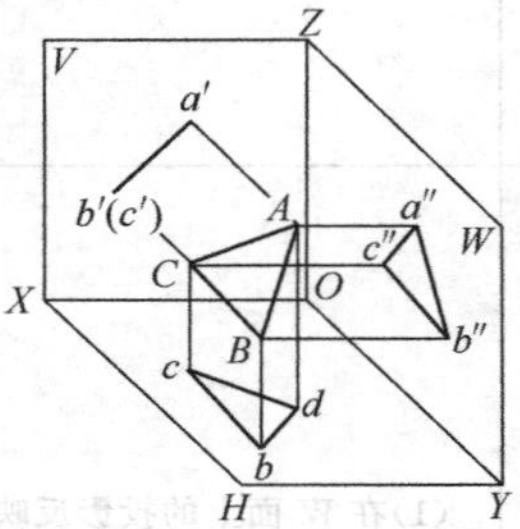	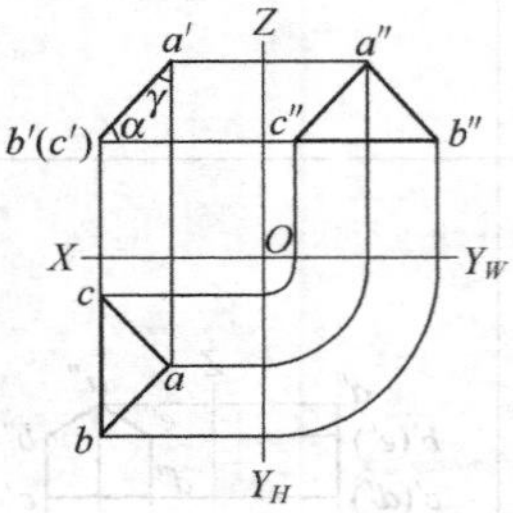	(1)在 V 面上的投影积聚为一条与投影轴倾斜的直线 (2)α、γ 反映平面与 H、W 面的倾角 (3)在 H、W 面上的投影小于平面的实形
侧垂面	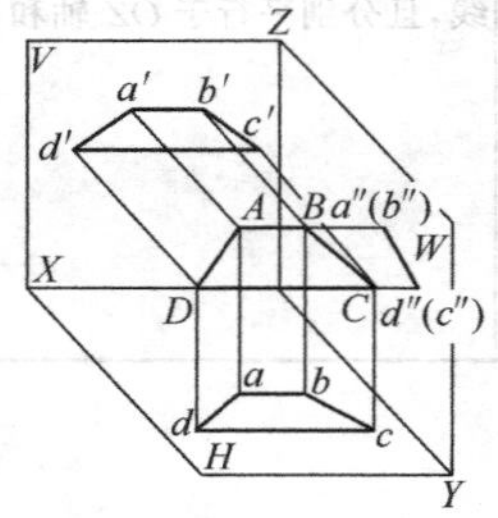	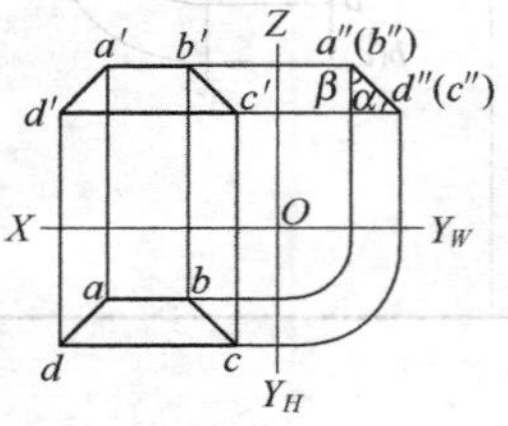	(1)在 W 面上的投影积聚为一条与投影轴倾斜的直线 (2)α、β 反映平面与 H、V 面的倾角 (3)在 V、H 面上的投影小于平面的实形

投影图上线和线框的含义，才能结合起来综合分析，想象出物体的整体形状。投影图中的图线（直线或曲线）可能代表的含义如下。

(1) 形体的一条棱线，即形体上两相邻表面交线的投影。

(2) 与投影面垂直的表面（平面或曲面）的投影，即为积聚投影。

(3) 曲面的轮廓素线的投影。

投影图中的线框，可能有如下含义。

(1) 形体上某一平行于投影面的平面的投影。

(2) 形体上某平面类似性的投影（即平面处于一般位置）。

(3) 形体上某曲面的投影。

(4) 形体上孔洞的投影。

相关知识

投影法的分类

投影是研究光源、物体、投影面三者关系的，用投影来表示物体的方法，称为投影法。

随着三者的相互变化，则产生各种投影方法。投影法的分类如下。

投影 { 中心投影；平行投影 { 正投影；斜投影 } }

1. 中心投影

由一点射出的投影线所产生的投影，称为中心投影。如图 2-47，由光源点 S 射出的光线照射在物体上，在投影面上会产生比实物大的影子。例如，放映电影和幻灯，就都是利用中心投影的原理成像。

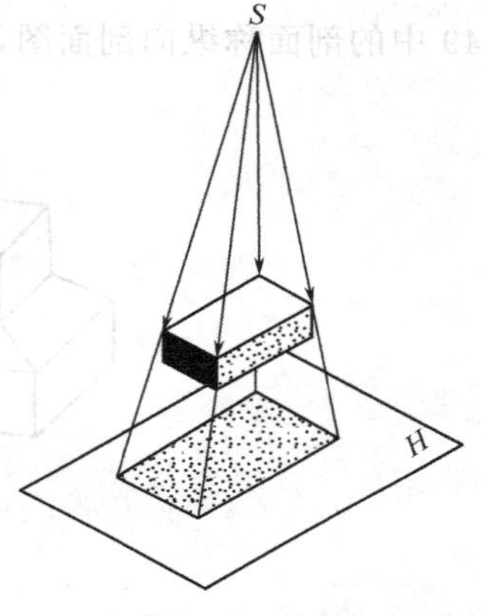

图 2-47　中心投影

2. 平行投影

当投影线互相平行时所产生的投影，称为平行投影。当投影中心 S 移至无穷远处，则产生的光线为平行光线，其投影为平行投影。

平行投影又分为以下两种。

(1) 正投影　投影线不但互相平行，而且与投影面垂直相交所得的投影，也称直角投影。见图 2-48(a)。

(2) 斜投影　投影线虽互相平行，但与投影面倾斜相交所得的投影。见图 2-48(b)。

在观察中心投影和平行投影时，不难看出，中心投影不能反映物体的实形，而平行投影法中的正投影，能准确地反映物体实形，而且作图简便，容易掌握，所以，建筑工程图中的大多数图纸的成图，都是采用正投影原理绘制的。在研究投影法时，也主要研究正投影的成图原理和作图方法。

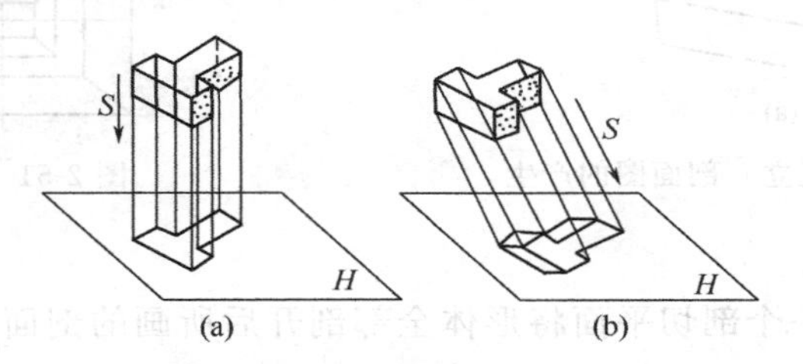

图 2-48　平行投影

第 3 节　剖、断面图识读

要　点

在工程图中，为了能够清晰地表达物体的内部构造，假想用一个平面将物体剖开（此平面称为切平面），移出剖切平面前的部分，然后画出剖切平面后面部分的投影图，这种投影图称为剖面图，如果用剖切平面将物体剖切后，只画出剖切平面切到部分的图形称为断面图。

解　释

一、剖面图的分类

1. 按剖切位置分类

(1) 水平剖面图　当剖切平面平行于水平投影面时，所得的剖面图称为水平剖面。建筑施工图中的水平剖面图称平面图。

(2) 垂直剖面图　若剖切平面垂直于水平投影面，所得到的剖面图称垂直剖面图，图 2-49 中的剖面称纵向剖面图，图 2-50 中的剖面称横向剖面图，两者均为垂直剖面图。

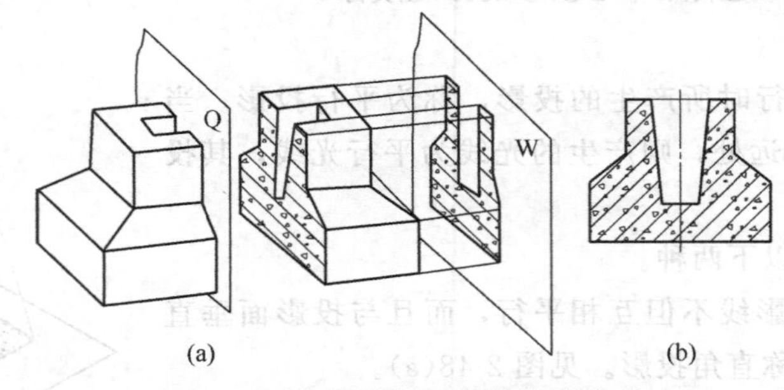

图 2-49　纵向（侧立）剖面图的产生

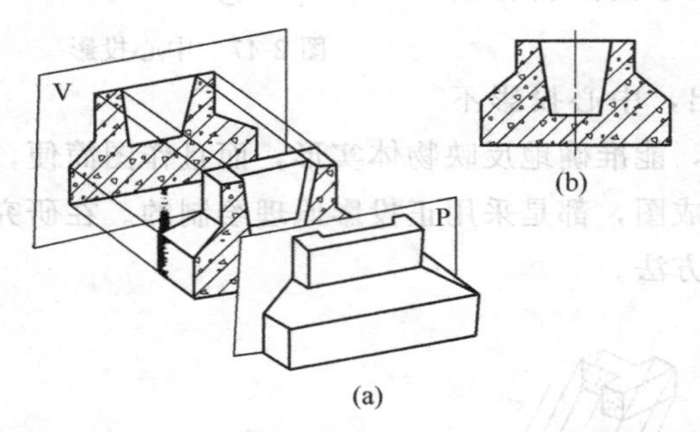

图 2-50　横向（正立）剖面图的产生

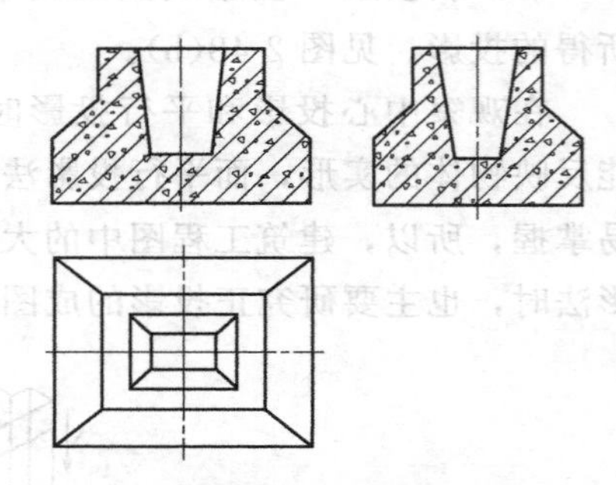

图 2-51　绘成剖面图的三面视图

2. 按剖切形式分类

(1) 全剖面图　用一个剖切平面将形体全部剖开后所画的剖面图。图 2-51 所示的两个剖面为全剖面图。

(2) 半剖面图　当物体的投影图和剖面图都是对称图形时，采用半剖的表示方法，如图 2-52 所示。图中投影图与剖面图各占一半。

(3) 阶梯剖面图　用阶梯形平面剖切形体后得到的剖面图，如图 2-53 所示。

(4) 局部剖面图　形体局部剖切后所画的剖面图，如图 2-54 所示。

二、剖面图的画法

剖面图应画出剖切后留下部分的投影图，绘图要点如下。

(1) 图线　被剖切的轮廓线用粗实线，未剖切的可见轮廓线为中或细实线。

(2) 不可见线　在剖面图中看不见的轮廓线一般不画，特殊情况可用虚线表示。

(3) 被剖切面的符号表示　剖面图中的切口部分（剖切面上），一般画上表示材料种类的图例符号，当不需示出材料种类时，用 45°平行细线表示；当切口截面比较狭小时，可涂黑表示，如图 2-55 所示。

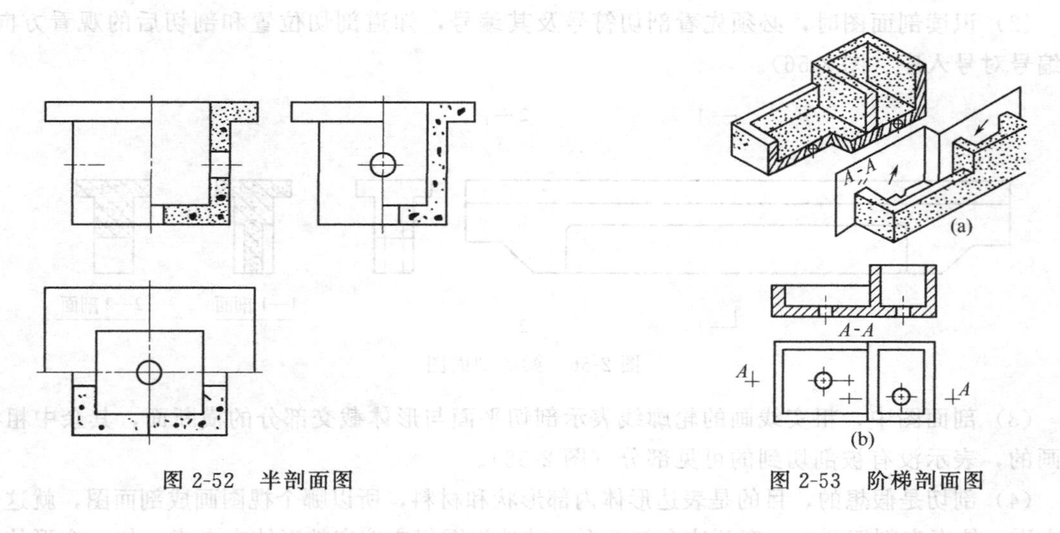

图 2-52　半剖面图　　　　图 2-53　阶梯剖面图

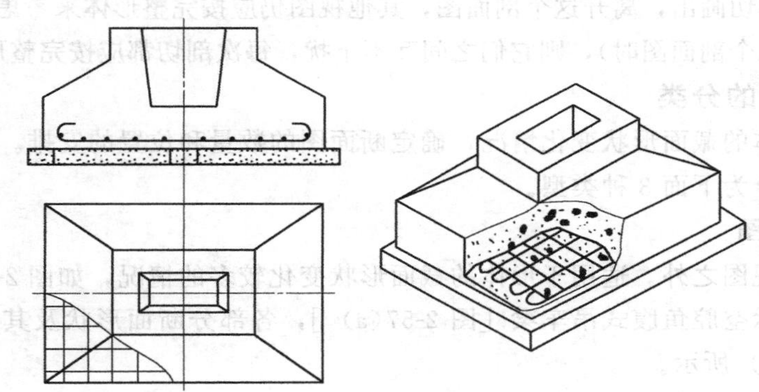

图 2-54　局部剖面

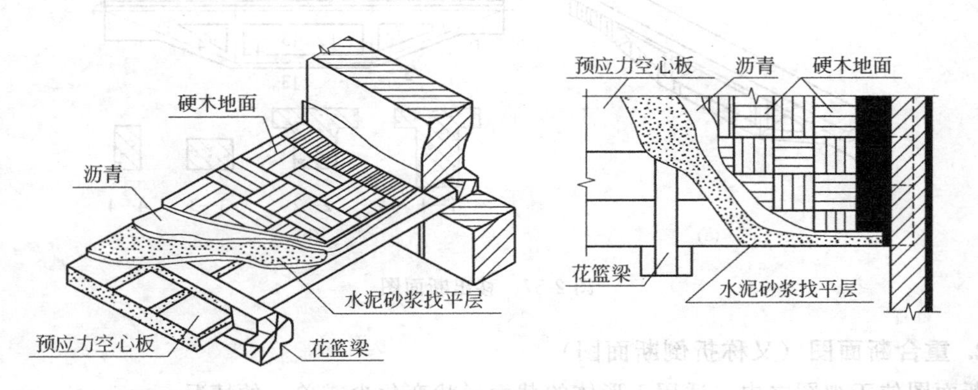

图 2-55　分层局部剖面

三、剖面图的识读

识读剖面图有以下一些方法及要点。

(1) 剖面图也是根据正投影原理画出的，在三面视图和六面视图中，每个视图都可画成剖面图，仍符合正投影规律。例如正面图和左、右侧面图，背面图，无论是否是剖面图，从整体到局部的对应部分都是“高平齐”。

（2）识读剖面图时，必须先看剖切符号及其编号，知道剖切位置和剖切后的观看方向，按编号对号入座（图 2-56）。

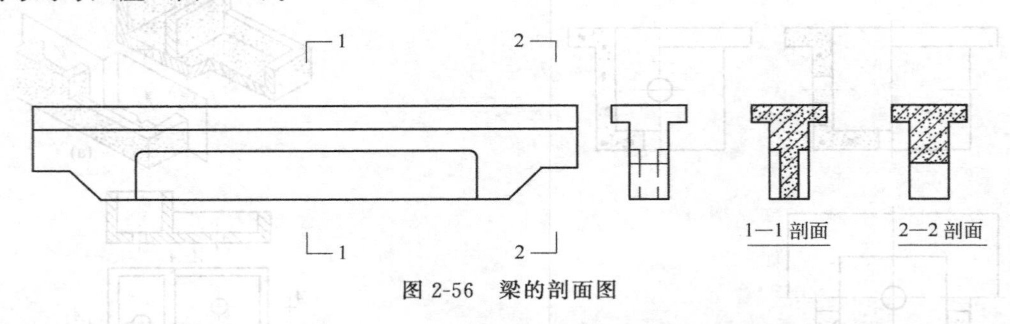

图 2-56　梁的剖面图

（3）剖面图中，粗实线画的轮廓线表示剖切平面与形体截交部分的横断面，其余中粗实线画的，表示没有被剖切到的可见部分（图 2-56）。

（4）剖切是假想的，目的是表达形体内部形状和材料，所以哪个视图画成剖面图，就这个图来讲，按真实剖切画出，离开这个剖面图，其他视图仍应按完整形体来考虑。如一个形体需剖切几次（即画几个剖面图时），则它们之间互不干扰，每次剖切都应按完整形体来进行。

四、断面图的分类

根据建筑形体的截面形状变化情况，确定断面图的数量和位置的安排。由于断面图布置位置的不同，可分为下面 3 种类型。

1. 移出断面图

断面图位于视图之外，适用于形体的截面形状变化较多的情况，如图 2-57 所示。图中 4 个断面图分别表示空腔鱼腹式吊车梁［图 2-57(a)］，各部分断面形状及其材料（钢筋混凝土），如图 2-57(b) 所示。

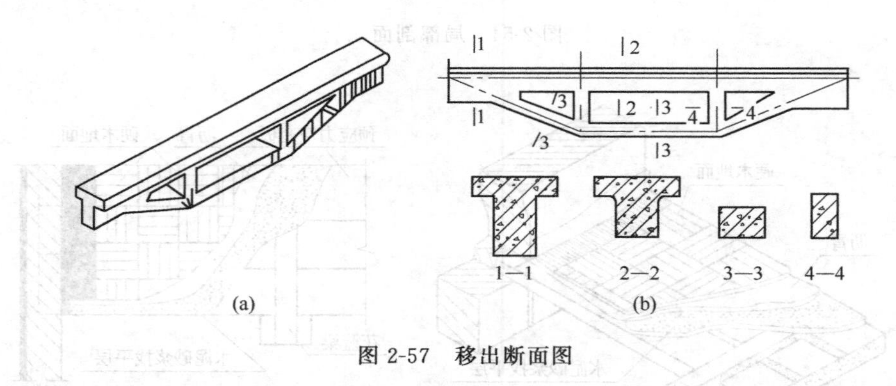

图 2-57　移出断面图

2. 重合断面图（又称折倒断面图）

断面图位于视图之内，适用于形体的截面形状变化少或单一的情况。

在建筑工程图中，常用此种简化画法。在结构平面图中，常用重合（折倒）断面，表示楼板或屋面板的厚度等，一般不标注剖切符号及编号，见图 2-58 和图 2-59。

3. 中断断面图

断面图位于视图的断开处，适用于表示较长的，且断面单一的杆件，如图 2-60 所示。

用断面图表示钢屋架中杆件的型钢组合情况（这里只画出屋架的局部），断面图布置在杆件的断开处，见图 2-61。

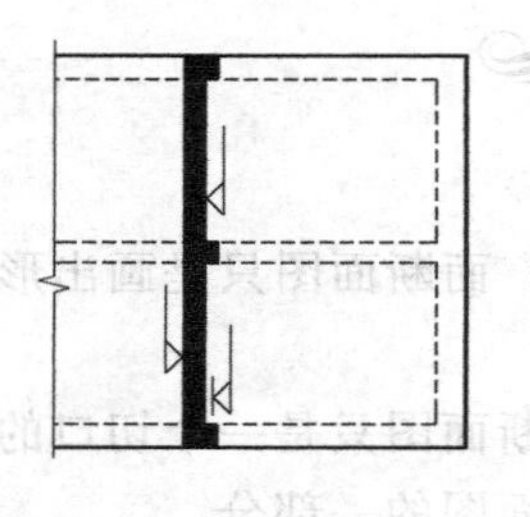
图 2-58 折倒断面图

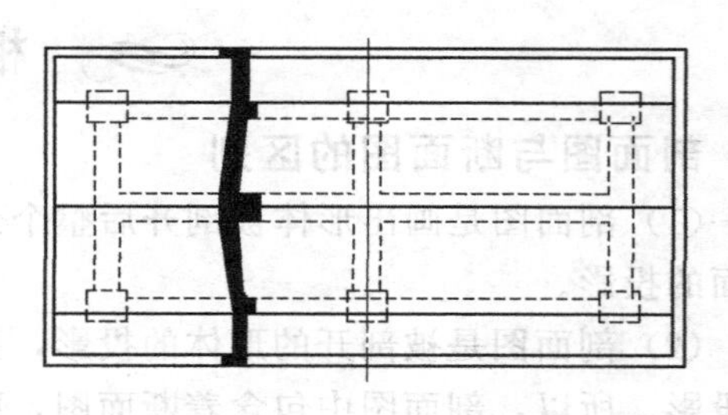
图 2-59 布置图中的断面图

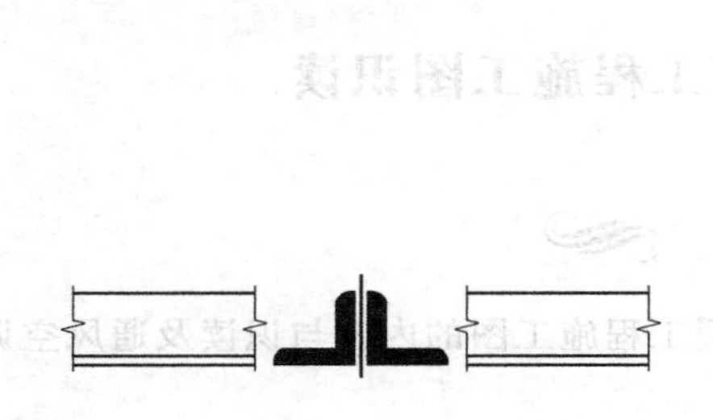
图 2-60 中断断面图

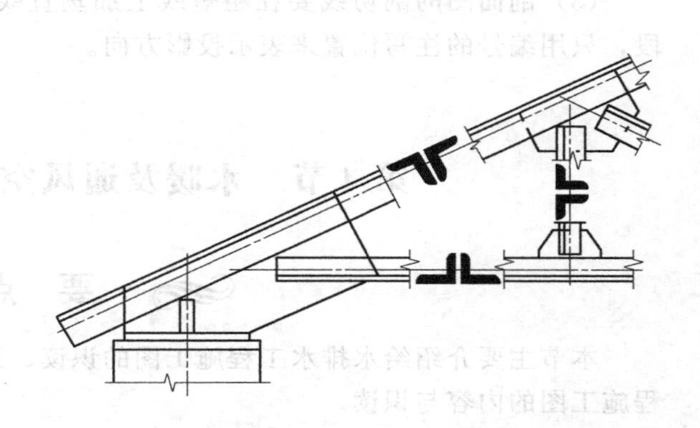
图 2-61 断面图画在杆件断开处

不同的中断断面图，见图 2-62，由图中可见，由木质、金属或钢筋混凝土等材料制成的构件的横断面，分别为圆形、圆管、方形及 T 形，这种表达方法适用于细长而材料均匀的杆件。

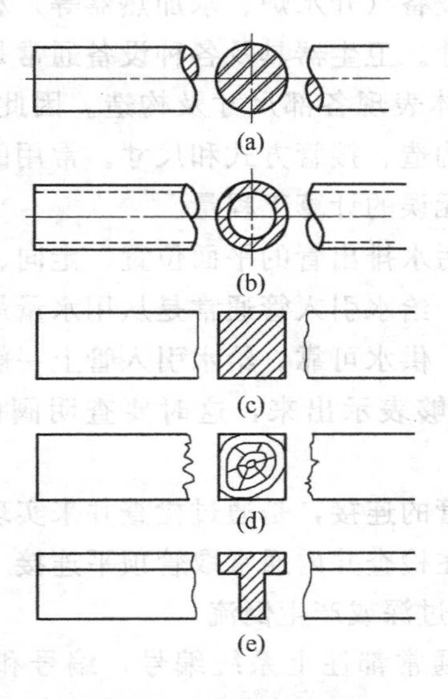

图 2-62 不同的中断断面图

五、断面图的画法

断面图只画被切断面的轮廓线，用粗实线画出，不画未被剖切部分和看不见部分。断面内按材料图例画；断面狭窄时，涂黑表示，或不画图例线，用文字予以说明。

相关知识

剖面图与断面图的区别

(1) 剖面图是画出形体被剖开后整个余下部分的投影，而断面图只是画出形体被剖开后断面的投影。

(2) 剖面图是被剖开的形体的投影，是体的投影；而断面图只是一个切口的投影，是面的投影。所以，剖面图中包含着断面图，而断面图只是剖面图的一部分。

(3) 剖面图的剖切线要在粗短线上加垂直线段，表示投影方向；而断面图不加垂直线段，只用编号的注写位置来表示投影方向。

第4节　水暖及通风空调工程施工图识读

要　点

本节主要介绍给水排水工程施工图的识读、采暖工程施工图的内容与识读及通风空调工程施工图的内容与识读。

解　释

一、给水排水工程施工图的识读

1. 平面图的识读

(1) 查明卫生器具、用水设备（开水炉、水加热器等）和升压设备（水泵、水箱）的数量、类型、安装位置、定位尺寸。卫生器具及各种设备通常是用图例来表示的，它只能说明器具和设备的类型，而没有具体表现各部尺寸及构造。因此，必须结合有关详图或技术资料，搞清楚这些器具和设备的构造、接管方式和尺寸。常用的卫生器具和设备的构造和安装尺寸应心中有数，以便于准确无误的计算工程量。

(2) 弄清楚给水引入管和污水排出管的平面位置、走向、定位尺寸、与室外给水排水管网的连接形式、管径、坡度等。给水引入管通常是从用水量最大或不允许间断供水的位置引入，这样可使大口径管道最短，供水可靠。给水引入管上一般都装设阀门。阀门如果装在室外阀门井内，在平面图上就能够表示出来，这时要查明阀门的型号、规格及距建筑物的位置。

污水排出管与室外排水总管的连接，是通过检查井来实现的。要了解检查井距外墙的距离，即排出管的长度。排出管在检查井内通常取管顶平连接（排出管与检查井内排水管的管顶标高相同），以免排出管埋设过深或产生倒流。

给水引入管和污水排出管通常都注上系统编号，编号和管道种类分别写在直径为8～10mm的圆圈内，圆圈内过圆心画一水平线，线上面标注管道种类，如给水系统写“给”或写汉语拼音字母“J”，污水系统写“污”或写汉语拼音字母“W”。线下面标注编号，用阿拉伯数字书写。

(3) 查明给水排水干管、立管、支管的平面位置、走向、管径及立管编号。平面图上的管线虽然是示意性的，但是它还是按一定比例绘制的，因此，计算平面图上的工程量可以结合详图、图注尺寸或用比例尺计算。

若系统内立管较少时，可只在引入管处进行系统编号，只有当立管较多时，才在每个立管旁边进行编号。立管编号标注方法与系统编号大致相同。

(4) 在给水管道上设置水表时，要查明水表的型号、安装位置以及水表前后的阀门设置。

(5) 对于室内排水管道，还要查明清通设备布置情况，明露敷设弯头和三通。有时为了便于通扫，在适当位置设置有门弯头和有门三通（即设有清扫口的弯头和三通），在识读时也要注意；对于大型厂房，要注意是否设置检查井和检查井进口管的连接方向；对于雨水管道，要查明雨水斗的型号、数量及布置情况，并结合详图搞清雨水斗与天沟的连接方式。

2. 系统轴测图的识读

给水和排水管道系统轴测图，通常按系统画成正面斜等测图，主要表明管道系统的立体走向。在给水系统轴测图上卫生器具不画出来，只画出水龙头、淋浴器莲蓬头、冲洗水箱等符号；用水设备如锅炉、热交换器、水箱等则画出示意性的立体图，并在支管上注以文字说明；在排水系统轴测图上也只画出相应的卫生器具的存水弯或器具排水管。

识读系统轴测图应掌握的主要内容和注意事项如下。

(1) 查明给水管道系统的具体走向、干管的敷设形式、管径及其变径情况，阀门的设置，引入管、干管及各支管的标高。

识读给水管道系统图时，一般按引入管、干管、立管、支管及用水设备的顺序进行。

(2) 查明排水管道系统的具体走向、管路分支情况、管径、横管坡度、管道各部标高、存水弯型式、清通设备设置情况，弯头及三通的选用（90°弯头还是135°弯头，正三通还是斜三通等）。

识读排水管道系统图时，一般是按卫生器具或排水设备的存水弯，器具排水管，排水横管、立管、排出管的顺序进行。

在识读时结合平面图及说明，了解和确定管材和管件。排水管道为了保证水流通畅，根据管道敷设的位置通常选用135°弯头和斜三通，在分支处变径可不用大小头而用变径三通。存水弯有铸铁、黑铁和“P”式、“S”式以及有清扫口和不带清扫口之分。在识读图纸时也要弄清楚卫生器具的种类、型号和安装位置等。

(3) 在给水排水施工图上一般都不表示管道支架，而由施工人员按规程和习惯做法自己确定。给水管支架一般分为管卡、钩钉、吊环和角钢托架，支架需要的数量及规格应在识读图纸时确定下来。民用建筑的明装给水管通常用管卡，工业厂房给水管则多用角钢托架或吊环。铸铁排水立管通常用铸铁立管卡子，装设在铸铁排水管的承口上面，每根管子上设一个；铸铁排水横管则采用吊卡，间距不超过2m，吊在承口上。

二、采暖工程施工图的内容

(1) 设计说明书　设计说明书是用来说明设计意图和施工中需要注意的问题。通常在设计说明书中应说明的事项主要有总耗热量，热介质的来源及参数，各不同房间内温度、相对湿度，采暖管道材料的种类、规格，管道保温材料、保温厚度及保温方法，管道及设备的刷油遍数及要求等。

(2) 施工图　采暖施工图分为室外与室内两部分。室外部分表明一个区域（如一个住宅小区或一个工矿区）内的供热系统热介质输送干管的管网布置情况，其中包括管道敷设总平面图、管道横剖面图、管道纵剖面图和详图。室内部分表明一幢建筑物的供暖设备、管道安装情况和施工要求。它一般包括供暖平面图、系统图、详图、设备材料表及设计说明。

(3) 设备材料表 采暖工程所需要的设备和材料，在施工图册中都列有设备材料清单，以备订货和采购之用。

三、采暖工程施工图的识读

1. 平面图的识读

室内采暖平面图主要表示管道、附件及散热器在建筑物平面上的位置以及它们之间的相互关系。平面图是采暖施工的主要图纸，识读时要掌握的主要内容和注意事项如下。

(1) 了解建筑物内散热器（热风机、辐射板等）的平面位置、种类、片数以及散热器的安装方式（是明装、暗装或半暗装）。

(2) 了解水平干管的布置方式、干管上的阀门、固定支架、补偿器等的平面位置和型号以及干管的管径。

(3) 通过立管编号查清系统立管数量和布置位置。

(4) 在热水采暖系统平面图上还标有膨胀水箱、集气罐等设备的位置、型号以及设备上连接管道的平面布置和管道直径。

(5) 在蒸汽采暖系统平面图上还有疏水装置的平面位置及其规格尺寸。水平管的末端常积存有凝结水，为了排除这些凝结水，在系统末端设有疏水装置。另外，当水平干管抬头登高时，在转弯处也要设疏水器。识读时要了解疏水器的规格及疏水装置的组成。

(6) 查明热介质入口及入口地沟情况。当热介质入口无节点图时，平面图上一般将入口装置组成的各配件、阀件，如减压阀、混水器、疏水器、分水器、分汽缸、除污器、控制阀门等管径、规格以及热介质来源、流向、参数等表示清楚。如果入口装置是按标准图设计的，则在平面图上注有规格及标准图号，识读时可按标准图号查阅标准图。如果施工图中画有入口装置节点图时，可按平面图标注的节点图编号查找热介质入口放大图进行识读。

2. 系统轴测图的识读

采暖系统轴测图表示从热介质入口至出口的管道、散热器、主要设备、附件的空间位置和相互关系。系统轴测图是以平面图为主视图，进行斜投影绘制的斜等轴测图。识读系统轴测图要掌握的主要内容和注意事项如下。

(1) 采暖系统轴测图可以清楚地表达出干管与立管之间以及立管、支管与散热器之间的连接方式、阀门安装位置及数量，整个系统的管道空间布置等一目了然。散热器支管都有一定的坡度，其中供水支管坡向散热器，回水支管则坡向回水立管。要了解各管段管径、坡度坡向、水平管的标高、管道的连接方法，以及立管编号等。

(2) 了解散热器类型及片数。光滑管散热要查明散热器的型号（A型或B型)、管径、排数及长度；翼型或柱型散热器，要查明规格及片数以及带脚散热器的片数；其他采暖方式，则要查明采暖器具的型式、构造以及标高等。

(3) 要查清各种阀件、附件与设备在系统中的位置，凡注有规格型号者，要与平面图和材料明细表进行核对。

(4) 查明热介质入口装置中各种设备、附件、阀门、仪表之间的关系及热介质的来源、流向、坡向、标高、管径等。如有节点详图时，要查明详图编号。

3. 详图的识读

详图是表明某些供暖设备的制作、安装和连接的详细情况的图样。

室内采暖详图，包括标准图和非标准图两种。标准图包括散热器的连接和安装、膨胀水箱的制作和安装、集气罐和补偿器的制作和连接等，它可直接查阅标准图集或有关施工图。非标准详图是指在平面图、系统图中表示不清的而又无标准详图的节点和做法，则需另绘制出详图。

四、通风空调工程图的内容

1. 平面图

平面图有各层各系统平面图、空调机房平面图、制冷机房平面图等。

(1) 系统平面图　它主要表明通风空调设备和系统风道的平面布置。其内容一般有：以双线绘出的风道、异径管、三通、四通、弯管、检查孔、测定孔、调节阀、防火阀、送风口、排风口的位置，空气处理设备轮廓尺寸、各种设备定位尺寸、设备基础的主要尺寸；注明系统编号，注明送、回风口的空气流动方向；注明风道及风口尺寸；注明弯头的曲率半径及值。注明引用图、标准图索引号；注明各设备、部件的名称、型号、规格；对恒温恒湿房间，应注明各房间的基准温度和精度要求。

(2) 空调机房平面图　一般应反应下列内容：表明按标准图或产品样本要求所采用的空调器组合段代号，左式、右式、喷雾级别和排数、喷嘴孔径、加热器和表冷器的类别、型号、台数，并注出这些设备的定位尺寸；以双线表明一、二次回风管道，新风管道以及其定位尺寸；以单线表明给水排水管道、冷热介质管道以及其定位尺寸；注明消声设备和柔性短管。

2. 剖面图

(1) 通风空调系统剖面图　空调系统剖面图一般应表明下列内容：注明对应于平面图的风道、设备、零部件（其编号应与平面图一致）的位置尺寸和有关工艺设备的位置尺寸；注明风道直径（或截面尺寸）和风管标高；注明送、排风口的形式、尺寸、标高和空气流向；标注设备中心标高，标注风管穿出屋面的高度和风帽标高（风管穿出屋面超过 1.5m 时，还应注明立风管的拉索固定高度尺寸）。

(2) 通风空调机房剖面图　机房剖面图应表明的内容一般有：对应于平面图的通风机、电动机、过滤器、加热器、表冷器或喷水室、消声器、百叶送回风口及各种阀门、部件的竖向定位尺寸；注明设备中心标高和基础表面标高；注明风管、冷热管道，给排水管道的标高。

3. 系统图

系统图主要表明风道在空间的曲折、交叉和走向以及部件的相对位置。风管系统图反映下列内容：注明主要设备、部件的编号（编号应与通风空调系统平面图一致）；注明风管口径（或截面尺寸）、标高、坡度、坡向等；注明风口、调节阀、检查孔、测定孔、风帽及各异形部件的位置尺寸；注明各设备的名称及型号规格；注明风帽的型号规格。

4. 原理图

原理图有空调原理图和制冷原理图。

5. 详图

通风空调工程图所需详图较多。如空调器、过滤器、除尘器、通风机等设备的安装；各种阀门、检查孔、测定孔、消声器等设备部件的加工制作详图；风管与设备保温详图等。各种图大多有标准图可供选用。

五、通风空调工程图的识读

1. 平、剖面图，详图，各种大样图

（1）通风空调平面图中的建筑应与相应建筑平面图一致，且通风空调平面图应按本层顶棚以下俯视绘制。绘制通风空调平、剖面图的建筑，只绘制与通风空调系统有关的建筑轮廓线（包括有关的门、窗、梁、柱、平台等建筑构配件的轮廓线），标出定位轴线编号、间距以及房间名称。

（2）通风空调平面图应分层分系统绘制，必要时也可分段绘制。每层建筑平面较大，空调系统较大时，通风空调平面图可分段绘制，但分段部位仍应与相应建筑平面一致，并应绘制分段示意图。

（3）比例、线型、图例，通风空调平、剖面图常用1∶50、1∶100的比例绘制。通风空调平、剖面图中的风管及其部件宜用双粗实线绘制；风管法兰、通风空调设备的轮廓线应用单中实线绘制；建筑轮廓线、尺寸线、尺寸界线、引出线等均用单细实线绘制，非金属风道（砖、混凝土风道）的内表面轮廓线应用粗虚线绘出。

（4）标注

定位尺寸标注：平剖面图中应注出设备、管道中心线与建筑定位轴线间的间距尺寸。

风管规格标注：风管规格用管径或断面尺寸表示，风管管径或断面尺寸宜标注于风管上或风管法兰处延长的细实线上方。

标高标注：圆形风管，标注管中心标高；矩形风管，标注管底标高；有时标注出风管距该层地面尺寸以确定高度。

编号标注：平、剖面图中，各设备、部件等均应标注编号。

规格、技术性能及数量等同样应加以注明，平、剖面图中也应标注预留孔洞编号，以便组织施工，据此编号在相应的预留孔洞尺寸表上查出预留孔洞的尺寸、位置、数量。

2. 系统图

（1）通风空调系统图的布置方向应与通风空调平面图一致。当系统图分段绘制时，也应与平、剖面图分段一致。

（2）通风空调系统图的风管、冷热介质管，宜按比例以单粗实线绘制。

（3）当管线在系统图中投影重叠时，为清楚表示被遮挡部分的尺寸、走向、结构，可将前面或上面的管线断开绘制，但断开的接头处必须用细虚线连接或用文字注明。

（4）系统图的标注方法同平、剖面图。其编号应与平、剖面图一致。

3. 标注尺寸

标注建筑定位轴线间距、外墙长宽总尺寸、墙厚、地面标高、主要通风空调设备的轮廓尺寸、通风空调设备和管道的定位尺寸等。

相关知识

暖通工程施工图按图纸作用分类

各种暖通工程施工图均可分为基本图纸和详图两大部分。基本图纸包括图纸目录、设计施工说明、设备材料表、工艺流程图、平面图、轴测图、立（剖）面图；详图包括大样图、节点图和标准图等。

（1）图纸目录　为便于查阅和保管，设计人员将一个项目工程的施工图纸按一定的名称

和顺序归纳整理编排成图纸目录。一般是先列出新设计的图纸，后列出选用的标准图。通过图纸目录，可知该项目整套专业图的图别、图名、图号及其数量等。

（2）设计施工说明　设计人员在图样上无法表明而又必须要建设单位和施工单位知道的一些技术和质量的要求，一般均以文字的形式加以说明。其内容一般有工程设计的主要技术数据、施工验收要求以及特殊注意事项。

（3）设备、材料表　设计人员列出的该工程所需的各种设备和各类管道、阀门、管件以及防腐、绝热材料的名称、规格、型号、数量等的明细表。以上三点是施工图纸不可缺少的组成部分，既是图样的纲领和索引，又是图样的补充与说明。了解这些内容，有助于进一步看懂管道工程图。

（4）工艺流程图　工艺流程图是表示整个管道系统和整个工艺变化过程的原理图。它是设备布置和管道布置等设计的依据，也是施工安装和操作运行时的依据。通过它，可以全面了解建筑物的名称、设备编号、整个系统的仪表控制点（温度、压力、流量及分析的测点），可以确切了解管道材质、规格、编号、输送的介质与流向以及主要控制阀门等。

（5）平面图　管道平面图是管道工程图中最基本的一种图样，它主要表示设备、管道在建筑物内的平面位置，表示管线的排列和走向、坡度和坡向、管径、标高以及各管段的长度尺寸和相对位置等具体数据。

（6）轴测图　轴测图是一种立体图，它是管道工程图中的重要图样之一。它反映设备管道的空间布置，管线的空间走向。由于它有立体感，有助于读者想像管线的空间布置状况，能代替管道立（剖）面图。

（7）立（剖）面图　立（剖）面图也是管道工程图中的常见图样。它主要反应设备管道在建筑物内在垂直高度方向上的布置，反应在垂直方向上管线的排布和走向以及管线的编号、管径、标高等具体数据。

（8）节点图　节点图就是对以上几种图样无法表示清楚的节点部位的放大图。它能清楚地反映某一局部管道或组合件的详细结构和尺寸。节点是用代号表示它所在工程图样中的部位，如“节点 A”，在相应的施工图中就能找到用“A”所表示的部位。

（9）大样图　大样图表示一组（套）设备或一组管件组合安装的一种详图。它反映了组合体各部位的详细构造与尺寸。由于它用双线图表示，真实感强，有助于进一步读懂管道工程图。

（10）标准图　标准图是一种具有通用性的图样。它是为使设计和施工标准化、统一化，一般由国家或有关部委颁发的标准图样。标准图样详细反映了成组管道、部件或设备的具体构造尺寸和安装技术要求。标准图一般不能单独用作施工图纸，而是作为某些施工图中的一个组成部分。

第3章 水暖及通风空调工程预算

第1节 预算定额概述

要 点

预算定额是指完成一定计量单位质量合格的分项工程或结构构件所需消耗的人工、材料和机械台班的数量标准，是计算建筑安装产品价格的基础。

本节主要介绍《全国统一安装工程预算定额》的组成与基价的确定、水暖及通风空调工程在《全国统一安装工程预算定额》中的适用范围与界限以及《全国统一安装工程预算定额》有关系数的取定。

解 释

一、《全国统一安装工程预算定额》的组成

《全国统一安装工程预算定额》共分十三册，每册均包括总说明、册说明、目录、章说明、定额项目表、附录。

(1) 总说明　总说明主要说明定额的内容、适用范围、编制依据、作用，定额中人工、材料、机械台班消耗量的确定及其有关规定。

(2) 册说明　主要介绍该册定额的适用范围、编制依据、定额包括的工作内容和不包括的工作内容、有关费用（如脚手架搭拆费、高层建筑增加费）的规定以及定额的使用方法和使用中应注意的事项及有关问题。

(3) 目录　开列定额组成项目名称和页次，以方便查找相关内容。

(4) 章说明　章说明主要说明定额章中以下几方面的问题：①定额适用的范围；②界线的划分；③定额包括的内容和不包括的内容；④工程量计算规则和规定。

(5) 定额项目表　定额项目表是预算定额的主要内容，主要包括以下内容：①分项工程的工作内容（一般列入项目表的表头）；②一个计量单位的分项工程人工、材料、机械台班

消耗量；③一个计量单位的分项工程人工、材料、机械台班单价；④分项工程人工、材料、机械台班基价。

（6）附录 附录放在每册定额表之后，为使用定额提供参考数据。主要内容包括以下几个方面：①工程量计算方法及有关规定；②材料、构件、元件等重量表，配合比表，损耗率；③选用的材料价格表；④施工机械台班单价表；⑤仪器仪表台班单价表等。

二、《全国统一安装工程预算定额》基价的确定

《全国统一安装工程预算定额》是完成规定计量单位分项工程计价所需的人工、材料、施工机械台班、仪器仪表台班的消耗量标准，是统一全国安装工程预算工程量计算规则、项目划分、计量单位的依据；是编制安装工程地区单位估价表、施工图预算、招标工程标底、确定工程造价的依据；是编制概算定额（指标）、投资估算指标的基础；也可作为制订企业定额和投标报价的参考。

《全国统一安装工程预算定额》是依据国家有关现行产品标准、设计规范、施工及验收规范、技术操作规程、质量评定标准和安全操作规程编制的，也参考了行业、地方标准，以及有代表性的工程设计、施工资料和其他资料，是按目前国内大多数施工企业采用的施工方法、机械化装备程度、合理的工期、施工方法、施工工艺和劳动组织条件进行编制的。

1. 人工工日消耗量的确定

《全国统一安装工程预算定额》的人工工日不分列工种和技术等级，一律以综合工日表示，内容包括基本用工和人工幅度差。

2. 材料消耗量的确定

（1）《全国统一安装工程预算定额》中的材料消耗量包括直接消耗在安装工作内容中的主要材料、辅助材料和零星材料等，并计入了相应损耗。其内容和范围包括：从工地仓库、现场集中堆放地点或现场加工地点到操作或安装地点的运输损耗、施工操作损耗、施工现场堆放损耗。

（2）凡定额中材料数量内带有括号（ ）的材料均为主材。

3. 施工机械台班消耗量的确定

（1）《全国统一安装工程预算定额》的机械台班消耗量是按正常合理的机械配备、机械施工工效测算确定的。

（2）凡单位价值在2000元以内、使用年限在2年以内的、不构成固定资产的低值易耗的小型机械未列入定额，应在建筑安装工程费用定额中考虑。

4. 施工仪器仪表台班消耗量的确定

（1）《全国统一安装工程预算定额》的施工仪器仪表台班消耗量是按正常合理的仪器仪表配备、仪器仪表施工工效测算综合取定的。

（2）凡单位价值在2000元以内、使用年限在2年以内的、不构成固定资产的低值易耗的小型仪器仪表未列入定额，应在建筑安装工程费用定额中考虑。

5. 关于水平和垂直运输

（1）设备：包括自安装现场指定堆放地点运至安装地点的水平和垂直运输。

（2）材料、成品、半成品：包括自施工单位现场仓库或现场指定堆放地点运至安装地点的水平和垂直运输。

（3）垂直运输基准面：室内以室内地平面为基准面，室外以安装现场地平面为基准面。

三、水暖及通风空调工程预算定额的适用范围与界限

1. 给排水、采暖、燃气工程

(1) 给排水、采暖煤气工程预算定额适用范围

① 新建、扩建工程。

② 生活用给水、排水、煤气、采暖热源管道以及附件配件安装、小型容器制作安装。

(2) 给排水、采暖、燃气工程预算定额界限与相互关系

① 工业管道、生产生活共用的管道、锅炉房和泵类配管以及高层建筑内加压泵间的管道，执行"工艺管道"定额。

② 水泵、风机等传动设备的安装，执行"机械设备"定额。

③ 压力表、温度计的安装，执行"自控仪表"定额。

④ 锅炉的安装，执行"热力设备"定额的有关子目。

⑤ 刷油、保温部分，执行"刷油、绝热、防腐蚀"定额的有关子目。

⑥ 埋地管道土、石方及砌筑工程，执行各地区建筑工程预算定额。

⑦ 管道长度小于10km的水源管道，执行"工艺管道"定额；管道长度大于10km或不足10km而有穿、跨越的管道，执行"长距离输送管道"定额。水源管道若为城市供水管道时，执行"市政工程"相应定额。

⑧ 给水管道室内外界限。以建筑物外墙面1.5m处为界；入口处设阀门者，以阀门为界。

⑨ 与市政管道的界限，以水表井为界；无水表井者，以与市政管道碰头点为界。

⑩ 排水管道室内外界限，以第一个排水检查井为界。

⑪ 排水管室外管道与市政管道之间，以室外管道与市政管道碰头井为界。

⑫ 采暖热源管道室内外界限，以入口阀门或建筑物外墙面1.5m处为界；与工艺管道间的界限，以锅炉房或泵站外墙面1.5m处为界；工厂车间内采暖管道以采暖系统与工业管道碰头点为界；设在高层建筑内的加压泵间管道，以泵间外墙面为界。

⑬ 室内外煤气管道的界限划分：若是地下引入室内的管道，以室内第一个阀门为界；地上引入室内的管道，以墙外三通为界。室外管道与市政管道间，以两者的碰头点为界。

2. 通风空调工程

(1) 通风空调工程预算定额适用范围

① 新建、扩建工程。

② 工业与民用通风空调工程。

(2) 通风空调工程预算定额界限与相互关系

① 该定额和机械设备安装工程预算定额中都编有通风机安装项目，两定额同时列有相同风机安装项目，属于通风空调工程的均执行该定额。

② 该定额和化工设备安装工程预算定额都编有玻璃钢冷却塔安装项目，凡通风空调工程中的玻璃钢冷却塔的安装，必须执行该定额。

③ 通风空调工程中的刷油、绝热、防腐蚀工程使用"刷油、绝热、防腐蚀工程"定额。

四、《全国统一安装工程预算定额》有关系数的取定

1. 脚手架搭拆费

安装工程脚手架搭拆及摊销费，在《全国统一安装工程预算定额》中采取两种取定方

法：①把脚手架搭拆人工及材料摊销量编入定额各子目中；②绝大部分的脚手架则是采用系数的方法计算其脚手架搭拆费的。

2. 高层建筑增加费

《全国统一安装工程预算定额》所指的高层建筑，是指六层以上（不含六层）的多层建筑，单层建筑物自室外设计标高正负零至檐口（或最高层地面）高度在20m以上（不含20m），不包括屋顶水箱、电梯间、屋顶平台出入口等高度的建筑物。

计算高层建筑增加费的范围包括暖气、给排水、生活用煤气、通风空调、电气照明工程及其保温、刷油等。费用内容包括人工降效、材料、工具垂直运输增加的机械台班费用，施工用水加压泵的台班费用及工人上下班所乘坐的升降设备台班费等。

高层建筑增加费的计算方法。以高层建筑安装全部人工费（包括六层或20m以下部分的安装人工费）为基数乘以高层建筑增加费率。同一建筑物有部分高度不同时，可按不同高度分别计算。单层建筑物在20m以上的高层建筑计算高层建筑增加费时，先将高层建筑物的高度，除以3m（每层高度），计算出相当于多层建筑物的层数，再按“高层建筑增加费用系数表”所列的相应层数的增加费率计算。

3. 场内运输费用

场内水平和垂直搬运是指施工现场设备、材料的运输。《全国统一安装工程预算定额》对运输距离作了如下规定。

(1) 材料和机具运输距离以工地仓库至安装地点300m计算，管道或金属结构预制件的运距以现场预制厂至安装地点计算。上述运距已在定额内作了综合考虑，不得由于实际运距与定额不一致而调整。

(2) 设备运距按安装现场指定堆放地点至安装地点70m以内计算。设备出库搬运不包括在定额之内，应另行计算。

(3) 垂直运输的基准面，在室内为室内地平面，在室外为安装现场地平面。设备或操作物高度离楼、地面超过定额规定高度时，应按规定系数计算超高费。设备的高度以设备基础为基准面，其他操作物以工程量的最高安装高度计算。

4. 安装与生产同时进行增加费

是指扩建工程在生产车间或装置内施工，因生产操作或生产条件限制（如不准动火）干扰了安装正常进行，致使降低工效所增加的费用，不包括为了保证安全生产和施工所采取的措施费用。安装工作不受干扰则不应计此费用。

5. 在有害身体健康的环境中施工降效增加费

这是指在《民法通则》有关规定允许的前提下，改扩建工程中由于车间装置范围内有害气体或高分贝噪声超过国家标准以致影响身体健康而降低效率所增加的费用。不包括劳保条例规定应享受的工种保健费。

6. 定额调整系数的分类与计算办法

《全国统一安装工程预算定额》中规定的调整系数或费用系数分为两类：一类为子目系数，是在定额各章、节规定的各种调整系数，如超高系数、高层建筑增加系数等，均属于子目系数；另一类是综合系数，是在定额总说明或册说明中规定的一些系数，如脚手架系数、安装与生产同时进行增加费系数、在有害身体健康的环境中施工降效增加费系数等。

子目系数是综合系数的计算基础。上述两类系数计算所得的数值构成直接费。

相关知识

《全国统一安装工程预算定额》的特点

《全国统一安装工程预算定额》与过去颁发的预算定额比较，具有以下几个特点。

(1)《全国统一安装工程预算定额》扩大了适用范围：《全国统一安装工程预算定额》基本实现了各有关工业部门之间的共性较强的通用安装定额，在项目划分、工程量计算规则、计量单位和定额水平等方面的统一，改变了过去同类安装工程定额水平相差悬殊的状况。

(2)《全国统一安装工程预算定额》反映了现行技术标准规范的要求：随着国家和有关部门先后发布了许多新的设计规范和施工验收规范、质量标准等，《全国统一安装工程预算定额》根据现行技术标准、规范的要求，对原定额进行了修订、补充，从而使《全国统一安装工程预算定额》更为先进合理，有利于正确确定工程造价和提高工程质量。

(3)《全国统一安装工程预算定额》尽量做到了综合扩大、少留活口：如脚手架搭拆费，由原来规定按实际需要计算改为按系数计算或计入定额子目；又如场内水平运距，《全国统一安装工程预算定额》规定场内水平运距是综合考虑的，不得因实际运距与定额不同而进行调整；再如金属桅杆和人字架等一般起重机具摊销费，经过测算综合取定了摊销费列入定额子目，各个地区均按取定值计算，不允许调整。

(4) 凡是已有定点批量生产的产品，《全国统一安装工程预算定额》中未编制定额，应当以商品价格列入安装工程预算。

如非标准设备制作，采用了原机械部和化工部联合颁发的非标准设备统一计价办法，保温用玻璃棉毡、席、岩棉瓦块以及仪表接头加工件等，均按成品价格计算。

(5)《全国统一安装工程预算定额》增加了一些新的项目，使定额内容更加完善，扩大了定额的覆盖面。

(6) 根据现有的企业施工技术装备水平，在《全国统一安装工程预算定额》中合理地配备了施工机械，适当提高了机械化水平，减少了工人的劳动强度，提高了劳动效率。

第 2 节　预算定额的编制

要　点

本节主要介绍预算定额的构成要素、预算定额的编制原则、编制依据、编制步骤。

解　释

一、预算定额的构成要素

预算定额一般由项目名称、单位、人工、材料、机械台班消耗量构成，若反映货币量，还包括项目的定额基价。预算定额示例见表 3-1。

(1) 项目名称　预算定额的项目名称也称定额子目名称。定额子目是构成工程实体或有助于构成工程实体的最小组成部分。一般是按工程部位或工程材料划分。一个单位工程预算可由几十到上百个定额子目构成。

(2) 工料机消耗量　工料机消耗量是预算定额的主要内容，这些消耗量是完成单位产品

表 3-1 预算定额摘录

工程内容：略

定额编号				5-408
项目		单位	单价	现浇 C20 混凝土圈梁/m^3
人工	综合用工	工日	20.00	2.93
材料	C20 混凝土	m^3	134.50	1.015
	水	m^3	0.90	1.087
机械	混凝土搅拌机 400L	台班	55.24	0.039
	插入式振动器	台班	10.37	0.077
	基价	元		199.05
其中	人工费	元		58.60
	材料费	元		137.50
	机械费	元		2.95

（一个单位定额子目）的规定数量，例如，现浇 1m^3 混凝土圈梁的用工是 2.93 工日，所以称之为定额。这些消耗量反映了本地区该项目的社会必要劳动消耗量。

（3）定额基价　定额基价也称工程单价，是上述定额子目中工料机消耗量的货币表现。

$$定额基价=工日数\times工日单价+\sum_{i=1}^{n}(材料用量\times材料单价)_i+\sum_{j=1}^{n}(机械台班量\times台班单价)_j$$

二、预算定额的编制原则

1. 按社会平均确定预算定额水平的原则

预算定额是确定和控制建筑安装工程造价的主要依据，因此它必须遵照价值规律的客观要求，即按生产过程中所消耗的社会必要劳动时间确定定额水平，按照“在现有的社会正常的生产条件下，在社会平均的劳动熟练程度和劳动强度下制造某种使用价值所需要的劳动时间”来确定定额水平。所以预算定额的平均水平，是在正常的施工条件、合理的施工组织和工艺条件、平均劳动熟练程度和劳动强度下，完成单位分项工程基本构造要素所需的劳动时间。

预算定额的水平以施工定额水平为基础，两者有着密切的联系。但是，预算定额绝不是简单地套用施工定额的水平。首先，要考虑预算定额中包含了更多的可变因素，需要保留合理的幅度差。如人工幅度差，机械幅度差，材料的超运距，辅助用工及材料堆放、运输、操作损耗和由细到粗综合后的量差等。其次，预算定额是平均水平，施工定额是平均先进水平，所以两者相比预算定额水平要相对低一些。

2. 简明适用原则

编制预算定额贯彻简明适用原则是对执行定额的可操作性便于掌握而言的。为此，编制预算定额时，对于那些主要的、常用的、价值量大的项目，分项工程划分宜细。次要的不常用的、价值量相对较小的项目则可以放粗一些。

要注意补充那些因采用新技术、新结构、新材料和先进经验而出现的新的定额项目。

3. 坚持统一性和差别性相结合原则

所谓统一性，就是从培育全国统一市场规范计价行为出发，计价定额的制定规范和组织实施由国务院建设行政主管部门归口，并负责全国统一定额制定或修订，颁发有关工程造价管理的规章制度办法等。这样就有利于通过定额和工程造价的管理实现建筑安装工程价格的宏观调控。通过编制全国统一定额，使建筑安装工程具有一个统一的计价依据，也使考核设计和施工的经济效益具有一个统一的尺度。

所谓差别性，就是在统一性基础上，各部门和省、自治区、直辖市主管部门可以在自己的管辖范围内，根据本部门和地区的具体情况，制定部门和地区性定额、补充性制度和管理办法，以适应我国幅员辽阔，地区间部门间发展不平衡和差异大的实际情况。

三、预算定额的编制依据

(1)《全国统一建筑工程基础定额》和《全国统一建筑装饰装修工程消耗量定额》。

(2) 现行的设计规范、施工验收规范、质量评定标准和安全操作规程。

(3) 通用的标准图集、定型设计图纸和有代表性的设计图纸。

(4) 有关科学实验、技术测定和可靠的统计资料。

(5) 已推广的新技术、新材料、新结构和新工艺等资料。

(6) 现行的预算定额基础资料、人工工资标准、材料预算价格和机械台班预算价格等。

四、预算定额的编制步骤

(1) 编制预算定额的准备工作　编制预算定额要完成许多准备工作。首先要确定编几个分部（或编几章），每一分部（或每一章）分几个小节，每个小节需划分为几个子目。其次要确定定额子目的计算单位，是采用“m^3”还是采用“m^2”等。最后要合理确定定额水平，要分析哪些企业的劳动消耗量水平能反映社会平均消耗量水平。

(2) 测算预算定额子目消耗量　采用一定的技术方法、计算方法、调查研究方法，测算各定额子目的人工、材料、机械台班消耗量。

(3) 编排预算定额　根据划分好的项目和取得的定额资料，采用事先确定的表格，计算和编排预算定额，编成供大家使用的预算定额手册。

相关知识

预算定额的特性

在市场经济条件下，预算定额具有以下三个方面的特性。

(1) 科学性　预算定额的科学性是指，定额是采用技术测定法、统计计算法等方法，在认真研究施工生产过程中客观规律的基础上，通过长期的观察、测定、统计分析、总结生产实践经验以及广泛收集现场资料的基础上编制的。在编制过程中，对工作时间、现场布置、工具设备改革、工艺过程以及施工生产技术与组织管理等方面，进行科学的研究分析，因而，所编制的预算定额客观地反映了行业的社会平均水平。

(2) 权威性　在市场经济条件下，定额的执行过程中允许施工企业根据招标投标的具体情况进行调整，内容和水平也可以变化，使其体现了市场经济竞争性的特点和自主报价的特点，因此定额的法令性淡化了。具有权威性的预算定额既起到国家宏观调控建筑市场的作用，又起到使建筑市场充分发育的作用。这种具有权威性的定额，能使承包商在竞争过程中有依据地改变其定额水平，达到推动社会生产力水平发展和提高建设投资效益的目的。具有权威性的定额符合市场经济条件下建筑产品的生产规律。

(3) 群众性　定额的群众性是指定额的制定和执行都必须有广泛的群众基础。首先，定额的水平高低主要取决于建筑安装工人所创造的劳动生产力水平的高低；其次，工人直接参加定额的测定工作，有利于制定出便于使用和推广的定额；最后，定额的执行要依靠全体员工的生产实践活动才能完成。

第3节　水暖及通风空调工程施工预算

要　点

施工预算是施工单位在工程开工前，以施工图预算为基础，依据施工图和施工定额或劳动定额、材料消耗定额及机械台班定额以及施工组织设计、施工现场实际情况而编制的用于施工单位内部控制工程成本的经济文件。

解　释

一、施工预算的作用

编制施工预算的目的是为了组织指导施工和进行“两算”（即施工图预算和施工预算）对比，其具体作用可概括如下。

(1) 施工计划部门依据施工预算的工程量和定额工日数，安排施工作业计划和组织施工。

(2) 劳动工资部门依据施工预算的劳动力需要计划，安排各工种的劳动力数量和进场时间。

(3) 材料供应部门依据施工预算确定工程所需材料的品种、规格和数量，并依此进行备料和按时组织材料进场。

(4) 施工队依据施工预算向班组签发施工任务单和限额领料单。

(5) 施工预算是施工企业进行“两算”对比，研究经营决策的依据。

(6) 财务部门可以依据施工预算定期进行经济活动分析，加强工程成本管理。

(7) 施工预算是促进实施技术节约措施的有效方法。

从上述几点可以看出，施工预算在企业施工管理中具有非常重要的作用，它涉及企业内部所有的业务部门和各基层施工单位。因此，联系工程实际，及时准确地编制施工预算，对于提高企业经营管理水平，明确经济责任制，降低工程成本，提高经济效益，都是十分重要的。

二、施工预算的编制要求

(1) 编制深度要合适　所编制的施工预算应能反映经济效果，并且能满足签发施工任务单和限额领料的要求。

(2) 内容要紧密结合现场实际　按所承担的任务范围和采取的施工技术措施，避免多算和少算，以便使企业的计划成本通过编制施工预算，建立在一个可靠的基础上，为施工企业在计划阶段进行成本预测分析，确定降低成本额度创造条件。

(3) 要保证及时性　编制施工预算是加强企业管理，实行经济核算的重要手段，施工企业内部编制的各种计划，确定承包任务，贯彻按劳分配，进行经济活动分析或成本分析等，都要依据施工预算所提供的资料。因此，必须采取各种有效措施，使施工预算能在工程开工前编制完毕，以保证使用。

三、施工预算的编制依据

(1) 施工图纸、设计说明书、图纸会审记录及有关标准图集等技术资料。

(2) 施工组织设计或施工方案。

(3) 施工现场的具体情况。

(4) 施工定额和有关补充定额。

(5) 人工工资标准，材料预算价格（或实际价格）、机械台班预算价格，这些价格是计算人工费、材料费、机械费用的主要依据。

(6) 审批后的施工图预算书。施工图预算书中的数据，如工程量、定额直接费，以及相应的人工费、材料费、机械费，人工和主要材料的预算消耗数量等，都为施工预算的编制提供有利条件和可比的数据。

四、施工预算的编制方法

施工预算的编制方法，通常有实物法、实物金额法两种。

(1) 实物法　实物法是根据施工图纸、施工定额、施工组织设计或施工方案计算出工程量后，套用施工定额，并分析计算其人工和各种材料数量，然后加以汇总，不进行价格计算。由于它是以计算确定的实物消耗量反映其经济效果，故称实物法。

(2) 实物金额法　实物金额法是在实物法算出人工和各种材料消耗数量后，再分别乘以所在地区的人工工资标准和材料预算价格，求出人工费、材料费和直接费，用各项费用的多少反映其经济效益，故称实物金额法。

相关知识

施工预算与施工图预算的区别

1. 编制依据与作用不同

“两算”编制中最大的区别是使用的定额不同，施工预算套用的是施工定额，而施工图预算套用的是预算定额或单位估价表，两个定额的各种消耗量有一定差异。两者的作用也不一样，施工预算是企业控制各项成本支出的依据，而施工图预算是计算单位工程的预算造价，确定企业工程盈利的主要依据。

2. 工程项目的施工方法不同

预算定额，综合考虑了某种当时先进合理的施工方法，而施工预算则要按照当时施工的现场情况，把工程项目施工方法的多样性与施工现场的实际情况相结合，考虑施工水平、装备水平和管理水平等因素，从而确定一种施工方法，不同的施工方法，所消耗的人工、材料、机械也有所不同。

3. 计算范围不同

施工预算通常只算到直接费为止，这是因为施工预算只供企业内部管理使用，如向班组签发施工任务书和限额领料单。而施工图预算要计算整个工程预算造价，包括直接费、间接费、利润、价差调整、税费和其他费用等。

第 4 节　水暖及通风空调工程施工图预算

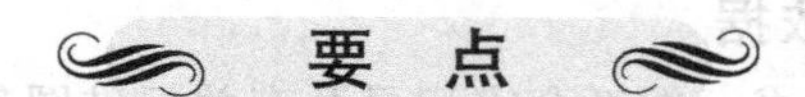

要　点

施工图预算是在设计的施工图完成以后，以施工图为依据，根据预算定额、费用标准以及工程所在地区的人工、材料、施工机械设备台班的预算价格编制的，是确定建筑工程、安装工程预算造价的文件。

解 释

一、施工图预算的作用

(1) 是工程实行招标、投标的重要依据。

(2) 是签订建设工程施工合同的重要依据。

(3) 是办理工程财务拨款、工程贷款和工程结算的依据。

(4) 是施工单位进行人工和材料准备、编制施工进度计划、控制工程成本的依据。

(5) 是落实或调整年度进度计划和投资计划的依据。

(6) 是施工企业降低工程成本、实行经济核算的依据。

二、施工图预算的编制依据

(1) 各专业设计施工图和文字说明、工程地质勘察资料。

(2) 当地和主管部门颁布的现行建筑工程和专业安装工程预算定额（基础定额）、单位估价表、地区资料、构配件预算价格（或市场价格）、间接费用定额和有关费用规定等文件。

(3) 现行的有关设备原价（出厂价或市场价）及运杂费率。

(4) 现行的有关其他费用定额、指标和价格。

(5) 建设场地中的自然条件和施工条件，并据以确定的施工方案或施工组织设计。

三、施工图预算的编制方法

1. 单价法

(1) 工料单价法　工料单价法指分部分项工程量乘以单价后的合计为直接工程费，直接工程费以人工、材料、机械的消耗量及其相应价格与措施费确定。间接费、利润、税金按照有关规定另行计算。

传统施工图预算使用工料单价法，其计算步骤如下。

① 准备资料，熟悉施工图。准备的资料包括施工组织设计、预算定额、工程量计算标准、取费标准、地区材料预算价格等。

② 计算工程量。首先要依据工程内容和定额项目，列出分项工程目录；其次依据计算顺序和计算规划列出计算式；第三，依据图纸上的设计尺寸及有关数据，代入计算式进行计算；第四，对计算结果进行整理，使之与定额中要求的计量单位保持一致，并加以核对。

③ 套工料单价。核对计算结果后，按单位工程施工图预算直接费的计算公式计算单位工程人工费、材料费和机械使用费之和。同时注意以下几项内容。

A. 分项工程的名称、规格、计量单位必须与预算定额工料单价或单位计价表中所列内容完全相同。以防重套、漏套或错套工料单价而产生误差。

B. 进行局部换算或调整时，换算指定额中已计价的主要材料品种不同而进行的换价，通常不调量；调整指施工工艺条件不同而对人工、机械的数量增减，通常调量不换价。

C. 若分项工程不能直接套用定额、不能换算和调整时，应编制补充单位计价表。

D. 定额说明允许换算与调整以外部分不得任意修改。

④ 编制工料分析表。根据各分部分项工程项目实物工程量和预算定额中项目所列的用工及材料数量，计算各分部分项工程所需人工及材料数量，汇总后算出该单位工程所需各类人工、材料的数量。

⑤ 计算并汇总造价。根据规定的税、费率和对应的计取基础，分别计算措施费、间接费、利润、税金等。将上述费用累计后进行汇总，计算出单位工程预算造价。

⑥ 复核。对项目填列、工程量计算公式、计算结果、套用的单价、采用的各项取费费率、数字计算、数据精确度等进行全面复核，以便及时发现差错，及时修改，提高预算的准确性。

⑦ 填写封面、编制说明。封面应写明工程编号、工程名称、工程量、预算总造价和单方造价、编制单位名称、负责人和编制日期以及审核单位的名称、负责人和审核日期等。编制说明主要应写明预算所包括的工程内容范围、依据的图纸编号、承包企业的等级和承包方式、有关部门现行的调价文件号、套用单价需要补充说明的问题及其他需说明的问题等。

现在编制施工图预算时特别要注意，所用的工程量和人工、材料量是统一的计算方法和基础定额；所用的单价是地区性的（定额、价格信息、价格指数和调价方法）。由于在市场条件下价格是波动的，要特别重视定额价格的调整。

(2) 综合单价法　综合单价法指分部分项工程量的单价为全费用单价，既包括直接费、间接费、利润（酬金）、税金，也包括合同约定的所有工料价格变化风险等一切费用，是一种国际上通用的计价方式。综合单价法按其所包含项目工作的内容及工程计量方法的不同，又可分为以下三种形式。

① 参考现行预算定额（或基础定额）对应子目所约定的工作内容、计算规则进行报价。

② 按招标文件约定的工程量计算规则，以及按技术规范规定的每一分部分项工程所包括的工作内容进行报价。

③ 由投标者根据招标图纸、技术规范，按其计价习惯，自主报价，即工程量的计算方法、投标价的确定，均由投标者根据自身情况决定。

综合单价是由分项工程的直接费、间接费、利润和税金构成的，而直接费是以人工、材料、机械的消耗量及相应价格与措施费确定的。因此计价顺序应当按如下步骤进行。

A. 准备资料，熟悉施工图纸。

B. 划分项目，按统一规定计算工程量。

C. 计算人工、材料和机械台班数量。

D. 套综合单价，计算各分项工程造价。

E. 汇总得出分部工程造价。

F. 各分部工程造价汇总得出单位工程造价。

G. 复核。

H. 填写封面、编写说明。

“综合单价”的产生是使用该方法的关键。显而易见，编制全国统一的综合单价是不现实或不可能的，而由地区编制较为可行。理想的是由企业编制“企业定额”产生综合单价。由于在每个分项工程上确定利润和税金比较困难，故可以编制含有直接费和间接费的综合单价，待求出单位工程总的直接费和间接费后，再统一计算单位工程的利润和税金，汇总求出单位工程的造价。《建设工程工程量清单计价规范》（CB 50500—2013）中规定的造价计算方法，就是根据实物计算法原理编制的。

2. 实物法

编制施工图预算的步骤：实物法编制施工图预算是首先算工程量、人工、材料量、机械台班（即实物量），然后再计算费用和价格的方法。这种方法适应市场经济条件下编制施工图预算的需求，应当努力实现这种方法的普遍应用。其编制步骤如下。

① 准备资料，熟悉施工图纸。

② 计算工程量。

③ 套基础定额，计算人工、材料、机械台班数量。

④ 根据当时、当地的人工、材料、机械台班单价，计算并汇总人工费、材料费、机械使用费，求出单位工程直接工程费。

⑤ 计算措施费、间接费、利润和税金，并进行汇总，得出单位工程造价（价格）。

⑥ 复核。

⑦ 填写封面、编写说明。

从上述步骤可见，实物法与定额单价法不同，实物法的关键在于第三步和第四步，特别是第四步，使用的单价已不是定额中的单价了，而是在当地工程价格权威部门（主管部门或专业协会）定期颁布价格信息和价格指数的基础上，自行确定人工单价、材料单价、施工机械台班单价。这样就不会使工程价格脱离实际，并为价格的调整减少很多麻烦。

四、施工图预算的审查

1. 施工图预算审查的内容

审查施工图预算的重点是工程量计算是否准确；分部、分项单价套用是否正确；各项取费标准是否符合现行规定等方面。

（1）审查定额或单价的套用

① 预算中所列各分项工程单价是否与预算定额的预算单价符合；其名称、规格、计量单位和所包括的工程内容是否与预算定额一致。

② 有单价换算时，应审查换算的分项工程是否符合定额规定及换算是否正确。

③ 对补充定额和单位计价表的使用应审查补充定额是否符合编制原则、单位计价表计算是否准确。

（2）审查其他有关费用　其他有关费用包括的内容各地不同，具体审查时应注意是否符合当地规定和定额的要求。

① 是否按本项目的工程性质计取费用、有无高套取费标准。

② 间接费的计取基础是否符合规定。

③ 预算外调增的材料差价是否计取间接费；直接费或人工费增减后，有关费用是否做了相应调整。

④ 有无将不需安装的设备计取在安装工程的间接费中。

⑤ 有无巧立名目、乱摊费用的情况。

利润和税金的审查，重点应放在计取基础和费率是否符合当地有关部门的现行规定、有无多算或重算方面。

2. 施工图审查的步骤

（1）做好审查前的准备工作

① 熟悉施工图纸。施工图纸是编制预算的重要依据，必须全面熟悉了解。一是核对所

有的图纸，清点无误后，依次识读；二是参加技术交底，解决图纸中的疑难问题，直到完全掌握图纸。

②了解预算包括的范围。根据预算编制说明，了解预算包含的工程内容。例如，配套设施，室外管线，道路以及会审图纸后的设计变更等。

③ 弄清编制预算采用的单位工程估价表。任何单位估价表或预算定额都有一定的适用范围。根据工程性质，搜集熟悉相应的单价、定额资料。尤其是市场材料单价和取费标准等。

(2) 选择合适的审查方法，按相应内容审查。因为工程规模、繁简程度不同，施工企业情况也不同，所编工程预算繁简和质量也不同，所以需针对情况选择相应的审查方法进行审核。

(3) 综合整理审查资料，编制调整预算。通过审查，如发现有差错，需要进行增加或核减的，经与编制单位逐项核实，统一意见后，修正原施工图预算，汇总核减量。

3. 施工图审查的方法

(1) 逐项审查法　又称全面审查法，即按定额顺序或施工顺序，对各分项工程中的工程细目逐项全面详细审查的一种方法。其优点是全面、细致，审查质量高，效果好。缺点是工作量大，时间较长。这种方法适用于一些工程量较小、工艺比较简单的工程。

(2) 标准预算审查法　就是对利用标准图纸或通用图纸施工的工程，先集中力量编制标准预算，以此为准来审查工程预算的一种方法。按标准设计图纸或通用图纸施工的工程，通常做法相同，只是根据情况不同，对某些部分做局部改变。凡这样的工程，以标准预算为准，对局部修改部分单独审查即可，不需逐项详细审查。该方法的优点是时间短、效果好、易定案。其缺点是适用范围小，只适用于采用标准图纸的工程。

(3) 分组计算审查法　即把预算中有关项目按类别划分若干组，利用同组中的一组数据审查分项工程量的一种方法。这种方法首先将若干分部分项工程按相邻且有一定内在联系的项目进行编组，利用同组分项工程间具有相同或相近计算基数的关系，审查一个分项工程数量，由此判断同组中其他几个分项工程的准确程度。该方法的优点是审查速度快、工作量小。

(4) 对比审查法　是当工程条件相同时，用已完工程的预算或未完但已通过审查修正的工程预算对比审查拟建工程的同类工程预算的一种方法。

(5) 重点审查法　就是抓住工程预算中的重点进行审核的方法。审查的重点一般是工程量大或者造价较高的各种工程、补充定额、计取的各项费用（计取基础、取费标准）等。重点审查法的优点是突出重点、审查时间短、效果好。

相关知识

施工图预算审查的作用

施工图预算的审查主要有以下作用。

(1) 对降低工程造价具有重要意义。

(2) 有利于节约工程建设成本。

(3) 有利于发挥领导层、银行的监督作用。

(4) 有利于积累和分析各项技术经济指标。

第5节 水暖及通风空调工程预算的应用

【例 3-1】 编制某建筑物室外给水管道安装工程的施工图预算。工程范围由原来市政管道碰头到建筑物外墙皮1.5m处。图3-1为某建筑物室外给水管道安装布置图。

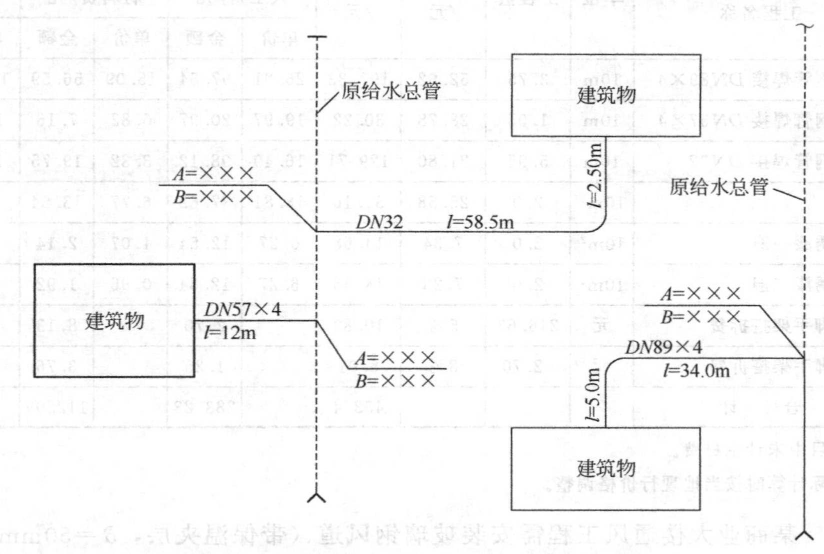

图 3-1 某建筑物室外给水管道安装布置图

1. 施工方法

给水管道均埋设在地面下2.5m处（管中心）采用镀锌钢管（DN32）和无缝钢管（DN57和DN89），刷防锈漆两遍。

2. 编制要求

(1) 计算给水管道安装工程量。

(2) 编制施工图预算（只计算定额直接费，不包括土方挖埋、管道基础）。

3. 采用预算定额

2000年颁布的《全国统一安装工程预算定额》中《给排水、采暖、燃气工程》分册，实际计算费用可按当地建设主管部门颁布的调整系数调到编制年度水平。

【解】 编制步骤

第一步：计算工程量，工程量计算见表3-2。

表 3-2 室外管道安装工程量计算表

项目名称	工程量计算	单位	工程量
无缝钢管 DN 89×4	34+5.0−1.5=37.5m	m	37.5
无缝钢管 DN 57×4	12−1.5=10.5m	m	10.5
镀锌钢管 DN 32	58.5+2.5−1.5=59.5m	m	59.5
干线碰头	DN 32一处，DN 57一处，DN 89一处	处	3
人工除锈	除锈面积＝π×D×L20m²	m²	20
刷防锈漆		m²	20
脚手架搭拆费	人工费5%		

第二步：计算定额直接费。

填施工图预算，见表3-3。

表3-3　室外管道工程预算表

定额编号	分部分项工程名称	单位	工程量	单价/元	合价/元	其中 人工费/元		材料费/元		机械费/元	
						单价	金额	单价	金额	单价	金额
8-27	无缝钢管焊接 $DN89\times4$	10m	3.75	52.62	197.33	26.01	97.54	15.09	56.59	11.52	43.20
8-25	无缝钢管焊接 $DN57\times4$	10m	1.05	28.78	30.22	19.97	20.97	6.82	7.16	1.99	2.09
8-23	镀锌钢管焊接 $DN32$	10m	5.95	21.80	129.71	16.49	98.12	3.32	19.75	1.99	11.84
11-2	除锈	$10m^2$	2.0	25.58	51.16	18.81	37.62	6.77	13.54		
11-51	刷防锈漆一遍	$10m^2$	2.0	7.34	14.68	6.27	12.54	1.07	2.14		
11-52	刷防锈漆二遍	$10m^2$	2.0	7.23	14.46	6.27	12.54	0.96	1.92		
	管道脚手架搭拆费	元	216.63	5%	10.83		2.70		8.13		
	刷油脚手架搭拆费	元	62.70	8%	5.01		1.25		3.76		
	合　计				453.4		283.28		112.99		57.13

说明：1. 项目中未计主材费。

2. 单价在实际计算时按当地现行价格调整。

【例3-2】 某商业大楼通风工程需安装玻璃钢风道（带保温夹层，$\delta=50mm$，图3-2），直径为1000mm，风道总长50m，落地支架三处，一处25kg，一处50kg，一处60kg，试计算定额工程量（保温材料是超细玻璃棉，外缠塑料布两道，玻璃丝布两道，刷调和漆两道$\delta=2mm$，不含主材料费）。

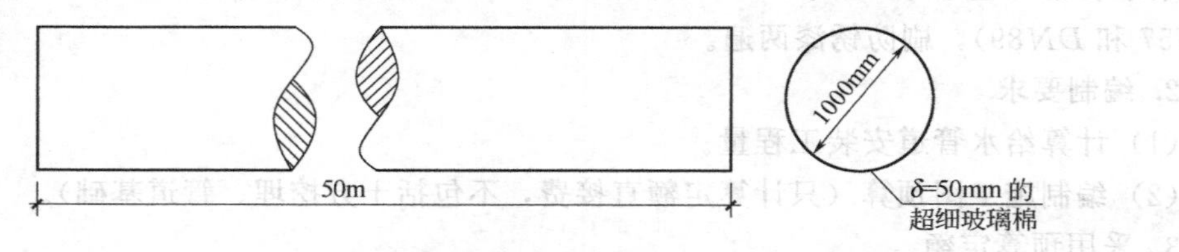

图3-2　风道示意图

【解】 一、计算工程量（表3-4）；二、编制预算（表3-5）。

设备筒体、管道表面积计算公式：

$$S=\pi\times D\times L$$

式中，D为设备或管道直径；L为设备筒高或管道延长米。

1. $\Phi1000$的玻璃钢通风管道工程量

$S=\pi DL=3.14\times1\times50=157\ (m^2)$

2. $\Phi1000$的玻璃钢通风管道保温层工程量

$V=\pi(D+1.033\delta)\times1.033\delta\times L=3.14\times(1+1.033\times0.05)\times1.033\times0.05\times50$

$=8.528\ (m^3)$

3. $\Phi1000$的玻璃钢通风管道防潮层工程量

$S=\pi(D+2.1\delta+0.0082)\times L\times2$（因要缠两道，所以乘以2）

$=3.14\times(1+2.1\times0.05+0.0082)\times50\times2=349.545\ (m^2)$

表 3-4　定额工程量计算表

序号	项目名称规格	单位	工程量	计　算　式
1	Φ1000 的玻璃钢通风管道	m^2	157	$3.14\times1\times50$
2	Φ1000 的玻璃钢通风管道保温层	m^3	8.528	$3.14\times(1+1.033\times0.05)\times1.033\times0.05\times50$
3	Φ1000 的玻璃钢通风管道防潮层(两道)	m^2	349.545	$3.14\times(1+2.1\times0.05+0.0082)\times50\times2$
4	Φ1000 的玻璃钢通风管道保护层(两道)	m^2	349.545	$3.14\times(1+2.1\times0.05+0.0082)\times50\times2$
5	第一道调和漆	m^2	157	$3.14\times1\times50$
6	第二道调和漆	m^2	157	$3.14\times1\times50$
7	设备支架在 50kg 以下	kg	75	25+50
8	设备支架在 50kg 以上	kg	60	60

表 3-5　工程预算表

序号	定额编号	分 项 工 程 名 称	定额单位	工程量	基价/元	其中/元		
						人工费	材料费	机械费
1	9-332	Φ1000 的玻璃钢通风管道	$10m^2$	15.7	374.51	220.13	133.07	21.31
2	11-1867	Φ1000 的玻璃钢通风管道保温层	m^3	8.528	214.13	134.68	72.70	6.75
3	11-2157	Φ1000 的玻璃钢通风管道防潮层(两道)	$10m^2$	34.9545	11.11	10.91	0.20	—
4	11-2153	Φ1000 的玻璃钢通风管道保护层(两道)	$10m^2$	34.9545	11.11	10.91	0.20	—
5	11-60	第一道调和漆	$10m^2$	15.7	6.82	6.50	0.32	—
6	11-61	第二道调和漆	$10m^2$	15.7	6.59	6.27	0.32	—
7	9-211	设备支架在 50kg 以下	100kg	0.75	523.29	159.75	348.27	15.27
8	9-212	设备支架在 50kg 以上	100kg	0.60	414.38	75.23	330.52	8.63

4. Φ1000 的玻璃钢通风管道保护层工程量

$S=\pi(D+2.1\delta+0.0082)\times L\times2$(因要缠两道，所以乘以 2)

$=3.14\times(1+2.1\times0.05+0.0082)\times50\times2=349.545\ (m^2)$

5. 第一道调和漆工程量

$S=\pi DL=3.14\times1\times50=157\ (m^2)$

6. 第二道调和漆工程量

$S=\pi DL=3.14\times1\times50=157\ (m^2)$

7. 设备支架在 50kg 以下的工程量是 25+50=75 (kg)。

8. 设备支架在 50kg 以上的工程量是 60kg。

第4章

水暖及通风空调工程工程量计算规则

第1节　给排水、采暖、燃气管道及支架

要　点

本节主要介绍管道安装的全国统一定额工程量计算规则及给排水、采暖、燃气管道，支架及其他工程量清单项目设置及工程量计算规则。

解　释

一、管道安装全国统一定额工程量计算规则

1. 给排水管道安装

(1) 定额说明

① 界线划分：

A. 给水管道：a. 室内外界线以建筑物外墙皮1.5m为界，入口处设阀门者以阀门为界。b. 与市政管道界线以水表井为界，无水表井者，以与市政管道碰头点为界。

B. 排水管道：a. 室内外以出户第一个排水检查井为界。b. 室外管道与市政管道界线以与市政管道碰头井为界。

② 定额包括以下工作内容：

A. 管道及接头零件安装。

B. 水压试验或灌水试验。

C. 室内*DN*32以内钢管包括管卡及托钩制作安装。

D. 钢管包括弯管制作与安装（伸缩器除外），无论是现场揻制或成品弯管均不得换算。

E. 铸铁排水管、雨水管及塑料排水管，均包括管卡及托吊支架、臭气帽、雨水漏斗制作安装。

F. 穿墙板及过楼板铁皮套管安装人工。

③ 定额不包括以下工作内容：

A. 室内外管道沟土方及管道基础，应执行《全国统一建筑工程基础定额》。

B. 管道安装中不包括法兰、阀门及伸缩器的制作、安装，按相应项目另行计算。

C. 室内外给水、雨水铸铁管包括接头零件所需的人工，但接头零件价格应另行计算。

D. $DN32$ 以上的钢管支架，按定额管道支架另行计算。

E. 过楼板的钢套管的制作、安装工料，按室外钢管（焊接）项目计算。

(2) 工程量计算规则

① 各种管道，均以施工图所示中心长度，以“m”为计量单位，不扣除阀门、管件（包括减压器、疏水器、水表、伸缩器等组成安装）所占的长度。

② 镀锌铁皮套管制作以“个”为计量单位，其安装已包括在管道安装定额内，不得另行计算。

③ 管道支架制作安装，室内管道公称直径 32mm 以下的安装工程已包括在内，不得另行计算；公称直径 32mm 以上的，可另行计算。

④ 各种伸缩器制作安装，均以“个”为计量单位。方形伸缩器的两臂，按臂长的两倍合并在管道长度内计算。

⑤ 管道消毒、冲洗、压力试验，均按管道长度以“m”为计量单位，不扣除阀门、管件所占的长度。

2. 采暖工程管道安装

(1) 界限划分：

① 室内外管道以入口阀门或建筑物外墙皮 1.5m 为界。

② 工业管道以锅炉房或泵站外墙皮 1.5m 为界。

③ 工厂车间内采暖管道以采暖系统与工业管道碰头点为界。

④ 设在高层建筑内的加压泵间管道以泵站间外墙皮为界。

(2) 室内采暖管道的工程量均按图示中心线以“延长米”为单位计算，阀门、管件所占长度均不从延长米中扣除，但暖气片所占长度应扣除。

室内采暖管道安装工程除管道本身价值和直径在 32mm 以上钢管支架需另行计算外，以下工作内容均已考虑在定额中，不得重复计算：管道及接头零件安装；水压试验或灌水试验；DN 32 以内钢管的管卡及托钩制作安装；弯管制作与安装（伸缩器、圆形补偿器除外）；穿墙及过楼板铁皮套管安装人工等。穿墙及过楼板镀锌铁皮套管的制作应按镀锌铁皮套管项目另行计算，钢套管的制作安装工料，按室外焊接钢管安装项目计算。

(3) 除锅炉房和泵房管道安装以及高层建筑内加压泵间的管道安装执行《全国统一安装工程预算定额》中的《工业管道工程》分册的相应项目外，其余部分均按《全国统一安装工程预算定额》中的《给排水、采暖、燃气工程》分册执行。

(4) 安装的管子规格如与定额中子目规定不相符合时，应使用接近规格的项目，规格居中时按大者套，超过定额最大规格时可作补充定额。

(5) 各种伸缩器制作安装根据其不同型式、连接方式和公称直径，分别以“个”为单位计算。

用直管弯制伸缩器，在计算工程量时，应分别并入不同直径的导管延长米内，弯曲的两臂长度原则上应按设计确定的尺寸计算。若设计未明确时，按弯曲臂长（H）的两倍计算。

套筒式以及除去以直管弯制的伸缩器以外的各种形式的补偿器，在计算时，均不扣除所占管道的长度。

（6）阀门安装工程量以“个”为单位计算，不分低压、中压，使用同一定额，但连接方式应按螺纹式和法兰式以及不同规格分别计算。螺纹阀门安装适用于内外螺纹的阀门安装。法兰阀门安装适用于各种法兰阀门的安装。如仅为一侧法兰连接时，定额中的法兰、带帽螺栓及钢垫圈数量减半计算。各种法兰连接用垫片均按石棉橡胶板计算，如用其他材料，均不做调整。

二、给排水、采暖、燃气管道工程量清单项目设置及工程量计算规则

给排水、采暖、燃气管道的工程量清单项目设置及工程量计算规则，应按表 4-1 的规定执行。

表 4-1　给排水、采暖、燃气管道（编码：031001）

项目编码	项目名称	项目特征	计量单位	工程量计算规则	工作内容
031001001	镀锌钢管	1. 安装部位 2. 介质 3. 规格、压力等级 4. 连接形式 5. 压力试验及吹、洗设计要求 6. 警示带形式	m	按设计图示管道中心线以长度计算	1. 管道安装 2. 管件制作、安装 3. 压力试验 4. 吹扫、冲洗 5. 警示带铺设
031001002	钢管			按设计图示管道中心线以长度计算	
031001003	不锈钢管			按设计图示管道中心线以长度计算	
031001004	铜管			按设计图示管道中心线以长度计算	
031001005	铸铁管	1. 安装部位 2. 介质 3. 材质、规格 4. 连接形式 5. 接口材料 6. 压力试验机吹、洗设计要求 7. 警示带形式	m	按设计图示管道中心线以长度计算	1. 管道安装 2. 管件安装 3. 压力试验 4. 吹扫、冲洗 5. 警示带铺设
031001006	塑料管	1. 安装部位 2. 介质 3. 材质、规格 4. 连接形式 5. 阻火圈设计要求 6. 压力试验机吹、洗设计要求 7. 警示带形式	m	按设计图示管道中心线以长度计算	1. 管道安装 2. 管件安装 3. 塑料卡固定 4. 阻火圈安装 5. 压力试验 6. 吹扫、冲洗 7. 警示带铺设
031001007	复合管	1. 安装部位 2. 介质 3. 规格、规格 4. 连接形式 5. 压力试验及吹、洗设计要求 6. 警示带形式	m	按设计图示管道中心线以长度计算	1. 管道安装 2. 管件安装 3. 塑料卡固定 4. 压力试验 5. 吹扫、冲洗 6. 警示带铺设
031001008	直埋式预制保温管	1. 埋设深度 2. 介质 3. 管道材质、规格 4. 连接形式 5. 接口保温材料 6. 压力试验机吹、洗设计要求 7. 警示带形式	m	按设计图示管道中心线以长度计算	1. 管道安装 2. 管件安装 3. 接口保温 4. 压力试验 5. 吹扫、冲洗 6. 警示带铺设

续表

项目编码	项目名称	项目特征	计量单位	工程量计算规则	工作内容
031001009	承插陶瓷缸瓦管	1. 埋设深度 2. 规格 3. 接口方式及材料 4. 压力试验机吹、洗设计要求 5. 警示带形式	m	按设计图示管道中心线以长度计算	1. 管道安装 2. 管件安装 3. 压力试验 4. 吹扫、冲洗 5. 警示带铺设
031001010	承插水泥管		m	按设计图示管道中心线以长度计算	
031001011	室外管道碰头	1. 介质 2. 碰头形式 3. 材质、规格 4. 连接形式 5. 防腐、绝热设计要求	处	按设计图示以处计算	1. 挖填工作坑或暖气沟拆除及修复 2. 碰头 3. 接口处防腐 4. 接口处绝热及保护层

注：1. 安装部位，指管道安装在室内、室外。

2. 输送介质包括给水、排水、中水、雨水、热媒体（即热介质）、燃气、空调水等。

3. 方形补偿器制作安装应含在管道安装综合单价中。

4. 铸铁管安装适用于承插铸铁管、球墨铸铁管、柔性抗震铸铁管等。

5. 塑料管安装适用于UPVC、PVC、PP-C、PP-R、PE、PB管等塑料管材。

6. 复合管安装适用于钢塑复合管、铝塑复合管、钢骨架复合管等复合型管道安装。

7. 直埋保温管包括直埋保温管件安装及接口保温。

8. 排水管道安装包括立管检查口、透气帽。

9. 室外管道碰头：

(1) 适用于新建或扩建工程热源、水源、气源管道与原（旧）有管道碰头；

(2) 室外管道碰头包括挖工作坑、土方回填或暖气沟局部拆除及修复；

(3) 带介质管道碰头包括开关闸、临时放水管线铺设等费用；

(4) 热源管道碰头每处包括供、回水两个接口；

(5) 碰头形式指带介质碰头、不带介质碰头。

10. 管道工程量计算不扣除阀门、管件（包括减压器、疏水器、水表、伸缩器等组成安装）及附属构筑物所占长度；方形补偿器以其所占长度列入管道安装工程量。

11. 压力试验按设计要求描述试验方法，如水压试验、气压试验、泄漏性试验、闭水试验、通球试验、真空试验等。

12. 吹、洗按设计要求描述吹扫、冲洗方法，如水冲洗、消毒冲洗、空气吹扫等。

三、支架及其他工程量清单项目设置及工程量计算规则

支架及其他工程量清单项目设置及工程量计算规则，应按表4-2的规定执行。

表4-2 支架及其他（编码：031002）

项目编码	项目名称	项目特征	计量单位	工程量计算规则	工作内容
031002001	管道支架	1. 材质 2. 管架形式	1. kg 2. 套	1. 以千克计量，按设计图示质量计算 2. 以套计量，按设计图示数量计算	1. 制作 2. 安装
031002002	设备支架	1. 材质 2. 形式			
031002003	套管	1. 名称、类型 2. 材质 3. 规格 4. 填料材质	个	按设计图示数量计算	1. 制作 2. 安装 3. 除锈、刷油

注：1. 单件支架质量100kg以上的管道支吊架执行设备支吊架制作安装。

2. 成品支架安装执行相应管道支架或设备支架项目，不再计取制作费，支架本身价值含在综合单价中。

3. 套管制作安装，适用于穿基础、墙、楼板等部位的防水套管、填料套管、无填料套管及防火套管等，应分别列项。

相关知识

工业管道分类

(1) 管道按介质压力分类，见表4-3。

(2) 管道按介质温度分类，见表4-4。

表4-3 管道按介质压力分类

序号	分类名称	压力值/MPa
1	低压管道	公称压力不超过2.5
2	中压管道	公称压力4～6.4
3	高压管道	公称压力10～100

表4-4 管道按介质温度分类

序号	分类名称	介质温度值
1	常温管道	工作温度为－40～120℃
2	低温管道	工作温度在－40℃以下
3	中温管道	工作温度在121～450℃
4	高温管道	工作温度超过450℃

第2节 管道附件

要 点

本节主要介绍阀门、水位标尺安装，低压器具、水表组成与安装，采暖工程低压器具安装的全国统一定额工程量计算规则与管道附件的工程量清单项目设置及工程量计算规则。

解 释

一、阀门、水位标尺安装全国统一定额工程量计算规则

1. 安装定额说明

① 螺纹阀门安装适用于各种内外螺纹连接的阀门安装。

② 法兰阀门安装适用于各种法兰阀门的安装。如仅为一侧法兰连接时，定额中的法兰、带帽螺栓及钢垫圈数量减半。

③ 各种法兰连接用垫片均按石棉橡胶板计算，如用其他材料，不得调整。

④ 浮标液面计FQ-Ⅱ型安装是按《采暖通风国家标准图集》(N102-3) 编制的。

⑤ 水塔、水池浮漂水位标尺制作安装，是按《全国通用给水排水标准图集》(S318) 编制的。

2. 工程量计算规则

(1) 各种阀门安装，均以“个”为计量单位。法兰阀门安装，如仅为一侧法兰连接时，定额所列法兰、带帽螺栓及垫圈数量减半，其余不变。

(2) 各种法兰连接用垫片，均按石棉橡胶板计算。如用其他材料，不得调整。

(3) 法兰阀（带短管甲乙）安装，均以“套”为计量单位。如接口材料不同时，可调整。

(4) 自动排气阀安装以“个”为计量单位，已包括了支架制作安装，不得另行计算。

(5) 浮球阀安装均以“个”为计量单位，已包括了连杆及浮球的安装，不得另行计算。

(6) 浮标液面计、水位标尺是按国标编制的，如设计与国标不符时，可调整。

二、低压器具、水表组成与安装全国统一定额工程量计算规则

1. 定额说明

① 减压器、疏水器组成与安装是按《采暖通风国家标准图集》（N108）编制的，如实际组成与此不同时，阀门和压力表数量可按实际调整，其余不变。

② 法兰水表安装是按《全国通用给水排水标准图集》（S145）编制的，定额内包括旁通管及止回阀。如实际安装形式与此不同时，阀门及止回阀可按实际调整，其余不变。

2. 工程量计算规则

（1）减压器、疏水器组成安装以“组”为计量单位。如设计组成与定额不同时，阀门和压力表数量可按设计用量进行调整，其余不变。

（2）减压器安装，按高压侧的直径计算。

（3）法兰水表安装以“组”为计量单位，定额中旁通管及止回阀如与设计规定的安装形式不同时，阀门及止回阀可按设计规定进行调整，其余不变。

三、采暖工程低压器具安装

采暖工程中的低压器具是指减压器和疏水器。

减压器和疏水器的组成与安装均应区分连接方式和公称直径的不同，分别以“组”为单位计算。减压器安装按高压侧的直径计算。减压器、疏水器如设计组成与定额不同时，阀门和压力表数量可按设计需要量调整，其余不变。但单体安装的减压器、疏水器应按阀门安装项目执行。单体安装的安全阀可按阀门安装相应定额项目乘以系数2.0计算。

四、管道附件工程量清单项目设置及工程量计算规则

管道附件的工程量清单项目设置及工程量计算规则，应按表4-5的规定执行。

表4-5　管道附件（编码：031003）

项目编码	项目名称	项目特征	计量单位	工程量计算规则	工作内容
031003001	螺纹阀门	1. 类型 2. 材质 3. 规格、压力等级 4. 连接形式 5. 焊接方法	个	按设计图示数量计算	1. 安装 2. 电气接线 3. 调试
031003002	螺纹法兰阀门		个	按设计图示数量计算	1. 安装 2. 电气接线 3. 调试
031003003	焊接法兰阀门		个	按设计图示数量计算	1. 安装 2. 电气接线 3. 调试
031003004	带短管甲乙阀门	1. 材质 2. 规格、压力等级 3. 连接形式 4. 接口方式及材质	个	按设计图示数量计算	1. 安装 2. 电气接线 3. 调试
031003005	塑料阀门	1. 规格 2. 连接形式	个	按设计图示数量计算	1. 安装 2. 调试
031003006	减压器	1. 材质 2. 规格、压力等级 3. 连接形式 4. 附件配置	组	按设计图示数量计算	组装

续表

项目编码	项目名称	项目特征	计量单位	工程量计算规则	工作内容
031003007	疏水器	1. 材质 2. 规格、压力等级 3. 连接形式 4. 附件配置	组	按设计图示数量计算	组装
031003008	除污器（过滤器）	1. 材质 2. 规格、压力等级 3. 连接形式	组	按设计图示数量计算	安装
031003009	补偿器	1. 类型 2. 材质 3. 规格、压力等级 4. 连接形式	个	按设计图示数量计算	安装
031003010	软接头（软管）	1. 材质 2. 规格 3. 连接形式	个（组）	按设计图示数量计算	安装
031003011	法兰	1. 材质 2. 规格、压力等级 3. 连接形式	副（片）	按设计图示数量计算	安装
031003012	倒流防止器	1. 材质 2. 型号、规格 3. 连接形式	套	按设计图示数量计算	安装
031003013	水表	1. 安装部位（室内外） 2. 型号、规格 3. 连接形式 4. 附件配置	组（个）	按设计图示数量计算	组装
031003014	热量表	1. 类型 2. 型号、规格 3. 连接形式	块	按设计图示数量计算	安装
031003015	塑料排水管消声器	1. 规格 2. 连接形式	个	按设计图示数量计算	安装
031003016	浮标液面计		组	按设计图示数量计算	安装
031003017	浮漂水位标尺	1. 用途 2. 规格	套	按设计图示数量计算	安装

注：1. 法兰阀门安装包括法兰连接，不得另计。阀门安装仅为一侧法兰连接时，应在项目特征中描述。

2. 塑料阀门连接形式需注明热熔连接、粘接、热风焊接等方式。

3. 减压器规格按高压侧管道规格描述。

4. 减压器、疏水器、倒流防止器等项目包括组成与安装工作内容，项目特征应根据设计要求描述附件配置情况，或根据××图集或××施工图做法描述。

相关知识

阀门的分类

阀门按制造材料可分为金属材料和非金属材料两大类。金属材料主要由铸铁、钢、铜制造，非金属材料主要由塑料制造。

阀门按结构形式和作用，主要有截止阀、闸阀、止回阀、球阀、蝶阀、安全阀、减压阀等。按连接形式可分为螺纹阀和法兰阀（如 $DN \leqslant 50$mm，多用螺纹阀，大直径阀门多用法兰阀）。为了拆卸方便，螺纹阀需配装活接头、长丝，法兰阀必须配法兰盘。

第3节　卫生器具

要　点

本节主要介绍了卫生器具制作安装，小型器具制作安装的全国统一定额工程量计算规则与卫生器具的工程量清单项目设置及工程量计算规则。

解　释

一、卫生器具制作安装全国统一定额工程量计算规则

1. 定额说明

(1) 本定额所有卫生器具安装项目，均参照《全国通用给水排水标准图集》中有关标准图集计算，除以下有说明的外，设计无特殊要求均不作调整。

(2) 成组安装的卫生器具，定额均已按《全国通用给水排水标准图集》计算了与给水、排水管道连接的人工和材料。

(3) 浴盆安装适用于各种型号的浴盆，但浴盆支座和浴盆周边的砌砖、瓷砖粘贴应另行计算。

(4) 洗脸盆、洗手盆、洗涤盆适用于各种型号。

(5) 化验盆安装中的鹅颈水嘴，化验单嘴，双嘴适用于成品件安装。

(6) 洗脸盆肘式开关安装，不分单双把均执行同一项目。

(7) 脚踏开关安装包括弯管和喷头的安装人工和材料。

(8) 淋浴器铜制品安装适用于各种成品淋浴器安装。

(9) 蒸汽-水加热器安装项目中，包括了莲蓬头安装，但不包括支架制作安装；阀门和疏水器安装可按相应项目另行计算。

(10) 冷热水混合器安装项目中包括了温度计安装，但不包括支座制作安装，其工程量可按相应项目另行计算。

(11) 小便槽冲洗管制作安装定额中，不包括阀门安装，其工程量可按相应项目另行计算。

(12) 大、小便槽水箱托架安装已按《全国通用给水排水标准图集》计算在定额内，不得另行计算。

(13) 高（无）水箱蹲式大便器、低水箱坐式大便器安装，适用于各种型号。

(14) 电热水器、电开水炉安装定额内只考虑了本体安装，连接管、连接件等可按相应项目另行计算。

(15) 饮水器安装的阀门和脚踏开关安装，可按相应项目另行计算。

(16) 容积式水加热器安装，定额内已按《全国通用给水排水标准图集》计算了其中的附件，但不包括安全阀安装、本体保温、刷油漆和基础砌筑。

2. 工程量计算规则

(1) 卫生器具组成安装，以“组”为计量单位，已按标准图综合了卫生器具与给水管、排水管连接的人工与材料用量，不得另行计算。

(2) 浴盆安装不包括支座和四周侧面的砌砖及瓷砖粘贴。

(3) 蹲式大便器安装，已包括了固定大便器的垫砖，但不包括大便器蹲台砌筑。

(4) 大便槽、小便槽自动冲洗水箱安装，以“套”为计量单位，已包括了水箱托架的制作安装，不得另行计算。

(5) 小便槽冲洗管制作与安装，以“m”为计量单位，不包括阀门安装，其工程量可按相应定额另行计算。

(6) 脚踏开关安装，已包括了弯管与喷头的安装，不得另行计算。

(7) 冷热水混合器安装，以“套”为计量单位，不包括支架制作安装及阀门安装，其工程量可按相应定额另行计算。

(8) 蒸汽-水加热器安装，以“台”为计量单位，包括莲蓬头安装，不包括支架制作安装及阀门、疏水器安装，其工程量可按相应定额另行计算。

(9) 容积式水加热器安装，以“台”为计量单位，不包括安全阀安装、保温与基础砌筑，其工程量可按相应定额另行计算。

(10) 电热水器、电开水炉安装，以“台”为计量单位，只考虑本体安装，连接管、连接件等工程量可按相应定额另行计算。

(11) 饮水器安装以“台”为计量单位，阀门和脚踏开关工程量可按相应定额另行计算。

二、小型器具制作安装全国统一定额工程量计算规则

1. 定额说明

(1) 本定额系参照《全国通用给水排水标准图集》(S151，S342) 及《全国通用采暖通风标准图集》(T905，T906) 编制，适用于给排水、采暖系统中一般低压碳钢容器的制作和安装。

(2) 各种水箱连接管，都未包括在定额内，可执行室内管道安装的相应项目。

(3) 各类水箱都未包括支架制作安装，如为型钢支架，执行《全国统一安装工程预算定额》中的《给排水、采暖、燃气工程》中的“一般管道支架”项目；混凝土或砖支座可按土建相应项目执行。

(4) 水箱制作，包括水箱本身及人孔的质量。水位计、内外人梯均未包括在定额内，发生时，可另行计算。

2. 工程量计算规则

(1) 钢板水箱制作，按施工图所示尺寸，不扣除人孔、手孔质量，以“kg”为计量单位。法兰和短管水位计可按相应定额另行计算。

(2) 钢板水箱安装，按图家标准图集水箱容量 (m^3)，执行相应定额。各种水箱安装，均以“个”为计量单位。

三、卫生器具工程量清单项目设置及工程量计算规则

卫生器具的工程量清单项目设置及工程量计算规则，应按表 4-6 的规定执行。

表 4-6 卫生器具（编码：031004）

项目编码	项目名称	项目特征	计量单位	工程量计算规则	工作内容
031004001	浴缸	1. 材质 2. 规格、类型 3. 组装形式 4. 附件名称、数量	组	按设计图示数量计算	1. 器具安装 2. 附件安装
031004002	净身盆		组	按设计图示数量计算	
031004003	洗脸盆		组	按设计图示数量计算	

续表

项目编码	项目名称	项目特征	计量单位	工程量计算规则	工作内容
031004004	洗涤盆	1. 材质 2. 规格、类型 3. 组装形式 4. 附件名称、数量	组	按设计图示数量计算	1. 器具安装 2. 附件安装
031004005	化验盆	1. 材质 2. 规格、类型 3. 组装形式 4. 附件名称、数量	组	按设计图示数量计算	1. 器具安装 2. 附件安装
031004006	大便器	1. 材质 2. 规格、类型 3. 组装形式 4. 附件名称、数量	组	按设计图示数量计算	1. 器具安装 2. 附件安装
031004007	小便器	1. 材质 2. 规格、类型 3. 组装形式 4. 附件名称、数量	组	按设计图示数量计算	
031004008	其他成品卫生器具	1. 材质 2. 规格、类型 3. 组装形式 4. 附件名称、数量	组	按设计图示数量计算	1. 器具安装 2. 附件安装
031004009	烘手器	1. 材质 2. 型号、规格	个	按设计图示数量计算	安装
031004010	淋浴器	1. 材质、规格 2. 组装形式 3. 附件名称、数量	套	按设计图示数量计算	1. 器具安装 2. 附件安装
031004011	淋浴间	1. 材质、规格 2. 组装形式 3. 附件名称、数量	套	按设计图示数量计算	
031004012	桑拿浴房	1. 材质、规格 2. 组装形式 3. 附件名称、数量	套	按设计图示数量计算	1. 器具安装 2. 附件安装
031004013	大、小便槽自动冲洗水箱	1. 材质、类型 2. 规格 3. 水箱配件 4. 支架形式及做法 5. 器具及支架除锈、刷油设计要求	套	按设计图示数量计算	1. 制作 2. 安装 3. 支架制作、安装 4. 除锈、刷油
031004014	给、排水附(配)件	1. 材质 2. 型号、规格 3. 安装方式	个(组)	按设计图示数量计算	安装
031004015	小便槽冲洗管	1. 材质 2. 规格	m	按设计图示长度计算	1. 制作 2. 安装
031004016	蒸汽—水加热器	1. 类型 2. 型号、规格 3. 安装方式	套	按设计图示数量计算	
031004017	冷热水混合器	1. 类型 2. 型号、规格 3. 安装方式	套	按设计图示数量计算	

续表

项目编码	项目名称	项目特征	计量单位	工程量计算规则	工作内容
031004018	饮水器	1. 类型 2. 型号、规格 3. 安装方式	套	按设计图示数量计算	安装
031004019	隔油器	1. 类型 2. 型号、规格 3. 安装部位	套	按设计图示数量计算	安装

注：1. 成品卫生器具项目中的附件安装，主要指给水附件包括水嘴、阀门、喷头等，排水配件包括存水弯、排水栓、下水口等以及配备的连接管。

2. 浴缸支座和浴缸周边的砌砖、瓷砖粘贴，应按现行国家标准《房屋建筑与装饰工程工程量计算规范》（GB 50854—2013）相关项目编码列项；功能性浴缸不含电机接线和调试，应按《通用安装工程工程量计算规范》（GB 50856—2013）附录D电气设备安装工程相关项目编码列项。

3. 洗脸盆适用于洗脸盆、洗发盆、洗手盆安装。

4. 器具安装中若采用混凝土或砖基础，应按现行国家标准《房屋建筑与装饰工程工程量计算规范》（GB 50854—2013）相关项目编码列项。

5. 给、排水附（配）件是指独立安装的水嘴、地漏、地面扫出口等。

相关知识

排水工程分类

（1）室外排水系统分为：室外排水系统和室外雨水系统。

（2）室内排水系统按所排水的性质分为：①生活排水系统，排水又可分生活污水（是指粪便污水）、生活废水（是指生活洗涤污水）及雨水系统；②工业废水系统，指在工业生产中产生的污水和废水。在生活排水中有部分水可经处理后再循环利用即中水。

第4节 供暖器具

要 点

本节主要介绍供暖器具安装的全国统一定额工程量计算规则与供暖器具，采暖、给排水设备，采暖、空调水工程系统调试的工程量清单项目设置及工程量计算规则。

解 释

一、供暖器具安装全国统一定额工程量计算规则

1. 定额说明

（1）本定额系参照1993年《全国通用暖通空调标准图集·采暖系统及散热器安装》（T9N112）编制的。

（2）各类型散热器不分明装或暗装，均按类型分别编制。柱型散热器为挂装时，可执行M132项目。

（3）柱型和M132型铸铁散热器安装用拉条时，拉条另行计算。

(4) 定额中列出的接口密封材料，除圆翼汽包垫采用橡胶石棉板外，其余均采用成品汽包垫。如采用其他材料，不作换算。

(5) 光排管散热器制作、安装项目，单位10m，系指光排管长度。联管作为材料已列入定额，不得重复计算。

(6) 板式、壁板式，已计算了托钩的安装人工和材料；闭式散热器，如主材价不包括托钩者，托钩价格另行计算。

2. 工程量计算规则

(1) 热空气幕安装，以“台”为计量单位，其支架制作安装可按相应定额另行计算。

(2) 长翼、柱型铸铁散热器组成安装，以“片”为计量单位，其汽包垫不得换算；圆翼型铸铁散热器组成安装，以“节”为计量单位。

(3) 光排管散热器制作安装，以“m”为计量单位，已包括联管长度，不得另行计算。

二、供暖器具工程量清单项目设置及工程量计算规则

供暖器具的工程量清单项目设置及工程量计算规则，应按表4-7的规定执行。

表4-7 供暖器具（编码：031005）

项目编码	项目名称	项目特征	计量单位	工程量计算规则	工作内容
031005001	铸铁散热器	1. 型号、规格 2. 安装方式 3. 托架形式 4. 器具、托架除锈、刷油设计要求	片(组)	按设计图示数量计算	1. 组对、安装 2. 水压试验 3. 托架制作、安装 4. 除锈、刷油
031005002	钢制散热器	1. 结构形式 2. 型号、规格 3. 安装方式 4. 托架刷油设计要求	组(片)	按设计图示数量计算	1. 安装 2. 托架安装 3. 托架刷油
031005003	其他成品散热器	1. 材质、类型 2. 型号、规格 3. 托架刷油设计要求	组(片)	按设计图示数量计算	1. 安装 2. 托架安装 3. 托架刷油
031005004	光排管散热器	1. 材质、类型 2. 型号、规格 3. 托架形式及做法 4. 器具、托架除锈、刷油设计要求	m	按设计图示排管长度计算	1. 制作、安装 2. 水压试验 3. 除锈、刷油
031005005	暖风机	1. 质量 2. 型号、规格 3. 安装方式	台	按设计图示数量计算	安装
031005006	地板辐射采暖	1. 保温层材质、厚度 2. 钢丝网设计要求 3. 管道材质、规格 4. 压力试验及吹扫设计要求	1. m^2 2. m	1. 以平方米计量，按设计图示采暖房间净面积计算 2. 以米计量，按设计图示管道长度计算	1. 保温层及钢丝网铺设 2. 管道排布、绑扎、固定 3. 与分集水器连接 4. 水压试验、冲洗 5. 配合地面浇注
031005007	热媒集配装置	1. 材质 2. 规格 3. 附件名称、规格、数量	台	按设计图示数量计算	1. 制作 2. 安装 3. 附件安装

续表

项目编码	项目名称	项目特征	计量单位	工程量计算规则	工作内容
031005008	集气罐	1. 材质 2. 规格	个	按设计图示数量计算	1. 制作 2. 安装

注：1. 铸铁散热器，包括拉条制作安装。

2. 钢制散热器结构形式包括钢制闭式、板式、壁板式、扁管式及柱式散热器等，应分别列项计算。

3. 光排管散热器，包括联管制作安装。

4. 地板辐射采暖，包括与分集水器连接和配合地面浇注用工。

三、采暖、给排水设备工程量清单项目设置及工程量计算规则

采暖、给排水设备的工程量清单项目设置及工程量计算规则，应按表4-8的规定执行。

表4-8 采暖、给排水设备（编码：031006）

项目编码	项目名称	项目特征	计量单位	工程量计算规则	工作内容
031006001	变频给水设备	1. 设备名称 2. 型号、规格 3. 水泵主要技术参数 4. 附件名称、规格、数量 5. 减振装置形式	套	按设计图示数量计算	1. 设备安装 2. 附件安装 3. 调试 4. 减振装置制作、安装
031006002	稳压给水设备	1. 设备名称 2. 型号、规格 3. 水泵主要技术参数 4. 附件名称、规格、数量 5. 减振装置形式	套	按设计图示数量计算	1. 设备安装 2. 附件安装 3. 调试 4. 减振装置制作、安装
031006003	无负压给水设备	1. 设备名称 2. 型号、规格 3. 水泵主要技术参数 4. 附件名称、规格、数量 5. 减振装置形式	套	按设计图示数量计算	1. 设备安装 2. 附件安装 3. 调试 4. 减振装置制作、安装
031006004	气压罐	1. 型号、规格 2. 安装方式	台	按设计图示数量计算	1. 安装 2. 调试
031006005	太阳能集热装置	1. 型号、规格 2. 安装方式 3. 附件名称、规格、数量	套	按设计图示数量计算	1. 安装 2. 附件安装
031006006	地源（水源、气源）热泵机组	1. 型号、规格 2. 安装方式 3. 减振装置形式	组	按设计图示数量计算	1. 安装 2. 减振装置制作、安装
031006007	除砂器	1. 型号、规格 2. 安装方式	台	按设计图示数量计算	安装
031006008	水处理器	1. 类型 2. 型号、规格	台	按设计图示数量计算	安装
031006009	超声波灭藻设备		台	按设计图示数量计算	
031006010	水质净化器		台	按设计图示数量计算	
031006011	紫外线杀菌设备	1. 名称 2. 规格	台	按设计图示数量计算	
031006012	热水器、开水炉	1. 能源种类 2. 型号、容积 3. 安装方式	台	按设计图示数量计算	1. 安装 2. 附件安装

续表

项目编码	项目名称	项目特征	计量单位	工程量计算规则	工作内容
031006013	消毒器、消毒锅	1. 类型 2. 型号、规格	台	按设计图示数量计算	安装
031006014	直饮水设备	1. 名称 2. 规格	套	按设计图示数量计算	
031006015	水箱	1. 材质、类型 2. 型号、规格	台	按设计图示数量计算	1. 制作 2. 安装

注：1. 变频给水设备、稳压给水设备、无负压给水设备安装，说明：

(1) 压力容器包括气压罐、稳压罐、无负压罐；

(2) 水泵包括主泵及备用泵，应注明数量；

(3) 附件包括给水装置中配备的阀门、仪表、软接头，应注明数量，含设备、附件之间管路连接；

(4) 泵组底座安装，不包括基础砌（浇）筑，应按现行国家标准《房屋建筑与装饰工程工程量计算规范》(GB 50854—2013) 相关项目编码列项；

(5) 控制柜安装及电气接线、调试应按《通用安装工程工程量计算规范》(GB 50856—2013) 附录D电气设备安装工程相关项目编码列项。

2. 地源热泵机组，接管以及接管上的阀门、软接头、减震装置和基础另行计算，应按相关项目编码列项。

四、采暖、空调水工程系统调试工程量清单项目设置及工程量计算规则

采暖、空调水工程系统调试的工程量清单项目设置及工程量计算规则，应按表4-9的规定执行。

表4-9 采暖、空调水工程系统调试（编码：031009）

项目编码	项目名称	项目特征	计量单位	工程量计算规则	工作内容
031009001	采暖工程系统调试	1. 系统形式 2. 采暖(空调水)管道工程量	系统	按采暖工程系统计算	系统调试
031009002	空调水工程系统调试			按空调水工程系统计算	

注：1. 由采暖管道、管件、阀门、法兰、供暖器具组成采暖工程系统。

2. 由空调水管道、管件、阀门、法兰、冷水机组组成空调水工程系统。

3. 当采暖工程系统、空调水工程系统中管道工程量发生变化时，系统调试费用应作相应调整。

相关知识

供暖工程系统分类

供暖工程根据供暖范围、使用的热介质、供水的方式、循环的动力可分为以下不同系统、不同方式的供暖形式，但最终都达到了供暖的目的。

(1) 根据供暖范围的不同可分为：局部、集中、区域三种供暖系统。

(2) 根据使用的热介质不同可分为：

① 热水供暖系统，按系统热水的参数不同，又分低温热水供暖系统（水温低于100℃）、高温热水供暖系统（水温高于100℃）。

② 蒸汽供暖系统，按蒸汽压力的高低，又分低压蒸汽供暖系统（汽压≤70kPa）、高压蒸汽供暖系统（汽压＞70kPa）、真空蒸汽供暖系统（汽压低于大气压力）。

③ 热风供暖系统，其根据送风的加热装置安放位置不同，又分集中送风系统、暖风机系统等三种供暖系统。

(3) 按供水方式不同可分为：

① 单管系统，当热水顺序流过多组散热器并在其中冷却，这种流程布置称为单管系统。

② 双管系统，当热水平行地分配给全部散热器，并从每组散热器冷却后直接流回热网或锅炉房，这种流程布置称为双管系统。

(4) 按循环动力不同可分为：

① 重力循环系统，是靠热介质本身的温差所产生的密度差而进行循环。

② 机械循环系统，是靠水泵（热风供暖系统靠风机）所产生压力而进行循环。

第 5 节　燃气器具及其他

要　点

本节主要介绍燃气工程全国统一定额工程量计算规则与燃气器具、医疗气体设备及附件的工程量清单项目设置及工程量计算规则。

解　释

一、燃气工程全国统一定额工程量计算规则

1. 定额说明

(1) 本定额包括低压镀锌钢管、铸铁管、管道附件、器具安装。

(2) 室内外管道分界。

① 地下引入室内的管道，以室内第一个阀门为界。

② 地上引入室内的管道，以墙外三通为界。

(3) 室外管道与市政管道，以两者的碰头点为界。

(4) 各种管道安装定额包括下列工作内容：

① 场内搬运，检查清扫，分段试压。

② 管件制作（包括机械煨弯、三通）。

③ 室内托钩、角钢卡制作与安装。

(5) 钢管焊接安装项目适用于无缝钢管和焊接钢管。

(6) 编制预算时，下列项目应另行计算：

① 阀门安装，按本定额相应项目另行计算。

② 法兰安装，按本定额相应项目另行计算（调长器安装、调长器与阀门联装、燃气计量表安装除外）。

③ 穿墙套管：铁皮管按本定额相应项目计算，内墙用钢套管按本定额室外钢管焊接定额相应项目计算，外墙钢套管按《工业管道工程》定额相应项目计算。

④ 埋地管道的土方工程及排水工程，执行相应预算定额。

⑤ 非同步施工的室内管道安装的打、堵洞眼，执行《全国统一建筑工程基础定额》。

⑥ 室外管道所有带气碰头。

⑦ 燃气计量表安装，不包括表托、支架、表底基础。

⑧ 燃气加热器具只包括器具与燃气管终端阀门连接，其他执行相应定额。

⑨ 铸铁管安装，定额内未包括接头零件，可按设计数量另行计算，但人工、机械不变。

(7) 承插煤气铸铁管，以 N 和 X 型接口形式编制的，如果采用 N 型和 SMJ 型接口时，其人工乘系数 1.05；当安装 X 型，ϕ400 铸铁管接口时，每个口增加螺栓 2.06 套，人工乘以系数 1.08。

(8) 燃气输送压力大于 0.2MPa 时，承插煤气铸铁管安装定额中人工乘以系数 1.3。燃气输送压力的分级见表 4-10。

表 4-10　燃气输送压力（表压）分级

名　　称	低压燃气管道	中压燃气管道		高压燃气管道	
		B	A	B	A
压力/MPa	$P\leqslant 0.005$	$0.005<P\leqslant 0.2$	$0.2<P\leqslant 0.4$	$0.4<P\leqslant 0.8$	$0.8<P\leqslant 1.6$

2. 工程量计算规则

(1) 各种管道安装，均按设计管道中心线长度，以“m”为计量单位，不扣除各种管件和阀门所占长度。

(2) 除铸铁管外，管道安装中已包括管件安装和管件本身价值。

(3) 承插铸铁管安装定额中未列出接头零件，其本身价值应按设计用量另行计算，其余不变。

(4) 钢管焊接挖眼接管工作，均在定额中综合取定，不得另行计算。

(5) 调长器及调长器与阀门连接，包括一副法兰安装，螺栓规格和数量以压力为 0.6MPa 的法兰装配：如压力不同，可按设计要求的数量、规格进行调整，其他不变。

(6) 燃气表安装，按不同规格、型号分别以“块”为计量单位，不包括表托、支架、表底垫层基础，其工程量可根据设计要求另行计算。

(7) 燃气加热设备、灶具等，按不同用途规定型号，分别以“台”为计量单位。

(8) 气嘴安装按规格型号连接方式，分别以“个”为计量单位。

二、燃气器具及其他工程量清单项目设置及工程量计算规则

燃气器具及其他的工程量清单项目设置及工程量计算规则，应按表 4-11 的规定执行。

表 4-11　燃气器具及其他（编码：031007）

<table>
<tr><th>项目编码</th><th>项目名称</th><th>项目特征</th><th>计量单位</th><th>工程量计算规则</th><th>工作内容</th></tr>
<tr><td>031007001</td><td>燃气开水炉</td><td rowspan="2">1. 型号、容量
2. 安装方式
3. 附件型号、规格</td><td>台</td><td>按设计图示数量计算</td><td rowspan="4">1. 安装
2. 附件安装</td></tr>
<tr><td>031007002</td><td>燃气采暖炉</td><td>台</td><td>按设计图示数量计算</td></tr>
<tr><td>031007003</td><td>燃气沸水器、消毒器</td><td rowspan="2">1. 类型
2. 型号、容量
3. 安装方式
4. 附件型号、规格</td><td>台</td><td>按设计图示数量计算</td></tr>
<tr><td>031007004</td><td>燃气热水器</td><td>台</td><td>按设计图示数量计算</td></tr>
<tr><td>031007005</td><td>燃气表</td><td>1. 类型
2. 型号、规格
3. 连接方式
4. 托架设计要求</td><td>块(台)</td><td>按设计图示数量计算</td><td>1. 安装
2. 托架制作、安装</td></tr>
<tr><td>031007006</td><td>燃气灶具</td><td>1. 用途
2. 类型
3. 型号、规格
4. 安装方式
5. 附件型号、规格</td><td>台</td><td>按设计图示数量计算</td><td>1. 安装
2. 附件安装</td></tr>
</table>

续表

项目编码	项目名称	项目特征	计量单位	工程量计算规则	工作内容
031007007	气嘴	1. 单嘴、双嘴 2. 材质 3. 型号、规格 4. 连接形式	个	按设计图示数量计算	安装
031007008	调压器	1. 类型 2. 型号、规格 3. 安装方式	台	按设计图示数量计算	安装
031007009	燃气抽水缸	1. 材质 2. 规格 3. 连接形式	个	按设计图示数量计算	安装
031007010	燃气管道调长器	1. 规格 2. 压力等级 3. 连接形式	个	按设计图示数量计算	安装
031007011	调压箱、调压装置	1. 类型 2. 型号、规格 3. 安装部位	台	按设计图示数量计算	安装
031007012	引入口砌筑	1. 砌筑形式、材质 2. 保温、保护材料设计要求	处	按设计图示数量计算	1. 保温（保护）台砌筑 2. 填充保温（保护）材料

注：1. 沸水器、消毒器适用于容积式沸水器、自动沸水器、燃气消毒器等。

2. 燃气灶具适用于人工煤气灶具、液化石油气灶具、天然气燃气灶具等，用途应描述民用或公用，类型应描述所采用气源。

3. 调压箱、调压装置安装部位应区分室内、室外。

4. 引入口砌筑形式，应注明地上、地下。

三、医疗气体设备及附件工程量清单项目设置及工程量计算规则

医疗气体设备及附件的工程量清单项目设置及工程量计算规则，应按表 4-12 的规定执行。

表 4-12 医疗气体设备及附件（编码：031008）

项目编码	项目名称	项目特征	计量单位	工程量计算规则	工作内容
031008001	制氧机	1. 型号、规格 2. 安装方式	台	按设计图示数量计算	1. 安装 2. 调试
031008002	液氧罐		台		
031008003	二级稳压箱		台		
031008004	气体汇流排		组		
031008005	集污罐		个		安装
031008006	刷手池	1. 材质、规格 2. 附件材质、规格	组	按设计图示数量计算	1. 器具安装 2. 附件安装
031008007	医用真空罐	1. 型号、规格 2. 安装方式 3. 附件材质、规格	台	按设计图示数量计算	1. 本体安装 2. 附件安装 3. 调试
031008008	气水分离器	1. 规格 2. 型号	台	按设计图示数量计算	安装

续表

项目编码	项目名称	项目特征	计量单位	工程量计算规则	工作内容
031008009	干燥机	1. 规格 2. 安装方式	台	按设计图示数量计算	1. 安装 2. 调试
031008010	储气罐		台		
031008011	空气过滤器		个		
031008012	集水器		台		
031008013	医疗设备带	1. 材质 2. 规格	m	按设计图示长度计算	
031008014	气体终端	1. 名称 2. 气体种类	个	按设计图示数量计算	

注：1. 气体汇流排适用于氧气、二氧化碳、氮气、笑气、氩气、压缩空气等医用气体汇流排安装。
2. 空气过滤器适用于医用气体预过滤器、精过滤器、超精过滤器等安装。

相关知识

燃气输配系统介绍

（1）燃气长距离输送系统　通常由集输管网、气体净化设备、起点站、输气干线、输气支线、中间调压计量站、压气站、分配站、电保护装置等组成，按燃气种类、压力、质量及输送距离的不同，在系统的设置上有所差异。

（2）燃气压送储存系统　主要由压送设备和储存装置组成。

压送设备是燃气输配系统的心脏，用来提高燃气压力或输送燃气，目前在中、低压两级系统中使用的压送设备有罗茨式鼓风机和往复式压送机。

储存装置的作用是保证不间断地供应燃气，平衡、调度燃气供变量。其设备主要有低压湿式储气柜、低压干式储气柜、高压储气罐（圆筒形、球形）。

燃气压送储存系统的工艺有低压储存、中压输送；低压储存、中低压分路输送等。

第6节　通风及其空调设备及部件制作安装

要　点

本节主要介绍通风及其空调设备及部件制作安装工程全国统一定额工程量计算规则、工程量清单项目设置及工程量计算规则。

解　释

一、通风、空调设备及部件制作安装全国统一定额工程量计算规则

1. 通风、空调设备及部件制作安装定额说明

（1）通风空调设备安装说明

①工作内容

A. 开箱检查设备、附件、底座螺栓。

B. 吊装，找平，找正，垫垫，灌浆，螺栓固定，装梯子。

② 通风机安装项目内包括电动机安装，其安装形式包括 A，B，C 或 D 型，也适用不锈钢和塑料风机安装。

③ 设备安装项目的基价中不包括设备费和应配备的地脚螺栓价值。

④ 诱导器安装执行风机盘管安装项目。

⑤ 风机盘管的配管执行相应项目。

（2）净化通风管道及部件制作安装说明

① 工作内容

A. 风管制作：放样，下料，折方，轧口，咬口，制作直管、管件、法兰、吊托支架，钻孔，铆焊，上法兰，组对，口缝外表面涂密封胶，风管内表面清洗，风管两端封口。

B. 风管安装：找标高，找平，找正，配合预留孔洞，打支架墙洞，埋设支吊架，风管就位、组装、制垫、垫垫、上螺栓、紧固，风管内表面清洗、管口封闭、法兰口涂密封胶。

C. 部件制作：放样，下料，零件、法兰预留预埋，钻孔，铆焊，制作，组装，擦洗。

D. 部件安装：测位，找平，找正，制垫，垫垫，上螺栓，清洗。

E. 高、中、低效过滤器，净化工作台，风淋室安装：开箱，检查，配合钻孔，垫垫，口缝涂密封胶，试装，正式安装。

② 净化通风管道制作安装项目中，包括弯头、三通、变径管、天圆地方等管件及法兰、加固框和吊托支架，不包括过跨风管落地支架。落地支架执行设备支架项目。

③ 净化风管项目中的板材，如设计厚度不同者可以换算，人工、机械不变。

④ 圆形风管执行本定额矩形风管相应项目。

⑤ 风管涂密封胶是按全部口缝外表面涂抹考虑的，如设计要求口缝不涂抹而只在法兰处涂抹者，每 $10m^2$ 风管应减去密封胶 1.5kg 和人工 0.37 工日。

⑥ 过滤器安装项目中包括试装，如设计不要求试装者，其人工、材料、机械不变。

⑦ 风管及部件项目中，型钢未包括镀锌费，如设计要求镀锌时，另加镀锌费。

⑧ 铝制孔板风口如需电化处理时，另加电化费。

⑨ 低效过滤器：M-A 型、WL 型、LWP 型等系列。

中效过滤器：ZKL 型、YB 型、M 型、ZX-1 型等系列。

高效过滤器：GB 型、GS 型、JX-20 型等系列。

净化工作台：XHK 型、BZK 型、SXP 型、SZP 型、SZX 型、SW 型、SZ 型、SXZ 型、TJ 型、CJ 型等系列。

⑩ 洁净室安装以质量计算，执行“分段组装式空调器安装”项目。

⑪ 本定额按空气洁净度 100000 级编制。

（3）不锈钢板通风管道及部件制作安装说明

① 工作内容

A. 不锈钢风管制作：放样，下料，卷圆，折方，制作管件，组对焊接，试漏，清洗焊口。

B. 不锈钢风管安装：找标高，清理墙洞，风管就位，组对焊接，试漏，清洗焊口，固定。

C. 部件制作：下料，平料，开孔，钻孔，组对，铆焊，攻丝，清洗焊口，组装固定，试动，短管，零件、试漏。

D. 部件安装：制垫，垫垫，找平，找正，组对，固定，试动。

② 矩形风管执行本定额圆形风管相应项目。

③ 不锈钢吊托支架执行本定额相应项目。

④ 风管凡以电焊考虑的项目，如需使用手工氩弧焊者，其人工乘以系数1.238，材料乘以系数1.163，机械乘以系数1.673。

⑤ 风管制作安装项目中包括管件，但不包括法兰和吊托支架；法兰和吊托支架应单独列项计算，执行相应项目。

⑥ 风管项目中的板材如设计要求厚度不同者，可以换算，人工、机械不变。

(4) 铝板通风管道及部件制作安装说明

① 工作内容

A. 铝板风管制作：放样，下料，卷圆，折方，制作管件，组对焊接，试漏，清洗焊口。

B. 铝板风管安装：找标高，清理墙洞，风管就位，组对焊接，试漏，清洗焊口，固定。

C. 部件制作：下料，平料，开孔，钻孔，组对，焊铆，攻丝，清洗焊口，组装固定，试动，短管，零件，试漏。

D. 部件安装：制垫，垫垫，找平，找正，组对，固定，试动。

② 风管凡以电焊考虑的项目，如需使用手工氩弧焊者，其人工乘以系数1.154，材料乘以系数0.852，机械乘以系数9.242。

③ 风管制作安装项目中包括管件，但不包括法兰和吊托支架；法兰和吊托支架应单独列项计算，执行相应项目。

④ 风管项目中的板材如设计要求厚度不同者，可以换算，人工、机械不变。

(5) 塑料通风管道及部件制作安装说明

① 工作内容

A. 塑料风管制作：放样，锯切，坡口，加热成型，制作法兰、管件，钻孔，组合焊接。

B. 塑料风管安装：就位，制垫，垫垫，法兰连接，找正，找平，固定。

② 风管项目规格表示的直径为内径，周长为内周长。

③ 风管制作安装项目中包括管件、法兰、加固框，但不包括吊托支架。吊托支架执行相应项目。

④ 风管制作安装项目中的主体——板材（指每$10m^2$定额用量为$11.6m^2$者），如设计要求厚度不同者可以换算，人工、机械不变。

⑤ 项目中的法兰垫料，如设计要求使用品种不同者，可以换算，但人工不变。

⑥ 塑料通风管道胎具材料摊销费的计算方法。

塑料风管管件制作的胎具摊销材料费，未包括在定额内的，按以下规定另行计算：

A. 风管工程量在$30m^2$以上的，每$10m^2$风管的胎具摊销木材为$0.06m^3$，按地区预算价格计算胎具材料摊销费。

B. 风管工程量在$30m^2$以下的。每$10m^2$风管的胎具摊销木材为$0.09m^3$，按地区预算价格计算胎具材料摊销费。

(6) 玻璃钢通风管道及部件安装说明

① 工作内容

A. 风管：找标高，打支架墙洞，配合预留孔洞，吊托支架制作及埋设，风管配合修补、黏结，组装就位，找平，找正，制垫，垫垫，上螺栓，紧固。

B. 部件：组对，组装，就位，找正，制垫，垫垫，上螺栓，紧固。

② 玻璃钢通风管道安装项目中，包括弯头、三通、变径管、天圆地方等管件的安装及法兰、加固框和吊托架的制作安装，不包括过跨风管落地支架。落地支架执行设备支架项目。

③ 本定额玻璃钢风管及管件，按计算工程量加损耗外加工订做，其价值按实际价格；风管修补应由加工单位负责，其费用按实际价格发生，计算在主材费内。

④ 定额内未考虑预留铁件的制作和埋设。如果设计要求用膨胀螺栓安装吊托支架者，膨胀螺栓可按实际调整，其余不变。

(7) 复合型风管制作安装说明

① 工作内容

A. 复合型风管制作：放样，切割，开槽，成型，粘合，制作管件，钻孔，组合。

B. 复合型风管安装：就位，制垫，垫垫，连接，找正，找平，固定。

② 风管项目规格表示的直径为内径，周长为内周长。

③ 风管制作安装项目中包括管件、法兰、加固框、吊托支架。

2. 通风、空调设备及部件制作安装工程量计算规则

(1) 风机安装，按设计不同型号以“台”为计量单位。

(2) 整体式空调机组安装，空调器按不同质量和安装方式，以“台”为计量单位；分段组装空调器，按质量以“kg”为计量单位。

(3) 风机盘管安装，按安装方式不同以“台”为计量单位。

(4) 空气加热器、除尘设备安装，按质量不同以“台”为计量单位。

二、通风及其空调设备及部件制作安装工程量清单项目设置及工程量计算规则

通风及其空调设备及部件制作安装的工程量清单项目设置及工程量计算规则，应按表4-13的规定执行。

表 4-13　通风及其空调设备及部件制作安装（编码：030701）

项目编码	项目名称	项目特征	计量单位	工程量计算规则	工程内容
030701001	空气加热器（冷却器）	1. 名称 2. 型号 3. 规格 4. 质量 5. 安装形式 6. 支架形式、材质	台	按设计图示数量计算	1. 本体安装、调试 2. 设备支架制作、安装 3. 补刷（喷）油漆
030701002	除尘设备				
030701003	空调器	1. 名称 2. 型号 3. 规格 4. 安装形式 5. 质量 6. 隔振垫（器）、支架形式、材质	台（组）		1. 本体安装或组装、调试 2. 设备支架制作、安装 3. 补刷（喷）油漆

续表

项目编码	项目名称	项目特征	计量单位	工程量计算规则	工程内容
030701004	风机盘管	1. 名称 2. 型号 3. 规格 4. 安装形式 5. 减振器、支架形式、材质 6. 试压要求	台	按设计图示数量计算	1. 本体安装、调试 2. 支架制作、安装 3. 试压 4. 补刷(喷)油漆
030701005	表冷器	1. 名称 2. 型号 3. 规格			1. 本体安装 2. 型钢制安 3. 过滤器安装 4. 挡水板安装 5. 调试及运转 6. 补刷(喷)油漆
030701006	密闭门	1. 名称 2. 型号 3. 规格 4. 形式 5. 支架形式、材质	个		1. 本体制作 2. 本体安装 3. 支架制作、安装
030701007	挡水板				
030701008	滤水器、溢水盘				
030701009	金属壳体				
030701010	过滤器	1. 名称 2. 型号 3. 规格 4. 类型 5. 框架形式、材质	1. 台 2. m^2	1. 以台计量，按设计图示数量计算 2. 以面积计量，按设计图示尺寸以过滤面积计算	1. 本体安装 2. 框架制作、安装 3. 补刷(喷)油漆
030701011	净化工作台	1. 名称 2. 型号 3. 规格 4. 类型	台	按设计图示数量计算	1. 本体安装 2. 补刷(喷)油漆
030701012	风淋室	1. 名称 2. 型号 3. 规格 4. 类型 5. 质量			
030701013	洁净室				
030701014	除湿机	1. 名称 2. 型号 3. 规格 4. 类型			本体安装
030701015	人防过滤吸收器	1. 名称 2. 规格 3. 形式 4. 材质 5. 支架形式、材质			1. 过滤吸收器安装 2. 支架制作、安装

相关知识

通风空调工程系统分类

通风空调工程按使用场所、环境需要、生产工艺要求，可分为以下不同系统、不同形式的系统，最终都可达到空气调节、通风换气、净化空气的目的。

(1) 通风系统按作用范围分全面通风、局部通风、混合通风。按动力分自然通风、机械通风。按工艺要求分送风系统、排风系统、除尘系统。其送风系统包含有送风、新风、回风等不同功能作用的系统。排风系统按其作用又分排烟、排风系统；排烟系统又包含有排烟、正压送风、排烟补风等不同功能作用的系统。

（2）空调系统按空气处理设备的位置分集中系统、半集中系统、分散系统（局部机组）；按负担负荷的介质分全空气系统、全水系统、空气-水系统、冷剂系统；按空气的来源可分为封闭式、直流式、混合式等不同形式系统；空调系统通常使用的有“定风量系统”（普通集中式系统）亦即全空气混合式系统，就是处理的空气来源一部分是新鲜空气，一部分是室内回风，夏季和冬季的冷热风都是用一条风道送风。再者是“变风量系统”，是通过特殊的送风装置“末端装置”来实现的。

第7节　通风管道制作安装

要　点

本节主要介绍通风管道制作安装工程全国统一定额工程量计算规则、工程量清单项目设置及工程量计算规则。

解　释

一、通风管道制作安装全国统一定额工程量计算规则

1. 通风管道制作安装定额说明

（1）工作内容

① 风管制作：放样、下料、卷圆、折方、轧口、咬口，制作直管、管件、法兰、吊托支架、钻孔、铆焊、上法兰、组对。

② 风管安装：找标高，打支架墙洞，配合预留孔洞，埋设吊托支架，组装，风管就位、找平、找正，制垫，垫垫，上螺栓，紧固。

（2）整个通风系统设计采用渐缩管均匀送风者，圆形风管按平均直径，矩形风管按平均周长执行相应规格项目，其人工乘以系数2.5。

（3）镀锌薄钢板风管项目中的板材是按镀锌薄钢板编制的，如设计要求不用镀锌薄钢板者，板材可以换算，其他不变。

（4）风管导流叶片不分单叶片和香蕉形双叶片，均执行同一项目。

（5）如制作空气幕送风管时，按矩形风管平均周长执行相应风管规格项目，其人工乘以系数3，其余不变。

（6）薄钢板通风管道制作安装项目中，包括弯头、三通、变径管、天圆地方等管件及法兰、加固框和吊托支架的制作用工，但不包括过跨风管落地支架。落地支架执行设备支架项目。

（7）薄钢板风管项目中的板材，如设计要求厚度不同者可以换算，但人工、机械不变。

（8）软管接头使用人造革而不使用帆布者，可以换算。

（9）项目中的法兰垫料，如设计要求使用材料品种不同者可以换算，但人工不变。使用泡沫塑料者，每千克橡胶板换算为泡沫塑料0.125kg；使用闭孔乳胶海绵者，每千克橡胶板换算为闭孔乳胶海绵0.5kg。

（10）柔性软风管，适用于由金属、涂塑化纤织物、聚酯、聚乙烯、聚氯乙烯薄膜、铝箔等材料制成的软风管。

（11）柔性软风管安装，按图示中心线长度以“m”为单位计算；柔性软风管阀门安装，以“个”为单位计算。

2. 通风管道制作安装工程量计算规则

（1）风管制作安装，以施工图规格不同按展开面积计算，不扣除检查孔、测定孔、送风口、吸风口等所占面积。圆形风管的计算式为：

$$F=\pi DL \tag{4-1}$$

式中，F 为圆形风管展开面积，m^2；D 为圆形风管直径，m；L 为管道中心线长度，m。

矩形风管按图示周长乘以管道中心线长度计算。

（2）风管长度一律以施工图示中心线长度为准（主管与支管以其中心线交点划分），包括弯头、三通、变径管、天圆地方等管件的长度，但不得包括部件所占长度。直径和周长按图示尺寸为准展开，咬口重叠部分已包括在定额内，不得另行增加。

（3）风管导流叶片制作安装按图示叶片的面积计算。

（4）整个通风系统设计采用渐缩管均匀送风者，圆形风管按平均直径、矩形风管按平均周长计算。

（5）塑料风管、复合型材料风管制作安装定额所列规格直径为内径，周长为内周长。

（6）柔性软风管安装，按图示管道中心线长度以“m”为计量单位。柔性软风管阀门安装以“个”为计量单位。

（7）软管（帆布接口）制作安装，按图示尺寸以“m^2”为计量单位。

（8）风管检查孔质量，按本定额的“国标通风部件标准质量表”计算。

（9）风管测定孔制作安装，按其型号以“个”为计量单位。

（10）薄钢板通风管道、净化通风管道、玻璃钢通风管道、复合型材料通风管道的制作安装中，已包括法兰、加固框和吊托支架，不得另行计算。

（11）不锈钢通风管道、铝板通风管道的制作安装中，不包括法兰和吊托支架，可按相应定额以“kg”为计量单位另行计算。

（12）塑料通风管道制作安装，不包括吊托支架，可按相应定额以“kg”为计量单位另行计算。

二、通风管道制作安装工程量清单项目设置及工程量计算规则

通风管道制作安装的工程量清单项目及工程量计算规则，应按表4-14的规定执行。

表4-14　通风管道制作安装（编码：030702）

项目编码	项目名称	项目特征	计量单位	工程量计算规则	工程内容
030702001	碳钢通风管道	1. 名称 2. 材质 3. 形状 4. 规格 5. 板材厚度 6. 管件、法兰等附件及支架设计要求 7. 接口形式	m^2	按设计图示尺寸以展开面积计算	1. 风管、管件、法兰、零件、支吊架制作，安装 2. 过跨风管落地支架制作、安装
030702002	净化通风管道				

续表

项目编码	项目名称	项目特征	计量单位	工程量计算规则	工程内容
030702003	不锈钢板通风管道	1. 名称 2. 形状 3. 规格 4. 板材厚度 5. 管件、法兰等附件及支架设计要求 6. 接口形式	m²	按设计图示内径尺寸以展开面积计算	1. 风管、管件、法兰、零件、支吊架制作,安装 2. 过跨风管落地支架制作、安装
030702004	铝板通风管道				
030702005	塑料通风管道				
030702006	玻璃钢通风管道	1. 名称 2. 形状 3. 规格 4. 板材厚度 5. 支架形式、材质		按设计图示外径尺寸以展开面积计算	1. 风管、管件安装 2. 支吊架制作、安装 3. 过跨风管落地支架制作、安装
030702007	复合型风管	1. 名称 2. 材质 3. 形状 4. 规格 5. 板材厚度 6. 接口形式 7. 支架形式、材质			
030702008	柔性软风管	1. 名称 2. 材质 3. 形状 4. 风管接头、支架形式、材质	1. m 2. 节	1. 以米计量,按设计图示中心线以长度计算 2. 以节计量,按设计图示数量计算	1. 风管安装 2. 风管接头安装 3. 支吊架制作、安装
030702009	弯头导流叶片	1. 名称 2. 材质 3. 规格 4. 形式	1. m² 2. 组	1. 以面积计量,按设计图示以展开面积平方米计算 2. 以组计量,按设计图示数量计算	1. 制作 2. 组装
030702010	风管检查孔	1. 名称 2. 材质 3. 规格	1. kg 2. 个	1. 以千克计量,按风管检查孔质量计算 2. 以个计量,按设计图示数量计算	1. 制作 2. 安装
030702011	温度、风量测定孔	1. 名称 2. 材质 3. 规格 4. 设计要求	个	按设计图示数量计算	1. 制作 2. 安装

相关知识

风管系统类别划分

风管系统按其系统的工作压力划分为三个类别，其类别划分应符合表 4-15 的规定。

表 4-15　风管系统类别划分

系统类别	系统工作压力/Pa	密封要求
低压系统	$p \leqslant 500$	接缝和接管连接处严密
中压系统	$500 < p \leqslant 1500$	接缝和接管连接处增加密封措施
高压系统	$p > 1500$	所有的拼接缝和接管连接处,均应采取密封措施

第8节　通风管道部件制作安装

要　点

本节主要介绍通风管道部件制作安装工程全国统一定额工程量计算规则、工程量清单项目设置及工程量计算规则。

解　释

一、通风管道部件制作安装全国统一定额工程量计算规则

1. 通风管道部件制作安装定额说明

（1）调节阀制作安装

① 调节阀制作：放样，下料，制作短管、阀板、法兰、零件，钻孔，铆焊，组合成型。

② 调节阀安装：号孔，钻孔，对口，校正，制垫，垫垫，上螺栓，紧固，试动。

（2）风口制作安装

① 风口制作：放样，下料，开孔，制作零件、外框、叶片、网框、调节板、拉杆、导风板、弯管、天圆地方、扩散管、法兰，钻孔，铆焊，组合成型。

② 风口安装：对口，上螺栓，制垫，垫垫，找正，找平，固定，试动，调整。

（3）风帽制作安装

① 风帽制作：放样，下料，咬口，制作法兰、零件，钻孔，铆焊，组装。

② 风帽安装：安装，找正，找平，制垫，垫垫，上螺栓，固定。

（4）罩类制作安装

① 罩类制作：放样，下料，卷圆，制作罩体、来回弯、零件、法兰，钻孔，铆焊，组合成型。

② 罩类安装：埋设支架，吊装，对口，找正，制垫，垫垫，上螺栓，固定配重环及钢丝绳，试动调整。

（5）消声器制作安装

① 消声器制作：放样，下料，钻孔，制作内外套管、木框架、法兰，铆焊，粘贴，填充消声材料，组合。

② 消声器安装：组对，安装，找正，制垫，垫垫，上螺栓，固定。

（6）空调部件及设备支架制作安装

① 工作内容

A. 金属空调器壳体

a. 制作：放样，下料，调直，钻孔，制作箱体、水槽，焊接，组合，试装。

b. 安装：就位，找平，找正，连接，固定，表面清理。

B. 挡水板

a. 制作：放样，下料，制作曲板、框架、底座、零件，钻孔，焊接，成型。

b. 安装：找平，找正，上螺栓，固定。

C. 滤水器、溢水盘

a. 制作：放样，下料，配制零件，钻孔，焊接，上网，组合成型。

b. 安装：找平，找正，焊接管道，固定。

D. 密闭门

a. 制作：放样，下料，制作门框、零件，开视孔，填料，铆焊，组装。

b. 安装：找正，固定。

E. 设备支架

a. 制作：放样，下料，调直，钻孔，焊接，成型。

b. 安装：测位，上螺栓，固定，打洞，埋支架。

② 清洗槽、浸油槽、晾干架、LWP 滤尘器支架制作安装，执行设备支架项目。

③ 风机减振台座执行设备支架项目，定额中不包括减振器用量，应依设计图纸按实计算。

④ 玻璃挡水板执行钢板挡水板相应项目，其材料、机械均乘以系数 0.45，人工不变。

⑤ 保温钢板密闭门执行钢板密闭门项目，其材料乘以系数 0.5，机械乘以系数 0.45，人工不变。

2. 通风管道部件制作安装工程量计算规则

(1) 标准部件的制作，按其成品质量，以“kg”为计量单位，根据设计型号、规格，按本定额的“国际通风部件标准质量表”计算质量，非标准部件按图示成品质量计算。部件的安装按图示规格尺寸（周长或直径），以“个”为计量单位，分别执行相应定额。

(2) 钢百叶窗及活动金属百叶风口的制作，以“m^2”为计量单位，安装按规格尺寸以“个”为计量单位。

(3) 风帽筝绳制作安装，按图示规格、长度，以“kg”为计量单位。

(4) 风帽泛水制作安装，按图示展开面积以“m^2”为计量单位。

(5) 挡水板制作安装，按空调器断面面积计算。

(6) 钢板密闭门制作安装，以“个”为计量单位。

(7) 设备支架制作安装，按图示尺寸以“kg”为计量单位，执行《静置设备与工艺金属结构制作安装工程》定额相应项目和工程量计算规则。

(8) 电加热器外壳制作安装，按图示尺寸以“kg”为计量单位。

(9) 风机减振台座制作安装执行设备支架定额，定额内不包括减振器，应按设计规定另行计算。

(10) 高、中、低效过滤器、净化工作台安装，以“台”为计量单位；风淋室安装按不同重量以“台”为计量单位。

(11) 洁净室安装按重量计算，执行本定额“分段组装式空调器”安装定额。

二、通风管道部件制作安装工程量清单项目设置及工程量计算规则

通风管道部件制作安装的工程量清单项目设置及工程量计算规则，应按表 4-16 的规定执行。

表 4-16　通风管道部件制作安装（编码：030703）

项目编码	项目名称	项目特征	计量单位	工程量计算规则	工程内容
030703001	碳钢阀门	1. 名称 2. 型号 3. 规格 4. 质量 5. 类型 6. 支架形式、材质	个	按设计图示数量计算	1. 阀体制作 2. 阀体安装 3. 支架制作、安装
030703002	柔性软风管阀门	1. 名称 2. 规格 3. 材质 4. 类型			阀体安装
030703003	铝蝶阀	1. 名称			
030703004	不锈钢蝶阀	2. 规格 3. 质量 4. 类型			
030703005	塑料阀门	1. 名称			
030703006	玻璃钢蝶阀	2. 型号 3. 规格 4. 类型			
030703007	碳钢风口、散流器、百叶窗	1. 名称 2. 型号 3. 规格 4. 质量 5. 类型 6. 形式			1. 风口制作、安装 2. 散流器制作、安装 3. 百叶窗安装
030703008	不锈钢风口、散流器、百叶窗	1. 名称 2. 型号 3. 规格			
030703009	塑料风口、散流器、百叶窗	4. 质量 5. 类型 6. 形式			
030703010	玻璃钢风口	1. 名称	个	按设计图示数量计算	风口安装
030703011	铝及铝合金风口、散流器	2. 型号 3. 规格 4. 类型 5. 形式			1. 风口制作、安装 2. 散流器制作、安装
030703012	碳钢风帽	1. 名称 2. 规格 3. 质量 4. 类型 5. 形式 6. 风帽筝绳、泛水设计要求			1. 风帽制作、安装 2. 筒形风帽滴水盘制作、安装 3. 风帽筝绳制作、安装 4. 风帽泛水制作、安装
030703013	不锈钢风帽				
030703014	塑料风帽				
030703015	铝板伞形风帽				1. 板伞形风帽制作安装 2. 风帽筝绳制作、安装 3. 风帽泛水制作、安装
030703016	玻璃钢风帽				1. 玻璃钢风帽安装 2. 筒形风帽滴水盘安装 3. 风帽筝绳安装 4. 风帽泛水安装

续表

项目编码	项目名称	项目特征	计量单位	工程量计算规则	工程内容
030703017	碳钢罩类	1. 名称 2. 型号 3. 规格 4. 质量 5. 类型 6. 形式	个	按设计图示数量计算	1. 罩类制作 2. 罩类安装
030703018	塑料罩类				
030703019	柔性接口	1. 名称 2. 规格 3. 材质 4. 类型 5. 形式	m^2	按设计图示尺寸以展开面积计算	1. 柔性接口制作 2. 柔性接口安装
030703020	消声器	1. 名称 2. 规格 3. 材质 4. 形式 5. 质量 6. 支架形式、材质	个	按设计图示数量计算	1. 消声器制作 2. 消声器安装 3. 支架制作安装
030703021	静压箱	1. 名称 2. 规格 3. 形式 4. 材质 5. 支架形式、材质	1. 个 2. m^2	1. 以个计量，按设计图示数量计算 2. 以平方米计量，按设计图示尺寸以展开面积计算	1. 静压箱制作、安装 2. 支架制作、安装
030703022	人防超压自动排气阀	1. 名称 2. 型号 3. 规格 4. 类型	个	按设计图示数量计算	安装
030703023	人防手动密闭阀	1. 名称 2. 型号 3. 规格 4. 支架形式、材质			1. 密闭阀安装 2. 支架制作、安装
030703024	人防其他部件	1. 名称 2. 型号 3. 规格 4. 类型	个（套）		安装

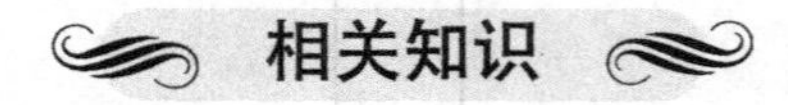

相关知识

风口安装的一般规定

(1) 对于矩形风口要控制两对角线之差不大于3mm，以保证四角方正；对于圆形风口则控制其直径，一般取其中任意相互垂直的直径，使两者的偏差不应大于2mm，就基本上不会出现椭圆形状。

(2) 风口表面应平整、美观，与设计尺寸的允许偏差不应大于2mm。在整个空调系统中，风口是唯一外露于室内的部件，故对它的外形要求要高一些。

(3) 多数风口是可调节的，有的甚至是可旋转的，凡是有调节、旋转部分的风口都要保证活动件轻便灵活，叶片应平直，同边框不应有碰擦。风口调节不灵活有如下原因：

① 加工制作粗糙，或运输中不慎使风口变形而造成不灵活。所以加工时应注意各部位

的尺寸：如内部叶片尺寸与外框尺寸应正确，相互配合适度，不应有叶片与外框产生碰擦现象。

② 活动部分如轴、轴套的配合尺寸应松紧适当，装配好后应加注润滑油，以免生锈。百叶式风口两端轴的中心应在同一直线上。散流器的扩散环和调节环应同轴，轴向间距分布均匀。

③ 涂漆最好在装配前进行，以免把活动部位漆住而影响调节。

④ 插板式活动箅板式风口，其插板、箅板应平整，边缘光滑，抽动灵活。活动箅板式风口组装后应能达到完全开启和闭合。

⑤ 风口安装前和安装后都应扳动一下调节柄或杆。因为在运输过程中和安装过程中都可能变形，即使微小的变形也可能影响调节。

(4) 在安装风口时，应注意风口与所在房间内线条的协调一致。尤其当风管暗装时，风口应服从房间的线条。吸顶的散流器与平顶平齐。散流器的扩散圈应保持等距。散流器与总管的接口应牢固可靠。

第9节 通风工程检测、调试

要 点

本节主要介绍通风工程检测、调试工程量清单项目设置及工程量计算规则，清单项目设置说明。

解 释

一、通风工程检测、调试工程量清单项目设置及工程量计算规则

通风工程检测、调试的工程量清单项目设置及工程量计算规则，应按表4-17的规定执行。

表4-17 通风工程检测、调试（编码：030704）

项目编码	项目名称	项目特征	计量单位	工程量计算规则	工程内容
030704001	通风工程检测、调试	风管工程量	系统	按由通风设备、管道及部件等组成的通风系统计算	1. 通风管道风量测定 2. 风压测定 3. 温度测定 4. 各系统风口、阀门调整
030704002	风管漏光试验、漏风试验	漏光试验、漏风试验设计要求	m^2	按设计图纸或规范要求以展开面积计算	通风管道漏光试验、漏风试验

二、通风工程检测、调试清单项目设置说明

1. 通风工程测定、调整项目

(1) 系统的清扫、试运转。

(2) 空气过滤器的渗漏检查和堵漏。

(3) 系统的送风量、回风量、新风量、排风量及送回风口风量的测定与调整。

(4) 气流流型和速度测定。

(5) 静压测定。

(6) 各级过滤器效率测定。

(7) 浓度场测定。

(8) 温湿度测定。

(9) 噪声测定。

上述测定的内容，除系统清扫和试运转、空气过滤器的渗漏检查和堵漏、各级过滤器效率测定及浓度场测定不同于一般空调系统外，其他调试方法与空调系统相同。

2. 洁净室综合性能全面评定检测项目

对洁净室综合性能全面评定检测项目应按表 4-18 规定的内容和顺序确定。检测工作在系统调整好至少运行 24h 后再进行。

表 4-18　洁净室综合性能评定检测内容表

序号	项　　目	单向流(层流)洁净室		乱流洁净室
		洁净度高于 100 级	100 级	洁净度 1000 级及低于 1000 级
1	室内送风量、系统总新风量、有排风时的室内排风量	检测		
2	静压差	检测		
3	截面平均风速	检测		不测
4	截面风速不均匀度	检测	必要时	不测
5	洁净度级别	检测		
6	浮游菌和沉降菌	必要时测		
7	室内温度和相对湿度	检测		
8	室温(或相对湿度)被动范围和区域温差	必要时测		
9	室内噪声级	检测		
10	室内倍频程声压级	必要时测		
11	室内照度和照度均匀度	检测		
12	室内微震	必要时测		
13	表面导静电性能	必要时测		
14	室内气流流型	不测		必要时测
15	流线平行性	检测	必要时测	不测
16	自净时间	不测	必要时测	必要时测

3. 系统总风压、风量计风机转数测定

系统总风量与风机的风量有极为密切的关系。只有风机的风量达到规定值，系统风量才能得到保证；因此必须首先测出风机的风压、风量和转数，再调节系统阀门使之达到系统的要求。

测定截面，一般应考虑设在气流均匀而稳定的部位，即应在直管段上，按气流方向位于局部阻力之后，大于或等于四倍直径（或大边）的直管段上。

风机风压、风量的测定，一般使用皮托管和微压计测定，风速小的系统也用热球风速仪测定风速。测定时，系统阀门、风口全开，三通调节阀处于中间位置，此时管网阻力最小，风量最大。先测风机出口及吸口的全压、静压、动压。

风机转速的测定，可在风机叶轮的皮带盘中心孔位置用转速表测定。

4. 系统与风口的风量平衡

系统与风口的风量平衡，一般都采取基准风口调整法。即先将全部风口普测一遍风速（阀门、风口全部处于开启状态），列表排出实测风量与原设计值相比，以比值最小的风口为准，调相邻风口的风量，并以同样的方法依次调节其他风口与基准风口的风量比值，使之接近设计比值。按照规范规定，各风口风量实测值与设计值偏差不大于15%为合格。

5. 绘制系统测定图

按测试调整结果绘制系统测定图，在图上标明系统（风机）的实测风压、风量和风机转速，标明系统与风口的风量平衡情况，并在每个风口标明实测风量值。

整个调试工作结束后，由有资格的调试单位及时填写通风空调系统“风口、风量试验调整报告”。

6. 室内温度、相对湿度测定

室内空气温度和相对湿度测定之前，净化空调系统应已连续运行至少24h。对有恒温要求的场所，根据对温度和相对湿度波动范围的要求，测定宜连续进行8～48h，每次测定间隔时间不大于30min。

室内的测点一般布置在以下各处。

（1）送、回风口处。

（2）恒温工作区内具有代表性的地点（如沿着工艺设备周围布置或等距离布置）。

（3）室中心位置（设有恒温要求的系统，温、湿度只测此一点）。

（4）敏感元件处。

所有测点宜设在同一高度，离地面0.8m处。也可以根据恒温区的大小，分别布置在离地面不同高度的几个平面上。测点距外墙表面应大于0.5m。

7. 室内洁净度检测

测定室内洁净度的最低限度采样的采样点数按表4-19的规定确定。每点采样次数不少于3次，各点采样次数可以不同。

表4-19 最低限度采样点数

面积/m²	洁净度			
	100级及高于100级	1000级	10000级	100000级
<10	2～3	2	2	2
10	4	3	2	2
20	8	6	2	2
40	16	13	4	2
100	40	32	10	3
200	80	63	20	6
400	160	126	40	13
1000	400	316	100	32
2000	800	633	200	63

注：上表所指面积的含意：对于单向流（层流）洁净室，是指送风面积；对于乱流洁净室，是指房间面积。

相关知识

空调系统噪声的现场测量

1. 测定内容

(1) 噪声级测量。噪声级与声压级的概念不同。前者是经过频率计数后的声压级，它不是客观量；后者没有经过计数，是一个客观量。

将声级计的旋钮转到 A、B、C 挡，读数都称为噪声级。

(2) 总声压级测量。总声压级测量时，要采用宽带测量。宽带测量使仪器的频率响应在 20～2000Hz 的声频范围内都具有均匀的响应。用宽带即“线性”测出的数值称为总声压级。C 挡读数可近似看作是总声压级（当声压计有“L”挡时，“L”挡读数即为总声压级）。

(3) 声压级（频谱）测量。对频谱进行测量分析除对噪声进行 NR 或 NC 评价外，可为研究机器产生的噪声和控制措施提供必要的数据。

利用声级计计数网络 A、B、C 挡进行比较，可粗略地分析噪声的频谱特性。如 A、B、C 三挡读数相等，则为高频噪声；C、B 挡读数相等并大于 A 挡读数，则为中频噪声；C 挡读数大于 B 挡读数、B 挡读数大于 A 挡读数，则为低频噪声。

(4) 声功率和声功率级测量。声功率和声功率级测量一般用于新产品样机或风机等设备的测量。先测量其平均声压级，然后按相应的计算公式，计算出声功率和声功率级。

2. 噪声的现场测量

空调系统的噪声测量主要是测量 A 挡声级，必要时测量倍频程频谱进行噪声的评价。测量的对象是通风机、水泵、制冷压缩机、消声器和房间等。测量时一般在夜间进行，以排除其他声源的影响。

(1) 测点的选择。测点的选择应注意传声器放置在正确地点上，提高测量的准确性。对于风机、水泵、电动机等设备的测点，应选择在距离设备 1m、高 1.5m 处。对于消声器前后的噪声可在风管内测量。对于空调房间的测点，一般选择在房间中心距地面约 1.5m 处。

(2) 读数方法。当噪声级很稳定，即表头上的指针摆动较小时，可使用“快挡”，读出电表指针的平均偏转数。当噪声不稳定，即表头上的指针有较大的摆动时，可使用“慢挡”，读出电表指针的平均偏转数。对于低频噪声，可使用“慢挡”。

(3) 测量时应注意的事项

① 测量记录要标明测点位置，注明使用仪器型号及被测设备的工作状态。

② 避免本底噪声对测量的干扰，如声源噪声与本底噪声相差不到 10dB，则应扣除因本底噪声干扰的修正量。其扣除值为：当二者差 6～9dB 时，从测量值中减去 1dB；当二者差 4～5dB 时，从测量值中减去 2dB；当二者相差 3dB 时，从测量值中减去 3dB。

③ 注意反射声的影响，传声器应尽量离开反射面（2～3m）。

④ 注意风电磁及振动等的影响，以免带来测量误差。

第 10 节　水暖及通风空调工程工程量计算实例

【例 4-1】 某 9 层建筑的卫生间排水管道布置如图 4-1 和图 4-2 所示。首层为架空层，层高为 3.3m，其余层高为 2.8m。2 层至 9 层设有卫生间。管材为铸铁排水管，石棉水泥接口。图中所示地漏为 $DN75$，连接地漏的横管标高为楼板面下 0.2m，立管至室外第一个检查井的水平距离为 5.2m。请计算该排水管道系统的工程量。

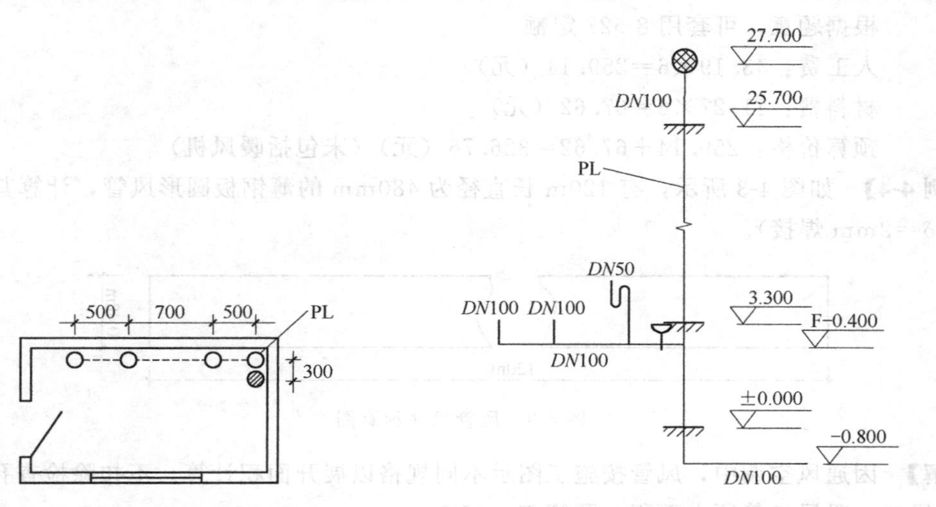

图 4-1　管道布置平面图　　　图 4-2　排水管道系统图

【解】 管道安装工程量由器具排水管开始算起，由于器具排水管是垂直管段，故应根据系统图计算。

① 器具排水管：

铸铁排水管 $DN50$　0.40×8=3.2（m）

铸铁排水管 $DN75$　0.20×8=1.6（m）

铸铁排水管 $DN100$　0.40×2×8=6.4（m）

② 排水横管：

铸铁排水管 $DN75$　0.3×8=2.4（m）

铸铁排水管 $DN100$　（0.5+0.7+0.5）×8=13.6（m）

③ 排水立管和排出管 $DN100$：

$$27.7+0.8+5.2=33.7\text{（m）}$$

④ 汇总后得：

铸铁排水管 $DN50$　3.2（m）

铸铁排水管 $DN75$　4.0（m）

铸铁排水管 $DN100$　53.7（m）

其中埋地部分 $DN100$　6（m）

【例 4-2】 某宿舍楼需安装室内镀锌钢管 300m，连接方式为螺纹连接，公称直径是 25mm，求其工程量及预算价格。

【解】 工程量：300m。根据题意，可套用 8-89 定额，

人工费：51.08×30=1532.4（元）

材料费：31.40×30=942（元）

机械费：1.00×30=30（元）

预算价格为：1532.4+942+30=2504.4（元）

【例 4-3】 某工厂需安装暖风机 6 台，每台的重量均为 100kg，试求其工程量及预算

价格。

【解】 工程量：1×6 台＝6（台）

根据题意，可套用 8-527 定额

人工费：43.19×6＝259.14（元）

材料费：11.27×6＝67.62（元）

预算价格：259.14＋67.62＝326.76（元）（未包括暖风机）

【例 4-4】 如图 4-3 所示，有 120m 长直径为 480mm 的薄钢板圆形风管，计算其清单工程量（δ＝2mm 焊接）。

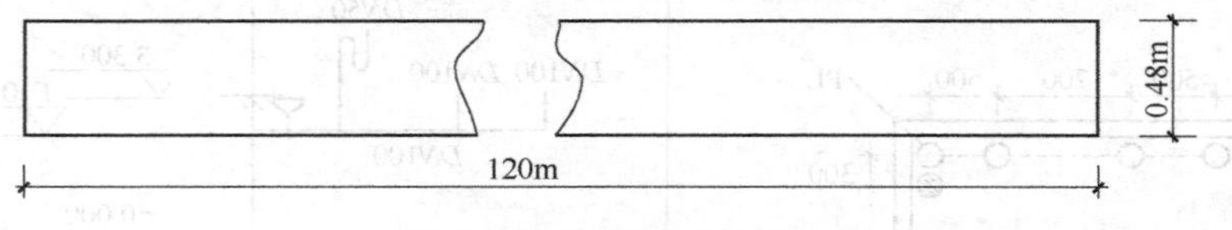

图 4-3 风管尺寸示意图

【解】 因通风空调中，风管按施工图示不同规格以展开面积计算，不扣除检查孔、测定孔、送风口、吸风口等所占面积。圆管 $F=\pi DL$

式中，F 为圆形风管展开面积，m^2；D 为圆管直径，m；L 为管道中心线长度，m。

计算风管长度时，一律以施工图示中心线长度为准，故

工程量计算式 $F=\pi DL=3.14\times0.48\times120=180.86$（$m^2$）

具体的清单工程量计算见表 4-20。

表 4-20 清单工程量计算表

项目编码	项目名称	项目特征描述	单位	工程量	计算式
030702001001	碳钢通风管道制作安装	管道中心线长度 120m，直径 0.48m	m^2	180.86	3.14×0.48×120

【例 4-5】 如图 4-4 所示，已知直径为 400mm，计算净化通风管管道的清单工程量（δ＝2mm，不含主材费）。

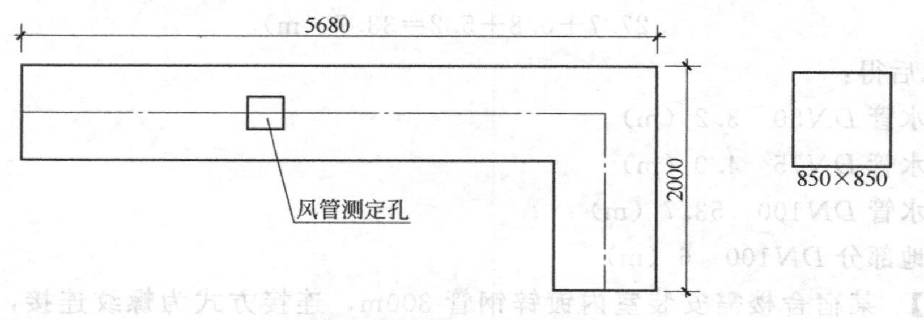

图 4-4 管道尺寸示意图

【解】 清单工程量：

$$S=2\times(0.85+0.85)\times(5.68-0.4+2.0-0.4)=3.4\times6.88=23.39\ (m^2)$$

查《建设工程工程量清单计价规范》（GB 50500—2013）附录 G，通风空调工程表 G.2 通风管道制作安装（编码：030702），净化通风管中的工程量计算规则，可知，不扣除风管测定孔面积，故不计算风管测定孔的工程量。

具体的清单工程量计算见表 4-21。

表 4-21　清单工程量计算表

项目编码	项目名称	项目特征描述	单位	工程量	计算式
030702002001	净化通风管制作安装	850×850	m^2	23.39	2×(0.85+0.85)×(5.68－0.4+2.0－0.4)

【例 4-6】 图 4-5 为某公用炊事间给水系统图，采用焊接钢管，供水方式为上供式，试求其工程量。

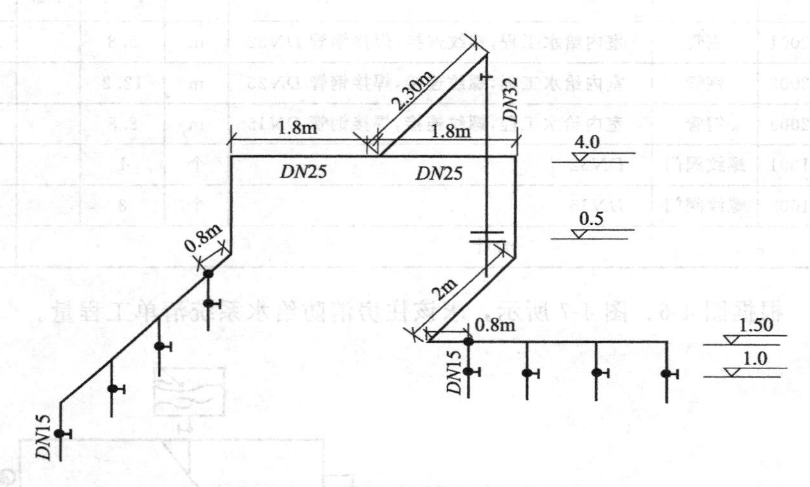

图 4-5　某公用炊事间给水系统图

【解】（1）定额工程量

① 焊接钢管 *DN*32　立管部分(4.0－0.5)m＝3.5m　水平部分 2.3m

② 焊接钢管 *DN*25　水平部分[1.8×2+2+0.8×2(分支管节点前的一部分,左右长度相同)]m＝7.2m

立管部分(4.0－1.5)×2m＝5m

③ 焊接钢管 *DN*15　每两个分支管之间的间距为 0.8m

水平部分 0.8×6＝4.8m　立管部分 0.5×8＝4m

④ 管件工程量

螺纹阀门　*DN*32　1 个

螺纹阀门　*DN*15　8 个

给水工程量见表 4-22。

表 4-22　某公用炊事间给水工程量计算表

序号	分项工程	工程说明	单位	数量
一、管道敷设				
1	*DN*32	3.5+2.3	m	5.8
2	*DN*25	7.2+5	m	12.2
3	*DN*15	4.8+4	m	8.8
二、器具				
1	螺纹阀门	*DN*32	个	1
	螺纹阀门	*DN*15	个	8

(2) 清单工程量

清单工程量计算见表 4-23。

表 4-23 分部分项工程量清单与计价表

序号	项目编号	项目名称	项目特征描述	计量单位	工程量	金额/元		
						综合单价	合价	其中暂估价
1	031001002001	钢管	室内给水工程,螺纹连接,焊接钢管 $DN32$	m	5.8			
2	031001002002	钢管	室内给水工程,螺纹连接,焊接钢管 $DN25$	m	12.2			
3	031001002003	钢管	室内给水工程,螺纹连接,焊接钢管 $DN15$	m	8.8			
4	031003001001	螺纹阀门	$DN32$	个	1			
3	031003001002	螺纹阀门	$DN15$	个	8			
合计								

【例 4-7】 根据图 4-6、图 4-7 所示，求该住房消防给水系统清单工程量。

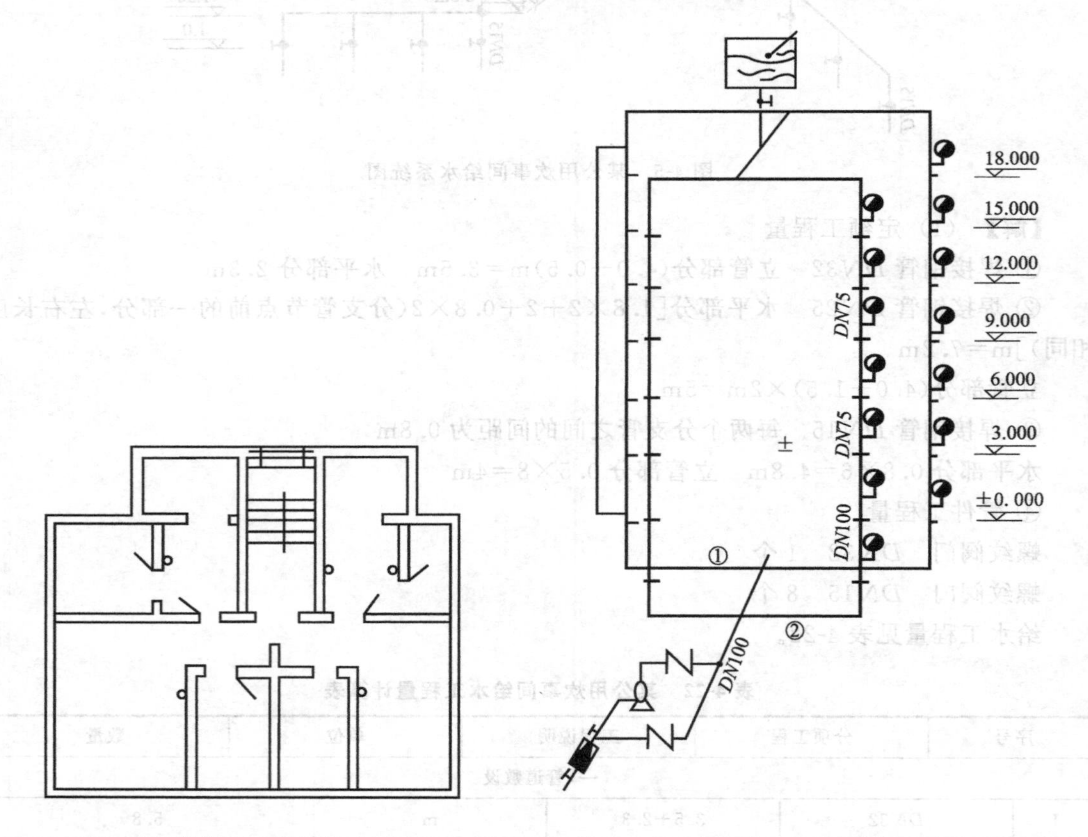

图 4-6 某住宅消防给水平面图　　图 4-7 消防给水系统图

【解】 (1) 消防给水管为镀锌钢管，二层以上管道为 $DN75$，二层以下消防管道为 $DN100$。

① $DN100$ 镀锌钢管

[3(二层至一层高度)+1.4(水喷头距地面高度)+1.2(消防给水立管埋深)]×4+8(消防

埋地横管①)＋7.2(消防埋地横管②)＋7.2(横管连接管长度)＋3.2(消防给水管旁通管部分)＋3.6(与旁通管并列的水泵给水管部分长度)＋7(水表井至户外部分长度)＝58.6m

② *DN*75 镀锌钢管

3(楼层高度)×5(七层至二层)×4＋2.5(七层水喷头至七层顶部长度)×4＋15.2(消防上部横管长度)＋4.6(上部两横管连接管)＋2.8(消防水箱入水口至上部横管连接管长度)＝92.6m

(2) 消防给水系统附件及附属设备

① 消防水箱安装　1个

② 给水泵　1台

③ 止回阀　1×2＝2个

④ 消火栓　7×4＝28套

⑤ 水表　1组

(3) 防腐

消防给水管全部为镀锌钢管，明装部分刷防锈漆一道，银粉两道，埋地部分刷沥青油二道，冷底子油一道。

其工程量计算如下：

① 明装部分　*DN*75　92.6m

*DN*100　(3＋1.4)×4＝17.6m

换算为面积：3.14×(0.085×92.6＋0.11×17.6)＝30.79m²

② 埋地部分　*DN*100　58.6－17.6＝41.0m

换算为面积：3.14×0.11×41.0＝14.16m²

清单工程量计算见表4-24。

表4-24　清单工程量计算表

项目编码	项目名称	项目特征描述	计量单位	工程量
031001001001	消火栓镀锌钢管	室内，*DN*100，给水	m	58.6
031001001002	消火栓镀锌钢管	室内，*DN*75，给水	m	92.6
031006015001	消防水箱制作安装	—	台	1
031004014001	消火栓	*DN*75	套	28
031003013001	水表	*DN*100	组	1
031003001001	螺纹阀门	*DN*100	个	1
031003001002	螺纹阀门	*DN*75	个	1

【例4-8】 某7层写字楼的卫生间排水管道（见图4-8、图4-9），其首层是架空层，层高3m，其余层高2.7m。2层至7层设有卫生间。管材为铸铁排水管，石棉水泥接口。地漏为*DN*75，连接地漏的横管标高为楼板面下0.1m，立管至室外第一个检查井的水平距离为5m。明露排水铸铁管刷防锈底漆一遍，银粉漆二遍，埋地部分刷沥青漆二遍。求该排水管道系统的工程量并编制工程量清单。

【解】

(1) 器具排水管

① 铸铁排水管 *DN*50：0.3×6＝1.8m

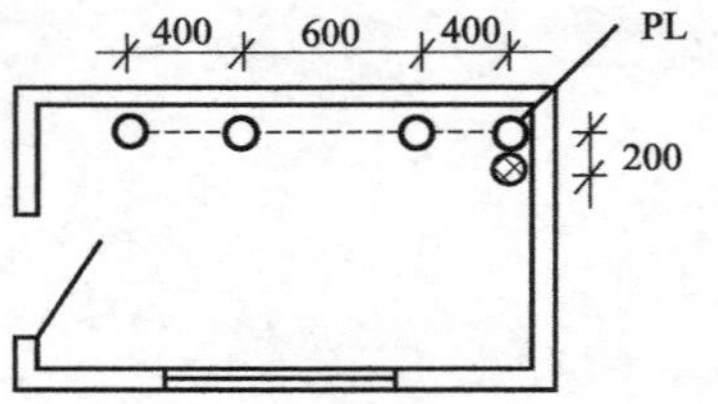

图 4-8　管道布置平面图

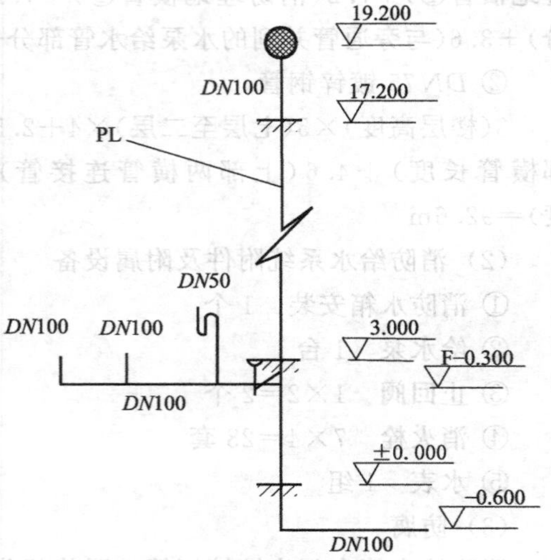

图 4-9　排水管道系统图

② 铸铁排水管 *DN*75：0.1×6＝0.6m

③ 铸铁排水管 *DN*100：0.3×6×2＝3.6m

（2）排水横管

① 铸铁排水管 *DN*75：0.2×6＝1.2m

② 铸铁排水管 *DN*100：（0.4＋0.6＋0.4）×6＝8.4m

（3）排水立管和排出管　19.2＋0.6＋5＝24.8m

（4）综合

① 铸铁排水管 *DN*50：1.8m

② 铸铁排水管 *DN*75：1.8m

③ 铸铁排水管 *DN*100：36.8m

其中埋地部分 *DN*100：5.6m

分部分项工程量清单见表 4-25。

表 4-25　分部分项工程量清单表

工程名称：排水管道工程　　　　　　　　　　　标段：　　　　　　　　　　第　页共　页

序号	项目编号	项目名称	项目特征描述	计量单位	工程量	金额/元		
						综合单价	合价	其中 暂估价
1	031001005001	承插铸铁排水管安装	*DN*50，一遍防锈底漆，两遍银粉漆	m	1.8			
2	031001005002	承插铸铁排水管安装	*DN*75，一遍防锈底漆，两遍银粉漆	m	1.8			
3	031001005003	承插铸铁排水管安装	*DN*100，一遍防锈底漆，两遍银粉漆	m	36.8			
4	031001005004	承插铸铁排水管安装	*DN*100，(埋地)两遍沥青漆	m	5.6			
合计								

【例 4-9】 某住宅采暖系统采用钢串片（闭式）散热器采暖（见图 4-10、图 4-11），其中所连支管为 $DN20$ 的焊接钢管（螺纹连接），求其清单工程量。

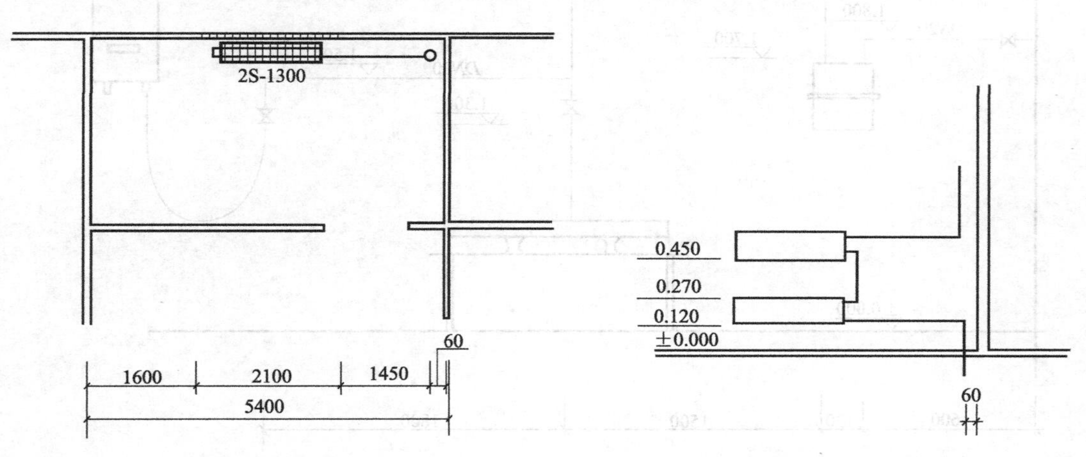

图 4-10　平面布置图　　　图 4-11　立管连接图

【解】 (1) 钢制闭式散热器 2S-1300

工程量：$\frac{1\times 2(\text{每组片数})}{1(\text{计量单位})}=2$

(2) 焊接钢管 $DN20$（螺纹连接）

工程量：$\left[\frac{5.4}{2}(\text{房间长度一半})-0.12(\text{半墙厚})-0.06(\text{立管中心距内墙边距离})\right]\times 2-1.300(\text{钢制闭式散热器的长度})=3.74\text{m}$

清单工程量见表 4-26。

表 4-26　清单工程量计算表

项目编码	项目名称	项目特征描述	计量单位	工程量
031005002001	钢制闭式散热器	钢制闭式散热器 2S-1300	片	2
031001002001	钢管	焊接钢管 $DN20$(螺纹连接)	m	3.74

【例 4-10】 某住宅燃气管道连接如图 4-12 所示，用户使用双眼灶具 JZ—2，燃气表为 $2\text{m}^3/\text{h}$ 的单表头燃气表，使用平衡式快速热水器，室内管道为镀锌钢管 $DN20$，求其清单工程量。

【解】

(1) 镀锌钢管 $DN20$

工程量：{(0.6+1.5+1.8)(水平管长度)+[(1.8−1.7)+(2.1−1.7)+(2.1−1.3)+(1.5—1.3)](竖直管长度)}/1(计量单位)

=(3.9+1.5)/1

=5.4

(2) 螺纹阀门旋塞阀 $DN20$，球阀 $DN20$

旋塞阀工程量：$\frac{2}{1}=2$

球阀工程量：$\frac{1}{1}=1$

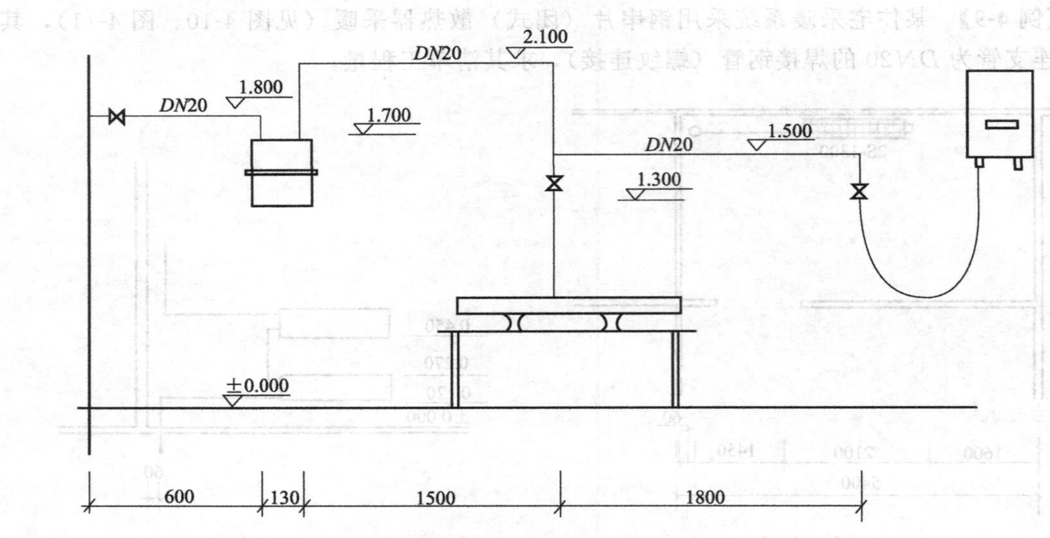

图 4-12 室内燃气管道示意图

(3) 单表头燃气表 $2m^3/h$，工程量：1

(4) 燃气快速热水器直排式，工程量：$\frac{1}{1}=1$

(5) 气灶具：双眼灶具 JZ—2，工程量：$\frac{1}{1}=1$

清单工程量见表 4-27。

表 4-27 清单工程量计算表

项目编码	项目名称	项目特征描述	计量单位	工程量
031001001001	镀锌钢管	*DN*20	m	5.4
031003001001	旋塞阀	*DN*20	个	2
031003001002	球阀	*DN*20	个	1
031007005001	燃气表	单表头燃气表 $2m^3/h$	块	1
031007004001	燃气快速热水器	直排式	台	1
031007006001	燃气灶具	双眼灶具 JZ—2	台	1

第5章

水暖及通风空调工程竣工结算与竣工决算

第1节　水暖及通风空调工程价款结算

要　点

工程价款结算指承包商在工程实施过程中，依据承包合同中关于付款条款的规定和已经完成的工程量，并且按照规定的程序向建设单位（业主）收取工程价款的一项经济活动。它是由施工企业在原预算造价的基础上进行调整修正，重新确定工程造价的技术经济文件。

解　释

一、工程价款结算的方式

我国现行工程价款结算根据不同情况，可采取如下几种方式。

(1) 按月结算　实行旬末或月中预支，月终结算，竣工后清算。

(2) 竣工后一次结算　建设工程项目或单项工程全部建筑安装工程建设期在12个月以内，或工程承包合同价在100万元以下的，可实行工程价款每月月中预支、竣工后一次结算。即合同完成后承包人与发包人进行合同价款结算，确认的工程价款为承发包双方结算的合同价款总额。

(3) 分段结算　开工当年不能竣工的单项工程或单位工程，根据工程形象进度，划分不同阶段进行结算。分段标准由各部门、省、自治区、直辖市规定。

(4) 目标结算方式　在工程合同中，将承包工程的内容分解成不同控制面（验收单元），当承包商完成单元工程内容并且经工程师验收合格后，业主支付单元工程内容的工程价款。对于控制面的设定，合同中应有明确的描述。

目标结算方式下，承包商要想获得工程款，必须按照合同约定的质量标准完成控制面工程内容，要想尽快获得工程款，承包商必须充分发挥自己的组织实施能力，在保证质量的前提下，加快施工进度。

（5）双方约定的其他结算方式。

二、工程价款结算的主要内容

根据《建设项目工程结算编审规程》中的有关规定，工程价款结算主要包括竣工结算、分阶段结算、专业分包结算和合同中止结算。

（1）竣工结算　建设项目完工并经验收合格后，对所完成的建设项目进行全面的工程结算。

（2）分阶段结算　在签订的施工承发包合同中，按工程特征划分为不同阶段实施和结算。该阶段合同工作内容已完成，经发包人或有关机构中间验收合格后，由承包人在原合同分阶段价格的基础上编制调整价格并提交发包人审核签认的工程价格，它是表达该工程不同阶段造价和工程价款结算依据的工程中间结算文件。

（3）专业分包结算　在签订的施工承发包合同或由发包人直接签订的分包工程合同中，按工程专业特征分类实施分包和结算。分包合同工作内容已完成，经总包人、发包人或有关机构对专业内容验收合格后，按合同的约定，由分包人在原合同价格基础上编制调整价格并提交总包人、发包人审核签认的工程价格，它是表达该专业分包工程造价和工程价款结算依据的工程分包结算文件。

（4）合同中止结算　工程实施过程中合同中止，对施工承发包合同中已完成并且经验收合格的工程内容，经发包人、总包人或有关机构点交后，由承包人按照原合同价格或合同约定的定价条款，参照有关计价规定编制合同中止价格，提交发包人或总包人审核签认的工程价格，它是表达该工程合同中止后已完成工程内容的造价和工程价款结算依据的工程经济文件。

三、工程预付款结算

（1）承包人应将预付款专用于合同工程。

（2）包工包料工程预付款的支付比例不得低于签约合同价（扣除暂列金额）的10%，不宜高于签约合同价（扣除暂列金额）的30%。

（3）承包人应在签订合同或向发包人提供与预付款等额的预付款保函后向发包人提交预付款支付申请。

（4）发包人应在收到支付申请的7天内进行核实，向承包人发出预付款支付证书，并在签发支付证书后的7天内向承包人支付预付款。

（5）发包人没有按合同约定按时支付预付款的，承包人可催告发包人支付；发包人在预付款期满后的7天内仍未支付的，承包人可在付款期满后的第8天起暂停施工。发包人应承担由此增加的费用和延误的工期，并应向承包人支付合理利润。

（6）预付款应从每一个支付期应支付给承包人的工程进度款中扣回，直到扣回的金额达到合同约定的预付款金额为止。

（7）承包人的预付款保函的担保金额根据预付款扣回的数额相应递减，但在预付款全部扣回之前一直保持有效。发包人应在预付款扣完后的14天内将预付款保函退还给承包人。

四、工程进度款结算

（1）发承包双方应按照合同约定的时间、程序和方法，根据工程计量结果，办理期中价款结算，支付进度款。

（2）进度款支付周期应与合同约定的工程计量周期一致。

(3) 已标价工程量清单中的单价项目，承包人应按工程计量确认的工程量与综合单价计算；综合单价发生调整的，以发承包双方确认调整的综合单价计算进度款。

(4) 已标价工程量清单中的总价项目和总价合同，承包人应按合同中约定的进度款支付分解，分别列入进度款支付申请中的安全文明施工费和本周期应支付的总价项目的金额中。

(5) 发包人提供的甲供材料金额，应按照发包人签约提供的单价和数量从进度款支付中扣除，列入本周期应扣减的金额中。

(6) 承包人现场签证和得到发包人确认的索赔金额应列入本周期应增加的金额中。

(7) 进度款的支付比例按照合同约定，按期中结算价款总额计，不低于60%，不高于90%。

(8) 承包人应在每个计量周期到期后的7天内向发包人提交已完工程进度款支付申请一式四份，详细说明此周期认为有权得到的款额，包括分包人已完工程的价款。支付申请应包括以下内容。

① 累计已完成的合同价款。

② 累计已实际支付的合同价款。

③ 本周期合计完成的合同价款有以下几项。

a. 本周期已完成单价项目的金额。

b. 本周期应支付的总价项目的金额。

c. 本周期已完成的计日工价款。

d. 本周期应支付的安全文明施工费。

e. 本周期应增加的金额。

④ 本周期合计应扣减的金额有以下几项。

a. 本周期应扣回的预付款。

b. 本周期应扣减的金额。

⑤ 本周期实际应支付的合同价款。

(9) 发包人应在收到承包人进度款支付申请后的14天内，依照计量结果和合同约定对申请内容予以核实，确认后向承包人出具进度款支付证书。若发承包双方对部分清单项目的计量结果出现争议，发包人应对无争议部分的工程计量结果向承包人出具进度款支付证书。

(10) 发包人应在签发进度款支付证书后的14天内，按照支付证书列明的金额向承包人支付进度款。

(11) 若发包人逾期未签发进度款支付证书，则视为承包人提交的进度款支付申请已被发包人认可，承包人可向发包人发出催告付款的通知。发包人应在收到通知后的14天内，按照承包人支付申请的金额向承包人支付进度款。

(12) 发包人未按照 (9) ～ (11) 条的规定支付进度款的，承包人可催告发包人支付，并有权获得延迟支付的利息；发包人在付款期满后的7天内仍未支付的，承包人可在付款期满后的第8天起暂停施工。发包人应承担由此增加的费用和延误的工期，向承包人支付合理利润，并应承担违约责任。

(13) 发现已签发的任何支付证书有错、漏或重复的数额，发包人有权予以修正，承包人也有权提出修正申请。经发承包双方复核同意修正的，应在本次到期的进度款中支付或扣除。

五、工程质量保证金结算

建设工程质量保证金（简称保证金）即发包人与承包人在建设工程承包合同中约定，从应付的工程款中预留，用以保证承包人在缺陷责任期内对建设工程出现的缺陷进行维修的资金。质量保证金的计算额度不包括预付款的支付、扣回以及价格调整的金额。

(1) 发包人应按照合同约定的质量保证金比例从结算款中预留质量保证金。

(2) 承包人未按照合同约定履行属于自身责任的工程缺陷修复义务的，发包人有权从质量保证金中扣除用于缺陷修复的各项支出。经查验，工程缺陷属于发包人原因造成的，应由发包人承担查验和缺陷修复的费用。

(3) 在合同约定的缺陷责任期终止后，发包人应按照以下规定，将剩余的质量保证金返还给承包人。

① 缺陷责任期终止后，承包人应按照合同约定向发包人提交最终结清支付申请。发包人对最终结清支付申请有异议的，有权要求承包人进行修正和提供补充资料。承包人修正后，应再次向发包人提交修正后的最终结清支付申请。

② 发包人应在收到最终结清支付申请后的14天内予以核实，并应向承包人签发最终结清支付证书。

③ 发包人应在签发最终结清支付证书后的14天内，按照最终结清支付证书列明的金额向承包人支付最终结清款。

④ 发包人未在约定的时间内核实，又未提出具体意见的，应视为承包人提交的最终结清支付申请已被发包人认可。

⑤ 发包人未按期最终结清支付的，承包人可催告发包人支付，并有权获得延迟支付的利息。

⑥ 最终结清时，承包人被预留的质量保证金不足以抵减发包人工程缺陷修复费用的，承包人应承担不足部分的补偿责任。

⑦ 承包人对发包人支付的最终结清款有异议的，应按照合同约定的争议解决方式处理。

六、工程竣工结算

(1) 工程完工后，发承包双方必须在合同约定时间内办理工程竣工结算。

(2) 工程竣工结算应由承包人或受其委托具有相应资质的工程造价咨询人编制，并应由发包人或受其委托具有相应资质的工程造价咨询人核对。

(3) 当发承包双方或一方对工程造价咨询人出具的竣工结算文件有异议时，可向工程造价管理机构投诉，申请对其进行执业质量鉴定。

(4) 工程造价管理机构对投诉的竣工结算文件进行质量鉴定，宜按以下规定进行。

① 工程造价咨询人在鉴定项目合同有效的情况下应根据合同约定进行鉴定，不得任意改变双方合法的合意。

② 工程造价咨询人在鉴定项目合同无效或合同条款约定不明确的情况下应根据法律法规、相关国家标准和《建设工程工程量清单计价规范》(GB 50500—2013) 的规定，选择相应专业工程的计价依据和方法进行鉴定。

③ 工程造价咨询人出具正式鉴定意见书之前，可报请鉴定项目委托人向鉴定项目各方当事人发出鉴定意见书征求意见稿，并指明应书面答复的期限及其不答复的相应法律责任。

④ 工程造价咨询人收到鉴定项目各方当事人对鉴定意见书征求意见稿的书面复函后，应对不同意见认真复核，修改完善后再出具正式鉴定意见书。

⑤ 工程造价咨询人出具的工程造价鉴定书应包括以下内容。

a. 鉴定项目委托人名称、委托鉴定的内容。

b. 委托鉴定的证据材料。

c. 鉴定的依据及使用的专业技术手段。

d. 对鉴定过程的说明。

e. 明确的鉴定结论。

f. 其他需说明的事宜。

g. 工程造价咨询人盖章及注册造价工程师签名盖执业专用章。

⑥ 工程造价咨询人应在委托鉴定项目的鉴定期限内完成鉴定工作，如确因特殊原因不能在原定期限内完成鉴定工作时，应按照相应法规提前向鉴定项目委托人申请延长鉴定期限，并应在此期限内完成鉴定工作。

经鉴定项目委托人同意等待鉴定项目当事人提交、补充证据的，质证所用的时间不应计入鉴定期限。

⑦ 对于已经出具的正式鉴定意见书中有部分缺陷的鉴定结论，工程造价咨询人应通过补充鉴定作出补充结论。

(5) 竣工结算办理完毕，发包人应将竣工结算文件报送工程所在地或有该工程管辖权的行业管理部门的工程造价管理机构备案，竣工结算文件应作为工程竣工验收备案、交付使用的必备文件。

七、工程价款调整

1. 一般规定

(1) 以下事项（但不限于）发生，发承包双方应当按照合同约定调整合同价款。

① 法律法规变化。

② 工程变更。

③ 项目特征不符。

④ 工程量清单缺项。

⑤ 工程量偏差。

⑥ 计日工。

⑦ 物价变化。

⑧ 暂估价。

⑨ 不可抗力。

⑩ 提前竣工（赶工补偿）。

⑪ 误期赔偿。

⑫ 索赔。

⑬ 现场签证。

⑭ 暂列金额。

⑮ 发承包双方约定的其他调整事项。

(2) 出现合同价款调增事项（不包括工程量偏差、计日工、现场签证、索赔）后的14天内，承包人应向发包人提交合同价款调增报告并附上相关资料；承包人在14天内未提交合同价款调增报告的，应视为承包人对该事项不存在调整价款请求。

(3) 出现合同价款调减事项（不包括工程量偏差、索赔）后的14天内，发包人应向承包人提交合同价款调减报告并附相关资料；发包人在 14 天内未提交合同价款调减报告的，应视为发包人对该事项不存在调整价款请求。

(4) 发（承）包人应在收到承（发）包人合同价款调增（减）报告及相关资料之日起 14 天内对其核实，予以确认的应书面通知承（发）包人。当有疑问时，应向承（发）包人提出协商意见。发（承）包人在收到合同价款调增（减）报告之日起 14 天内未确认也未提出协商意见的，应视为承（发）包人提交的合同价款调增（减）报告已被发（承）包人认可。发（承）包人提出协商意见的，承（发）包人应在收到协商意见后的 14 天内对其核实，予以确认的应书面通知发（承）包人。承（发）包人在收到发（承）包人的协商意见后 14 天内既不确认也未提出不同意见的，应视为发（承）包人提出的意见已被承（发）包人认可。

(5) 发包人与承包人对合同价款调整的不同意见不能达成一致的，只要对发承包双方履约不产生实质影响，双方应继续履行合同义务，直到其按照合同约定的争议解决方式得到处理。

(6) 经发承包双方确认调整的合同价款，作为追加（减）合同价款，应与工程进度款或结算款同期支付。

2. 法律法规变化

(1) 招标工程以投标截止日前 28 天、非招标工程以合同签订前 28 天为基准日，其后因国家的法律、法规、规章和政策发生变化引起工程造价增减变化的，发承包双方应按照省级或行业建设主管部门或其授权的工程造价管理机构据此发布的规定调整合同价款。

(2) 因承包人原因导致工期延误的，按第 (1) 条规定的调整时间，在合同工程原定竣工时间之后，合同价款调增的不予调整，合同价款调减的予以调整。

3. 工程变更

(1) 因工程变更引起已标价工程量清单项目或其工程数量发生变化时，应按照以下规定调整。

① 已标价工程量清单中有适用于变更工程项目的，应采用该项目的单价；但当工程变更导致该清单项目的工程数量发生变化，且工程量偏差超过 15%时，该项目单价应按照七、6. 第 (2) 条的规定调整。

② 已标价工程量清单中没有适用但有类似于变更工程项目的，可在合理范围内参照类似项目的单价。

③ 已标价工程量清单中没有适用也没有类似于变更工程项目的，应由承包人根据变更工程资料、计量规则和计价办法、工程造价管理机构发布的信息价格和承包人报价浮动率提出变更工程项目的单价，并应报发包人确认后调整。承包人报价浮动率可按下式计算。

招标工程：

$$承包人报价浮动率\ L=(1-中标价/招标控制价)\times 100\% \tag{5-1}$$

非招标工程：

$$承包人报价浮动率\ L=(1-报价/施工图预算)\times 100\% \tag{5-2}$$

④ 已标价工程量清单中没有适用也没有类似于变更工程项目，且工程造价管理机构发布的信息价格缺价的，应由承包人根据变更工程资料、计量规则、计价办法和通过市场调查等取得有合法依据的市场价格提出变更工程项目的单价，并应报发包人确认后调整。

(2) 工程变更引起施工方案改变并使措施项目发生变化时，承包人提出调整措施项目费的，应事先将拟实施的方案提交发包人确认，并应详细说明与原方案措施项目相比的变化情况。拟实施的方案经发承包双方确认后执行，并应按照以下规定调整措施项目费。

① 措施项目中的安全文明施工费必须按国家或省级、行业建设主管部门的规定计算，不得作为竞争性费用。

② 采用单价计算的措施项目费，应按照实际发生变化的措施项目，按（1）的规定确定单价。

③ 按总价（或系数）计算的措施项目费，按照实际发生变化的措施项目调整，但应考虑承包人报价浮动因素，即调整金额按照实际调整金额乘以（1）规定的承包人报价浮动率计算。

若承包人未事先将拟实施的方案提交给发包人确认，则应视为工程变更不引起措施项目费的调整或承包人放弃调整措施项目费的权利。

（3）当发包人提出的工程变更因非承包人原因删减了合同中的某项原定工作或工程，致使承包人发生的费用或（和）得到的收益不能被包括在其他已支付或应支付的项目中，也未被包含在任何替代的工作或工程中时，承包人有权提出并应得到合理的费用及利润补偿。

4. 项目特征不符

（1）发包人在招标工程量清单中对项目特征的描述，应被认为是准确的和全面的，并且与实际施工要求相符合。承包人应按照发包人提供的招标工程量清单，根据项目特征描述的内容及有关要求实施合同工程，直到项目被改变为止。

（2）承包人应按照发包人提供的设计图纸实施合同工程，若在合同履行期间出现设计图纸（含设计变更）与招标工程量清单任一项目的特征描述不符，且该变化引起该项目工程造价增减变化的，应按照实际施工的项目特征，按3. 相关条款的规定重新确定相应工程量清单项目的综合单价，并调整合同价款。

5. 工程量清单缺项

（1）合同履行期间，由于招标工程量清单中缺项，新增分部分项工程清单项目的，应按照1. 确定单价，并调整合同价款。

（2）新增分部分项工程清单项目后，引起措施项目发生变化的，应按3. 第（2）条的规定，在承包人提交的实施方案被发包人批准后调整合同价款。

（3）由于招标工程量清单中措施项目缺项，承包人应将新增措施项目实施方案提交发包人批准后，按照3. 第（1）条、第（2）条的规定调整合同价款。

6. 工程量偏差

（1）合同履行期间，当应予计算的实际工程量与招标工程量清单出现偏差，且符合下面第（2）、（3）条规定时，发承包双方应调整合同价款。

（2）对于任一招标工程量清单项目，当因本节规定的工程量偏差和3. 规定的工程变更等原因导致工程量偏差超过15%时，可进行调整。当工程量增加15%以上时，增加部分的工程量的综合单价应予调低；当工程量减少15%以上时，减少后剩余部分的工程量的综合单价应予调高。

（3）当工程量出现（2）条的变化，且该变化引起相关措施项目相应发生变化时，按系数或单一总价方式计价的，工程量增加的措施项目费调增，工程量减少的措施项目费调减。

7. 计日工

（1）发包人通知承包人以计日工方式实施的零星工作，承包人应予执行。

(2) 采用计日工计价的任何一项变更工作，在该项变更的实施过程中，承包人应按合同约定提交下列报表和有关凭证送发包人复核。

① 工作名称、内容和数量。

② 投入该工作所有人员的姓名、工种、级别和耗用工时。

③ 投入该工作的材料名称、类别和数量。

④ 投入该工作的施工设备型号、台数和耗用台时。

⑤ 发包人要求提交的其他资料和凭证。

(3) 任一计日工项目持续进行时，承包人应在该项工作实施结束后的24小时内向发包人提交有计日工记录汇总的现场签证报告一式三份。发包人在收到承包人提交现场签证报告后的2天内予以确认并将其中一份返还给承包人，作为计日工计价和支付的依据。发包人逾期未确认也未提出修改意见的，应视为承包人提交的现场签证报告已被发包人认可。

(4) 任一计日工项目实施结束后，承包人应按照确认的计日工现场签证报告核实该类项目的工程数量，并应根据核实的工程数量和承包人已标价工程量清单中的计日工单价计算，提出应付价款；已标价工程量清单中没有该类计日工单价的，由发承包双方按3. 的规定商定计日工单价计算。

(5) 每个支付期末，承包人提交本期间所有计日工记录的签证汇总表，并应说明本期间自己认为有权得到的计日工金额，调整合同价款，列入进度款支付。

8. 物价变化

(1) 合同履行期间，因人工、材料、工程设备、机械台班价格波动影响合同价款时，应根据合同约定，按《建设工程工程量清单计价规范》(GB 50500—2013) 附录A的方法之一调整合同价款。

(2) 承包人采购材料和工程设备的，应在合同中约定主要材料、工程设备价格变化的范围或幅度；当没有约定，且材料、工程设备单价变化超过5%时，超过部分的价格应按照《建设工程工程量清单计价规范》(GB 50500—2013) 附录A的方法计算调整材料、工程设备费。

(3) 发生合同工程工期延误的，应按照下列规定确定合同履行期的价格调整。

① 因非承包人原因导致工期延误的，计划进度日期后续工程的价格，应采用计划进度日期与实际进度日期两者的较高者。

② 因承包人原因导致工期延误的，计划进度日期后续工程的价格，应采用计划进度日期与实际进度日期两者的较低者。

(4) 发包人供应材料和工程设备的，不适用 (1)、(2) 条的规定，应由发包人按照实际变化调整，列入合同工程的工程造价内。

9. 暂估价

(1) 发包人在招标工程量清单中给定暂估价的材料、工程设备属于依法必须招标的，应由发承包双方以招标的方式选择供应商，确定价格，并应以此为依据取代暂估价，调整合同价款。

(2) 发包人在招标工程量清单中给定暂估价的材料、工程设备不属于依法必须招标的，应由承包人按照合同约定采购，经发包人确认单价后取代暂估价，调整合同价款。

(3) 发包人在工程量清单中给定暂估价的专业工程不属于依法必须招标的，应按照3. 工程变更相应条款的规定确定专业工程价款，并应以此为依据取代专业工程暂估价，调整合同价款。

(4) 发包人在招标工程量清单中给定暂估价的专业工程，依法必须招标的，应当由发承包双方依法组织招标选择专业分包人，并接受有管辖权的建设工程招标投标管理机构的监督，还应符合以下要求。

① 除合同另有约定外，承包人不参加投标的专业工程发包招标，应由承包人作为招标人，但拟定的招标文件、评标工作、评标结果应报送发包人批准。与组织招标工作有关的费用应当被认为已经包括在承包人的签约合同价（投标总报价）中。

② 承包人参加投标的专业工程发包招标，应由发包人作为招标人，与组织招标工作有关的费用由发包人承担。同等条件下，应优先选择承包人中标。

③ 应以专业工程发包中标价为依据取代专业工程暂估价，调整合同价款。

10. 不可抗力

(1) 因不可抗力事件导致的人员伤亡、财产损失及其费用增加，发承包双方应按以下原则分别承担并调整合同价款和工期。

① 合同工程本身的损害、因工程损害导致第三方人员伤亡和财产损失以及运至施工场地用于施工的材料和待安装设备的损害，应由发包人承担。

② 发包人、承包人人员伤亡应由其所在单位负责，并应承担相应费用。

③ 承包人的施工机械设备损坏及停工损失，应由承包人承担。

④ 停工期间，承包人应发包人要求留在施工场地的必要的管理人员及保卫人员的费用应由发包人承担。

⑤ 工程所需清理、修复费用，应由发包人承担。

(2) 不可抗力解除后复工的，若不能按期竣工，应合理延长工期。发包人要求赶工的，赶工费用应由发包人承担。

(3) 因不可抗力解除合同的，发包人应向承包人支付合同解除之日前已完成工程但尚未支付的合同价款，此外，还应支付以下金额。

① 11. 第（1）条规定的由发包人承担的费用。

② 已实施或部分实施的措施项目应付价款。

③ 承包人为合同工程合理订购且已交付的材料和工程设备货款。

④ 承包人撤离现场所需的合理费用，包括员工遣送费和临时工程拆除、施工设备运离现场的费用。

⑤ 承包人为完成合同工程而预期开支的任何合理费用，且该项费用未包括在本款其他各项支付之内。

发承包双方办理结算合同价款时，应扣除合同解除之日前发包人应向承包人收回的价款。当发包人应扣除的金额超过了应支付的金额，承包人应在合同解除后的56天内将其差额退还给发包人。

11. 提前竣工（赶工补偿）

(1) 招标人应依据相关工程的工期定额合理计算工期，压缩的工期天数不得超过定额工期的20%，超过者，应在招标文件中明示增加赶工费用。

(2) 发包人要求合同工程提前竣工的，应征得承包人同意后与承包人商定采取加快工程进度的措施，并应修订合同工程进度计划。发包人应承担承包人由此增加的提前竣工（赶工补偿）费用。

（3）发承包双方应在合同中约定提前竣工每日历天应补偿额度，此项费用应作为增加合同价款列入竣工结算文件中，应与结算款一并支付。

12. 误期赔偿

（1）承包人未按照合同约定施工，导致实际进度迟于计划进度的，承包人应加快进度，实现合同工期。

合同工程发生误期，承包人应赔偿发包人由此造成的损失，并应按照合同约定向发包人支付误期赔偿费。即使承包人支付误期赔偿费，也不能免除承包人按照合同约定应承担的任何责任和应履行的任何义务。

（2）发承包双方应在合同中约定误期赔偿费，并应明确每日历天应赔额度。误期赔偿费应列入竣工结算文件中，并应在结算款中扣除。

（3）在工程竣工之前，合同工程内的某单项（位）工程已通过了竣工验收，且该单项（位）工程接收证书中表明的竣工日期并未延误，而是合同工程的其他部分产生了工期延误时，误期赔偿费应按照已颁发工程接收证书的单项（位）工程造价占合同价款的比例幅度予以扣减。

13. 索赔

（1）当合同一方向另一方提出索赔时，应有正当的索赔理由和有效证据，并应符合合同的相关约定。

（2）根据合同约定，承包人认为非承包人原因发生的事件造成了承包人的损失，应按下列程序向发包人提出索赔：

① 承包人应在知道或应当知道索赔事件发生后28天内，向发包人提交索赔意向通知书，说明发生索赔事件的事由。承包人逾期未发出索赔意向通知书的，丧失索赔的权利。

② 承包人应在发出索赔意向通知书后28天内，向发包人正式提交索赔通知书。索赔通知书应详细说明索赔理由和要求，并应附必要的记录和证明材料。

③ 索赔事件具有连续影响的，承包人应继续提交延续索赔通知，说明连续影响的实际情况和记录。

④ 在索赔事件影响结束后的28天内，承包人应向发包人提交最终索赔通知书，说明最终索赔要求，并应附必要的记录和证明材料。

（3）承包人索赔应按下列程序处理：

① 发包人收到承包人的索赔通知书后，应及时查验承包人的记录和证明材料。

② 发包人应在收到索赔通知书或有关索赔的进一步证明材料后的28天内，将索赔处理结果答复承包人，如果发包人逾期未作出答复，视为承包人索赔要求已被发包人认可。

③ 承包人接受索赔处理结果的，索赔款项应作为增加合同价款，在当期进度款中进行支付；承包人不接受索赔处理结果的，应按合同约定的争议解决方式办理。

（4）承包人要求赔偿时，可以选择以下一项或几项方式获得赔偿：

① 延长工期。

② 要求发包人支付实际发生的额外费用。

③ 要求发包人支付合理的预期利润。

④ 要求发包人按合同的约定支付违约金。

(5) 当承包人的费用索赔与工期索赔要求相关联时，发包人在作出费用索赔的批准决定时，应结合工程延期，综合作出费用赔偿和工程延期的决定。

(6) 发承包双方在按合同约定办理了竣工结算后，应被认为承包人已无权再提出竣工结算前所发生的任何索赔。承包人在提交的最终结清申请中，只限于提出竣工结算后的索赔，提出索赔的期限应自发承包双方最终结清时终止。

(7) 根据合同约定，发包人认为由于承包人的原因造成发包人的损失，宜按承包人索赔的程序进行索赔。

(8) 发包人要求赔偿时，可以选择下面一项或几项方式获得赔偿。

① 延长质量缺陷修复期限。

② 要求承包人支付实际发生的额外费用。

③ 要求承包人按合同的约定支付违约金。

(9) 承包人应付给发包人的索赔金额可从拟支付给承包人的合同价款中扣除，或由承包人以其他方式支付给发包人。

14. 现场签证

(1) 承包人应发包人要求完成合同以外的零星项目、非承包人责任事件等工作的，发包人应及时以书面形式向承包人发出指令，并应提供所需的相关资料；承包人在收到指令后，应及时向发包人提出现场签证要求。

(2) 承包人应在收到发包人指令后的7天内向发包人提交现场签证报告，发包人应在收到现场签证报告后的48小时内对报告内容进行核实，予以确认或提出修改意见。发包人在收到承包人现场签证，报告后的48小时内未确认也未提出修改意见的，应视为承包人提交的现场签证报告已被发包人认可。

(3) 现场签证的工作如已有相应的计日工单价，现场签证中应列明完成该类项目所需的人工、材料、工程设备和施工机械台班的数量。

如现场签证的工作没有相应的计日工单价，应在现场签证报告中列明完成该签证工作所需的人工、材料设备和施工机械台班的数量及单价。

(4) 合同工程发生现场签证事项，未经发包人签证确认，承包人便擅自施工的，除非征得发包人书面同意，否则发生的费用应由承包人承担。

(5) 现场签证工作完成后的7天内，承包人应按照现场签证内容计算价款，报送发包人确认后，作为增加合同价款，与进度款同期支付。

(6) 在施工过程中，当发现合同工程内容因场地条件、地质水文、发包人要求等不一致时，承包人应提供所需的相关资料，并提交发包人签证认可，作为合同价款调整的依据。

15. 暂列金额

(1) 已签约合同价中的暂列金额应由发包人掌握使用。

(2) 发包人按照上述1~14项的规定支付后，暂列金额余额应归发包人所有。

相关知识

工程结算的一般规定

(1) 工程造价咨询企业和工程造价专业人员在进行结算编制和结算审查时，必须严格执行国家相关法律、法规和有关制度，拒绝任何一方违反法律、法规、社会公德，影响社会经济秩序和损害公共或他人利益的要求。

(2) 工程造价咨询企业和工程造价专业人员在进行工程结算编制和工程结算审查时，应遵循发承包双方的合同约定，维护合同双方的合法权益。认真恪守职业道德、执业准则，依据有关职业标准公正、独立地开展工程造价咨询服务工作。

(3) 工程造价咨询企业承担工程结算的编制与审查，应以平等、自愿、公平和诚实信用的原则订立工程造价咨询服务合同。工程造价咨询企业应依据合同约定向委托方收取咨询费用，严禁向第三方收取费用。

(4) 工程造价咨询企业和工程造价专业人员在进行结算编制和结算审查时，应依据工程造价咨询服务合同约定的工作范围和工作内容开展工作，严格履行合同义务，做好工作计划和工作组织，掌握工程建设期间政策和价款调整的有关因素，认真开展现场调研，全面、准确、客观地反映建设项目工程价款确定和调整的各项因素。

(5) 工程造价咨询企业和工程造价专业人员承担工程结算编制时，严禁弄虚作假、高估冒算，提供虚假的工程结算报告。

(6) 工程造价咨询企业和工程造价专业人员承担工程结算审查时，严禁滥用职权、营私舞弊、敷衍了事，提供虚假的工程结算审查报告。

(7) 工程造价咨询企业承担工程结算编制业务，应严格履行合同，及时完成合同约定范围内的一切工作，其成果文件应得到委托人的认可。

(8) 工程造价咨询企业承担工程结算审查，其成果文件一般应得到审查委托人、结算编制人和结算审查受托人以及建设单位共同认可，并签署“结算审定签署表”。确因非常原因不能共同签署时，工程造价咨询单位应单独出具成果文件，并承担相应法律责任。

(9) 工程造价专业人员在进行工程结算审查时，应独立地开展工作，有权拒绝其他人员的修改和其他要求，并保留其意见。

(10) 工程结算编制应采用书面形式，有电子文本要求的应一并报送与书面形式内容一致的电子版本。

(11) 工程结算应严格按工程结算编制程序进行编制，做到程序化、规范化，结算资料必须完整。

(12) 结算编制或审核委托人应与委托人在咨询服务委托合同内约定结算编制工作的所需时间，并在约定的期限内完成工程结算编制工作。合同未作约定或约定不明的，结算编制或审核受托人应以财政部、原建设部联合颁发的《建设工程价款结算暂行办法》（财建【2004】369号）第十四条有关结算期限规定为依据，在规定期限内完成结算编制或审查工作。结算编制或审查受委托人未在合同约定或规定期限内完成，且无正当理由延期的，应当承担违约责任。

第2节　水暖及通风空调工程竣工结算

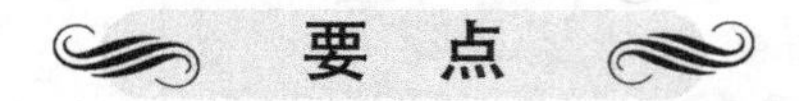

竣工结算是指由施工企业按照合同规定的内容全部完成所承包的工程，经建设单位以及相关单位验收质量合格，并且符合合同要求之后，在交付生产或使用前，由施工单位根据合同价格和实际发生的费用增减变化情况进行编制，并且经发包方或委托方

签字确认的，正确反映该项工程最终实际造价，并且作为向发包单位进行最终结算工程款的经济文件。

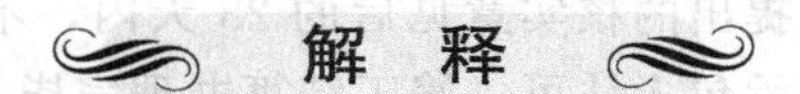

一、竣工结算的作用和分类

1. 竣工结算的作用

（1）通过工程竣工结算办理已完工程的价款，确定施工企业的货币收入，补充施工生产过程中的资金消耗。

（2）工程竣工结算是统计施工企业完成生产计划和建设单位完成建设投资任务的依据。

（3）工程竣工结算是施工企业完成该工程项目的总货币收入，是企业内部编制工程决算进行成本核算，确定工程实际成本的重要依据。

（4）工程竣工结算是建设单位编制竣工决算的主要依据。

（5）工程竣工结算的完成，标志着施工企业和建设单位双方所承担的合同义务和经济责任的结束。

2. 竣工结算的分类（见图5-1）

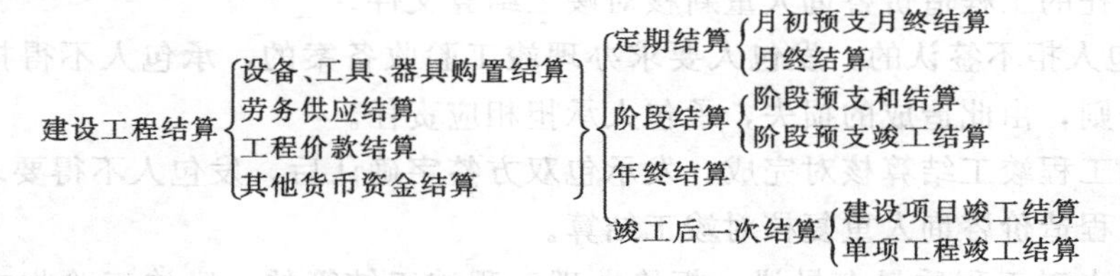

图5-1 竣工结算分类

二、竣工结算的具体内容

（1）合同工程完工后，承包人应在经发承包双方确认的合同工程期中价款结算的基础上汇总编制完成竣工结算文件，应在提交竣工验收申请的同时向发包人提交竣工结算文件。

承包人未在合同约定的时间内提交竣工结算文件，经发包人催告后14天内仍未提交或没有明确答复的，发包人有权根据已有资料编制竣工结算文件，作为办理竣工结算和支付结算款的依据，承包人应予以认可。

（2）发包人应在收到承包人提交的竣工结算文件后的28天内核对。发包人经核实：认为承包人还应进一步补充资料和修改结算文件，应在上述时限内向承包人提出核实意见，承包人在收到核实意见后的28天内应按照发包人提出的合理要求补充资料，修改竣工结算文件，并应再次提交给发包人复核后批准。

（3）发包人应在收到承包人再次提交的竣工结算文件后的28天内予以复核，将复核结果通知承包人，并应遵守如下规定。

① 发包人、承包人对复核结果无异议的，应在7天内在竣工结算文件上签字确认，竣工结算办理完毕。

② 发包人或承包人对复核结果认为有误的，无异议部分按照（1）规定办理不完全竣工结算；有异议部分由发承包双方协商解决；协商不成的，应按照合同约定的争议解决方式处理。

(4) 发包人在收到承包人竣工结算文件后的28天内，不核对竣工结算或未提出核对意见的，应视为承包人提交的竣工结算文件已被发包人认可，竣工结算办理完毕。

(5) 承包人在收到发包人提出的核实意见后的28天内，不确认也未提出异议的，应视为发包人提出的核实意见已被承包人认可，竣工结算办理完毕。

(6) 发包人委托工程造价咨询人核对竣工结算的，工程造价咨询人应在28天内核对完毕，核对结论与承包人竣工结算文件不一致的，应提交给承包人复核；承包人应在14天内将同意核对结论或不同意见的说明提交工程造价咨询人。工程造价咨询人收到承包人提出的异议后，应再次复核，复核无异议的，应按 (3) 中①的规定办理，复核后仍有异议的，按 (3) 中②的规定办理。

承包人逾期未提出书面异议的，应视为工程造价咨询人核对的竣工结算文件已经承包人认可。

(7) 对发包人或发包人委托的工程造价咨询人指派的专业人员与承包人指派的专业人员经核对后无异议并签名确认的竣工结算文件，除非发承包人能提出具体、详细的不同意见，发承包人都应在竣工结算文件上签名确认，如其中一方拒不签认的，按以下规定办理：

① 若发包人拒不签认的，承包人可不提供竣工验收备案资料，并有权拒绝与发包人或其上级部门委托的工程造价咨询人重新核对竣工结算文件。

② 若承包人拒不签认的，发包人要求办理竣工验收备案的，承包人不得拒绝提供竣工验收资料，否则，由此造成的损失，承包人承担相应责任。

(8) 合同工程竣工结算核对完成，发承包双方签字确认后，发包人不得要求承包人与另一个或多个工程造价咨询人重复核对竣工结算。

(9) 发包人对工程质量有异议，拒绝办理工程竣工结算的，已竣工验收或已竣工未验收但实际投入使用的工程，其质量争议应按该工程保修合同执行，竣工结算应按合同约定办理；已竣工未验收且未实际投入使用的工程以及停工、停建工程的质量争议，双方应就有争议的部分委托有资质的检测鉴定机构进行检测，并应根据检测结果确定解决方案，或按工程质量监督机构的处理决定执行后办理竣工结算，无争议部分的竣工结算应按合同约定办理。

三、竣工结算的编制与复核

(1) 工程竣工结算应按照以下依据编制和复核。

①《建设工程工程量清单计价规范》(GB 50500—2013)。

② 工程合同。

③ 发承包双方实施过程中已确认的工程量及其结算的合同价款。

④ 发承包双方实施过程中已确认调整后追加（减）的合同价款。

⑤ 建设工程设计文件及相关资料。

⑥ 投标文件。

⑦ 其他依据。

(2) 分部分项工程和措施项目中的单价项目应根据发承包双方确认的工程量与已标价工程量清单的综合单价计算；发生调整的，应以发承包双方确认调整的综合单价计算。

(3) 措施项目中的总价项目应依据已标价工程量清单的项目和金额计算；发生调整的，应以发承包双方确认调整的金额计算，其中安全文明施工费必须按国家或省级、行业建设主管部门的规定计算，不得作为竞争性费用。

(4) 其他项目应按下列规定计价。

① 计日工应按发包人实际签证确认的事项计算。

② 暂估价应按《建设工程工程量清单计价规范》(GB 50500—2013) 中的规定计算。

③ 总承包服务费应依据已标价工程量清单金额计算；发生调整的，应以发承包双方确认调整的金额计算。

④ 索赔费用应依据发承包双方确认的索赔事项和金额计算。

⑤ 现场签证费用应依据发承包双方签证资料确认的金额计算。

⑥ 暂列金额应减去合同价款调整（包括索赔、现场签证）金额计算，如有余额归发包人。

(5) 规费和税金必须按国家或省级、行业建设主管部门的规定计算，不得作为竞争性费用。规费中的工程排污费应按工程所在地环境保护部门规定的标准缴纳后按实列入。

(6) 发承包双方在合同工程实施过程中已经确认的工程计量结果和合同价款，在竣工结算办理中应直接进入结算。

四、竣工结算的编制方法

1. 预算结算方式

在审定的施工图预算基础上，凡承包合同和文件规定允许调整，在施工活动中发生的而原施工图预算不包括的工程项目或费用，依据原始资料的计算，经建设单位审核签认的，在原施工图预算上做出调整。调整的内容一般有下列几个方面。

(1) 工程量差　工程量差是指由于设计变更或设计漏项而发生的增减工程量；设计标高与现场实际标高不符而产生的土方挖、填增减量；预见不到的增加量，如施工中出现的古墓坑挖填等；预算编制人员的疏忽造成的工程量差错等。这些量差应按合同的规定，根据建设单位与施工单位双方签证的现场记录进行调整。

(2) 价差　价差是指由于材料代用或材料价差等原因形成的价差。某些地区规定地方材料和市场采购材料由施工单位按预算价格包干，建设单位供应材料按预算价格划拨给施工单位的，在工程结算时不调整材料价差，其价差由建设单位单独核算，在工程竣工结算时摊入工程成本；由施工单位采购的材料进行价差调整时，应按承包合同和现行文件规定办理。

(3) 费用调整　费用调整指由于工程量的增减，要相应地调整应取的各项费用。

2. 包干承包结算方式

由于招标承包制的推行，工程造价一次性包干、概算包干、施工图预算加系数包干、房屋建筑平方米造价包干等结算方式逐步代替了长期按预算结算的方式。包干承包结算方式，只需根据承包合同规定的“活口”，允许调整的进行调整，不允许调整的不得调整。此种结算方式，大大地简化了工程结算手续。

3. 编制竣工结算单（见表5-1）。

表5-1　竣工工程结算单　　单位：元

一、原预算造价			
二、调整预算	增加部分	1. 补充预算	
		2.	
		3.	
		⋮	
		合计	

续表

二、调整预算	减少部分	1.	
		2.	
		3.	
		⋮	
		合计	
三、竣工结算总造价			
四、财务结算	已收工程款		
	报产值的甲供设备价值		
	⋮ ⋮		
	实际结算工程款		
说明			
建设单位： 经办人： 年 月 日		施工单位： 经办人： 年 月 日	

相关知识

竣工结算与竣工决算的关系

建设工程项目竣工决算是以工程竣工结算为基础进行编制的，是在整个建设工程项目各单项工程竣工结算的基础上，加上从筹建开始到工程全部竣工有关基本建设的其他工程费用支出，而构成了建设工程项目竣工决算的主体。它们的主要区别见表 5-2。

表 5-2 竣工结算与竣工决算的比较一览表

项目	竣工结算	竣工决算
含义	竣工结算是由施工单位根据合同价格和实际发生费用的增减变化情况进行编制，并经发包方或委托方签字确认的，正确反映该项工程最终实际造价，并作为向发包单位进行最终结算工程款的经济文件	建设工程项目竣工决算是指所有建设工程项目竣工后，建设单位按照国家有关规定，由建设单位报告项目建设成果和财务状况的总结性文件
特点	属于工程款结算，是一项经济活动	反映竣工项目从筹建开始到项目竣工交付使用为止的全部建设费用、建设成果和财务情况的总结性文件
编制单位	施工单位	建设单位
编制范围	单位或单项工程竣工结算	整个建设工程项目全部竣工决算

第3节　水暖及通风空调工程竣工决算

要　点

竣工决算是建设项目或单项工程的全部工程完工，并经建设单位和工程质量监督部门等验收合格交工后，由建设单位根据各局部工程竣工结算和其他工程费等实际开支的情况，进行计算和编制的综合反映建设项目或单项工程从筹建到竣工投产或交付使用全部过程中，各项资金使用情况和建设成果的总结性经济文件。

解　释

一、竣工决算的内容

竣工决算是建设工程从筹建到竣工投产全过程中发生的所有实际支出，包括设备工器具购置费、建筑安装工程费和其他费用等。竣工决算由竣工财务决算报表、竣工财务决算说明书、竣工工程平面示意图、工程造价比较分析四部分组成。其中竣工财务决算报表和竣工财务决算说明书属于竣工财务决算的内容。竣工财务决算是竣工决算的组成部分，是正确核定新增资产价值、反映竣工项目建设成果的文件，是办理固定资产交付使用手续的依据。

1. 竣工财务决算说明书

竣工财务决算说明书主要反映竣工工程建设成果和经验，是对竣工决算报表进行分析和补充说明的文件，是全面考核、分析工程投资与造价的书面总结，主要包括以下内容。

(1) 建设项目概况，对工程总的评价。通常从进度、质量、安全和造价、施工方面进行分析说明。进度方面主要说明开工和竣工时间，对照合理工期和要求工期分析是提前还是延期；质量方面主要依据竣工验收委员会或相当一级质量监督部门的验收评定等级、合格率和优良品率；安全方面主要根据劳动工资和施工部门的记录，对有无设备和人身事故进行说明；造价方面主要对照概算造价，说明节约还是超支，用金额和百分率进行分析说明。

(2) 资金来源及运用等财务分析。主要包括工程价款结算、会计账务的处理、财产物资情况及债权债务的清偿情况。

(3) 基本建设收入、投资包干结余、竣工结余资金的上交分配情况。通过对基本建设投资包干情况的分析，说明投资包干数、实际支用数和节约额、投资包干节余的有机构成和包干节余的分配情况。

(4) 各项经济技术指标的分析。概算执行情况分析，根据实际投资完成额与概算进行对比分析；新增生产能力的效益分析，说明支付使用财产占总投资额的比例、占支付使用财产的比例，不增加固定资产的造价占投资总额的比例，分析有机构成和成果。

(5) 工程建设的经验及项目管理和财务管理工作以及竣工财务决算中有待解决的问题。

(6) 需要说明的其他事项。

2. 竣工财务决算报表

建设项目竣工财务决算报表要根据大、中型建设项目和小型建设项目分别制定。大、中型建设项目竣工决算报表包括：建设项目竣工财务决算审批表，大、中型建设项目概况表，大、中型建设项目竣工财务决算表，大、中型建设项目交付使用资产总表；小型建设项目竣工财务决算报表包括：建设项目竣工财务决算审批表，竣工财务决算总表，建设项目交付使用资产明细表。

3. 竣工工程平面示意图

建设工程竣工工程平面示意图是真实地记录各种地上、地下建筑物、构筑物等情况的技术文件，是工程进行交工验收、维护改建和扩建的依据，是国家的重要技术档案。国家规定：各项新建、扩建、改建的基本建设工程，尤其是基础、地下建筑、管线、结构、井巷、桥梁、隧道、港口、水坝以及设备安装等隐蔽部位，都要编制竣工图。为确保竣工图质量，必须在施工过程中（不能在竣工后）及时做好隐蔽工程检查记录，整理好设计变更文件。其具体要求如下。

(1) 凡按图竣工没有变动的，由施工单位（包括总包和分包施工单位，下同）在原施工图上加盖“竣工图”标志后，即作为竣工图。

(2) 凡在施工过程中，虽有一般性设计变更，但能将原施工图加以修改补充作为竣工图的，可不重新绘制，由施工单位负责在原施工图（必须是新蓝图）上注明修改的部分，并附以设计变更通知单和施工说明，加盖“竣工图”标志后，作为竣工图。

(3) 凡结构形式改变、施工工艺改变、平面布置改变、项目改变以及有其他重大改变，不宜再在原施工图上修改、补充时，应重新绘制改变后的竣工图。由原设计原因造成的，由设计单位负责重新绘制；由施工原因造成的，由施工单位负责重新绘图；由其他原因造成的，由建设单位自行绘制或委托设计单位绘制。施工单位负责在新图上加盖“竣工图”标志，并附以有关记录和说明，作为竣工图。

(4) 为了满足竣工验收和竣工决算需要，还应绘制反映竣工工程全部内容的工程设计平面示意图。

4. 工程造价比较分析

对控制工程造价所采用的措施、效果及其动态的变化进行认真的比较对比，吸取经验教训。批准的概算是考核建设工程造价的依据。在分析时，可先对比整个项目的总概算，然后将建筑安装工程费、设备工器具费和其他工程费用逐一与竣工决算表中所提供的实际数据和相关资料及批准的概算、预算指标，实际工程造价进行对比分析，来确定竣工项目总造价是节约还是超支，并在对比的基础上，总结先进经验，找出节约和超支的内容和原因，提出改进措施。在实际工作中，应主要分析以下内容。

(1) 主要实物工程量。对于实物工程量出入比较大的情况，必须查明原因。

(2) 主要材料消耗量。考核主要材料消耗量，要按照竣工决算表中所列明的三大材料实际超概算的消耗量，查明是在工程的哪个环节超出量最大，再进一步查明超耗的原因。

(3) 考核建设单位管理费、建筑及安装工程措施费和间接费的取费标准。建设单位管理费、建筑及安装工程措施费和间接费的取费标准要按照国家和各地的有关规定，根据竣工决算报表中所列的建设单位管理费与概预算所列的建设单位管理费数额进行比较，依据规定查明是否多列或少列的费用项目，确定其节约超支的数额，并查明原因。

二、竣工决算的作用

(1) 竣工决算是综合、全面地反映竣工项目建设成果及财务情况的总结性文件，它采用货币指标、实物数量、建设工期和各种技术经济指标综合、全面地反映建设项目自开始建设到竣工为止的全部建设成果和财物状况。

(2) 竣工决算是办理交付使用资产的依据，也是竣工验收报告的重要组成部分。建设单位与使用单位在办理交付资产的验收交接手续时，通过竣工决算反映了交付使用资产的全部价值，包括固定资产、流动资产、无形资产和递延资产的价值。同时，它还详细提供了交付使用资产的名称、规格、数量、型号和价值等明细资料，是使用单位确定各项新增资产价值并登记入账的依据。

(3) 竣工决算是分析和检查设计概算的执行情况，考核投资效果的依据。竣工决算反映了竣工项目计划、实际的建设规模、建设工期以及设计和实际的生产能力，反映了概算总投资和实际的建设成本，同时还反映了所达到的主要技术经济指标。通过对这些指标计划数、概算数与实际数进行对比分析，不仅可以全面掌握建设项目计划和概算执行情况，而且可以考核建设项目投资效果，为今后制订基建计划，降低建设成本，提高投资效果提供必要的资料。

三、竣工决算的编制依据

(1) 可行性研究报告、投资估算书、初步设计或扩大初步设计、修正总概算及其批复文件。

(2) 设计变更记录、施工记录或施工签证单及其他施工发生的费用记录。

(3) 经批准的施工图预算或标底造价、承包合同、工程结算等有关资料。

(4) 历年基建计划、历年财务决算及批复文件。

(5) 设备、材料调价文件和调价记录。

(6) 其他有关资料。

四、竣工决算的编制步骤

(1) 收集、整理和分析有关依据资料　在编制竣工决算文件之前系统地整理所有的技术资料、工料结算的经济文件、施工图纸和各种变更资料与签证资料，并分析它们的准确性。完整、齐全的资料，是准确而迅速编制竣工决算的必要条件。

(2) 清理各项财务、债务和结余物资　在收集、整理和分析有关资料中，要特别注意建设工程从筹建到竣工投产或使用的全部费用的各项账务，债权和债务的清理，做到工程完毕账目清晰，既要核对账目，又要查点库有实物的数量，做到账与物相符，账与账相符，对结余的各种材料、工器具和设备，要逐一清点核实，妥善管理，并按规定及时处理，收回资金。对各种往来款项要及时进行全面清理，为编制竣工决算提供准确的数据和结果。

(3) 填写竣工决算报表　安装建设工程决算表格中的内容，根据编制依据中的有关资料进行统计或计算各个项目和数量，并将其结果填到相应表格的栏目内，完成所有报表的填写。

(4) 编制建设工程竣工决算说明　按照建设工程竣工决算说明的内容要求，根据编制依据材料填写在报表中的结果，编写文字说明。

(5) 做好工程造价对比分析

(6) 清理、装订好竣工图

(7) 上报主管部门审查

将上述编写的文字说明和填写的表格经核对无误，装订成册，即为建设工程竣工决算文件。将其上报主管部门审查，并把其中财务成本部分送交开户银行签证。竣工决算在上报主管部门的同时，抄送有关设计单位。大、中型建设项目的竣工决算还应抄送财政部、建设银行总行和省、市、自治区的财政局和建设银行分行各一份。建设工程竣工决算的文件，由建设单位负责组织人员编写，在竣工建设项目办理验收使用一个月之内完成。

相关知识

竣工决算编制时注意事项

为了严格执行建设项目竣工验收制度，正确核定新增固定资产价值，考核分析投资效果，建立健全经济责任制，所有新建、扩建和改建等建设项目竣工后，都应及时、完整、准确地编制好竣工决算。建设单位要做好以下工作。

（1）按照规定组织竣工验收，保证竣工决算的及时性。及时组织竣工验收，是对建设工程的全面考核，所有的建设项目（或单项工程）按照批准的设计文件所规定的内容建成后，具备了投产和使用条件的，都要及时组织验收。对于竣工验收中发现的问题，应及时查明原因，采取措施加以解决，以保证建设项目按时交付使用和及时编制竣工决算。

（2）积累、整理竣工项目资料，保证竣工决算的完整性。积累、整理竣工项目资料是编制竣工决算的基础工作，它关系到竣工决算的完整性和质量的好坏。因此，在建设过程中，建设单位必须随时收集项目建设的各种资料，并在竣工验收前，对各种资料进行系统整理，分类立卷，为编制竣工决算提供完整的数据资料，为投产后加强固定资产管理提供依据。在工程竣工时，建设单位应将各种基础资料与竣工决算一起移交给生产单位或使用单位。

（3）清理、核对各项账目，保证竣工决算的正确性。工程竣工后，建设单位要认真核实各项交付使用资产的建设成本；做好各项账务、物资以及债权的清理结余工作，应偿还的及时偿还，该收回的应及时收回，对各种结余的材料、设备、施工机械工具等，要逐项清点核实，妥善保管，按照国家有关规定进行处理不得任意侵占；对竣工后的结余资金，要按规定上交财政部门或上级主管部门。做完上述工作，核实了各项数据的基础上，正确编制从年初起到竣工月份止的竣工年度财务决算，以便根据历年的财务决算和竣工年度财务决算进行整理汇总，编制建设项目决算。

按照规定，竣工决算应在竣工项目办理验收交付手续后一个月内编好，并上报主管部门，有关财务成本部分，还应送经办行审查签证。主管部门和财政部门对报送的竣工决算审批后，建设单位即可办理决算调整和相关工作。

第6章

水暖及通风空调工程施工招标与投标

第1节 工程招投标概述

要点

招标投标是市场经济中的一种竞争方式，通常适用于大宗交易。它的特点是由唯一的买主（或卖主）设定标的，邀请若干卖主（或买主），通过秘密报价进行竞争，从诸多报价者中选择满意的，达成交易协议，随后按协议实现标的。本节主要介绍工程招投标的定义、基本原则及意义。

解释

一、建设工程招投标的分类

建设工程项目招投标可分为建设工程项目总承包招投标、工程勘察招投标、工程设计招投标、工程项目施工招投标、工程监理招投标、工程材料设备招投标。

1. 建设工程项目总承包招投标

建设工程项目总承包招投标又称建设工程项目全过程招投标，在国外也称为“交钥匙”工程招投标。它是指在项目决策阶段从项目建议书开始，包括可行性研究、勘察设计、设备材料询价与采购、工程施工、生产准备，直至竣工投产、交付使用全面实行招标。

工程总承包企业根据建设单位所提出的工程要求，对项目建议书、可行性研究、勘察设计、设备询价与选购、材料订货、工程施工、员工培训、试生产、竣工投产等实行全面投标报价。

2. 工程勘察招投标

工程勘察招投标指招标人就拟建工程项目的勘察任务发布通告，以法定方式吸引勘察单位参加竞争，经招标人审查获得投标资格的勘察单位按照招标文件的要求，在规定时间内向招标人填报投标书，招标人从中选择优越者完成勘察任务。

3. 工程设计招投标

工程设计招投标指招标人就拟建工程项目的设计任务发布通告，以吸引设计单位参加竞争，经招标人审查获得投标资格的设计单位按照招标文件的要求，在规定的时间内向招标人填报标书，招标人择优选定中标单位来完成设计任务。设计招标通常是设计方案招标。

4. 工程项目施工招投标

工程项目施工招投标指招标人就拟建的工程项目发布通告，以法定方式吸引建筑施工企业参加竞争，招标人从中选择优越者完成建筑施工任务。施工招标可分为全部工程招标、单项工程招标和专业工程招标。

5. 工程监理招投标

工程监理招投标指招标人就拟建工程项目的监理任务发布通告，以法定方式吸引工程监理单位参加竞争，招标人从中选择优越者完成监理任务。

6. 工程材料设备招投标

工程材料设备招投标指招标人就拟购买的材料设备发布通告或邀请，以法定方式吸引材料设备供应商参加竞争，招标人从中选择优越者的法律行为。

二、建设工程招投标应遵循的基本原则

工程招投标活动应当遵循公开、公平、公正和诚实信用的原则，具体如下。

1. 公开原则

公开原则，要求建设工程招标投标活动具有较高的透明度。具体有以下几层意思。

(1) 建设工程招标投标的信息公开。通过建立和完善建设工程项目报建登记制度，及时向社会发布建设工程招标投标信息，让有资格的投标者都能享受到同等的信息，便于进行投标决策。

(2) 建设工程招标投标的条件公开。什么情况下可以组织招标，什么机构有资格组织招标，什么样的单位有资格参加投标等，必须向社会公开，便于社会监督。

(3) 建设工程招标投标的程序公开。工程建设项目的招标投标应当经过哪些环节、步骤，在每一环节、每一步骤有哪些具体要求和时间限制，凡适宜公开的，都应当予以公开。在建设工程招标投标的全过程中，招标单位的主要招标活动程序、投标单位的主要投标活动程序和招标投标管理机构的主要监管程序，必须公开。

(4) 建设工程招标投标的结果公开。哪些单位参加了投标，最后哪个单位中了标，应当予以公开。

2. 公平原则

公平原则，是指所有当事人和中介机构在建设工程招标投标活动中，享有同等的机会，具有同等的权利，履行相应的义务，任何一方都不受歧视。它主要体现在以下各方面。

(1) 工程建设项目，凡符合法定条件的，都一样进入市场通过招标投标进行交易。市场主体不仅包括承包方，也包括发包方，发包方进入市场的条件是一样的。

(2) 在建设工程招标投标活动中，所有合格的投标人进入市场的条件和竞争机会都是一样的，招标人对投标人不得搞区别对待，厚此薄彼。

(3) 建设工程招标投标涉及的各方主体，都负有与其享有的权利相适应的义务，因情势变迁（不可抗力）等原因造成各方权利义务关系不均衡的，都可以而且也应当依法予以调整或解除。

（4）当事人和中介机构对建设工程招标投标中自己有过错的损害，根据过错大小承担责任，对各方均无过错的损害则根据实际情况分担责任。

3. 公正原则

公正原则，是指在建设工程招标投标活动中，按照同一标准实事求是地对待所有的当事人和中介机构。如招标人按照统一的招标文件示范文本公正地表述招标条件和要求，按照事先经建设工程招标投标管理机构审查认定的评标定标办法，对投标文件进行公正评价，择优确定中标人等。

4. 诚实信用原则

诚实信用原则，简称诚信原则，是指在建设工程招标投标活动中，当事人和有关中介机构应当以诚相待、讲求信义、实事求是，做到言行一致、遵守诺言、履行合约，不得见利忘义、投机取巧、弄虚作假、隐瞒欺诈、以次充好、掺杂使假、坑蒙拐骗，损害国家、集体和其他人的合法权益。诚信原则是建设工程招标投标活动中的重要道德规范，也是法律上的要求。诚信原则要求当事人和中介机构在进行招标投标活动时，必须具备诚实无欺、善意守信的内心状态，不得滥用权力损害他人，要在自己获得利益的同时充分尊重社会公德和国家的、社会的、他人的利益，自觉维护市场经济的正常秩序。

三、建设工程招投标的范围与方式

1. 建设工程项目招投标的范围

《中华人民共和国招标投标法》指出，凡在中华人民共和国境内进行下列工程建设项目，包括项目的勘察、设计、施工、监理以及与工程建设有关的重要设备、材料等的采购，必须进行招标。

（1）大型基础设施、公用事业等关系社会公共利益、公众安全的项目。

（2）全部或者部分使用国有资金投资或者国家融资的项目。

（3）使用国际组织或者外国政府贷款、援助资金的项目。

2. 建设工程项目招投标的方式

（1）公开招标　又称为无限竞争招标，是由招标单位通过报刊、广播、电视等方式发布招标广告，有意的承包商均可参加资格审查，合格的承包商可购买招标文件，参加投标的招标方式。

公开招标的优点是：投标的承包商多、范围广、竞争激烈，业主有较大的选择余地，有利于降低工程造价，提高工程质量和缩短工期。缺点是：由于投标的承包商多；招标工作量大，组织工作复杂，需投入较多的人力、物力，招标过程所需时间较长。

公开招标方式主要用于政府投资项目或投资额度大，工艺、结构复杂的较大型工程建设工程项目。

（2）邀请招标　又称为有限竞争性招标，这种方式不发布广告，业主根据自己的经验和所掌握的信息资料，向有承担该项工程施工能力的三个以上（含三个）承包商发出招标邀请书，收到邀请书的单位才有资格参加投标。

邀请招标的优点是：目标集中，招标的组织工作较容易，工作量比较小。缺点是：由于参加的投标单位较少，竞争性较差，使招标单位对投标单位的选择余地较少，如果招标单位在选择邀请单位前所掌握信息资料不足，则会失去发现最适合承担该项目的承包商的机会。

无论公开招标还是邀请招标都必须按规定的招标程序完成，一般是事先制订统一的招标文件，投标均按招标文件的规定进行。

相关知识

工程招标投标的意义

(1) 有利于建设市场的法制化、规范化。从法律意义上说，工程建设招标投标是招标、投标双方按照法定程序进行交易的法律行为，所以双方的行为都受法律的约束。这就意味着建设市场在招标投标活动的推动下将更趋理性化、法制化和规范化。

(2) 形成市场定价的机制，使工程造价更趋合理。招标投标活动最明显的特点是投标人之间的竞争，而其中最集中、最激烈的竞争则表现为价格的竞争。价格的竞争最终导致工程造价趋于合理的水平。

(3) 促进建设活动中劳动消耗水平的降低，使工程造价得到有效的控制。在建设市场中，不同的投标人其劳动消耗水平是不一样的。但为了竞争招标项目，在市场中取胜，降低劳动消耗水平就成了市场取胜的重要途径。当这一途径为大家所重视，必然要努力提高自身的劳动生产率，降低个别劳动消耗水平，进而导致整个工程建设领域劳动生产率的提高、平均劳动消耗水平下降，使得工程造价得到控制。

(4) 有力地遏制建设领域的腐败，使工程造价趋向科学。工程建设领域在许多国家被认为是腐败行为多发区、重灾区。我国在招标投标中采取设立专门机构对招标投标活动进行监督管理，从专家人才库中选取专家进行评标的方法，使工程建设项目承发包活动变得公开、公平、公正，可有效地减少暗箱操作、徇私舞弊行为，有力地遏制行贿受贿等腐败现象的产生，使工程造价的确定更趋科学、更加符合其价值。

(5) 促进了技术进步和管理水平的提高，有助于保证工程质量、缩短工期。投标竞争中表现最激烈的虽然是价格的竞争，而实质上是人员素质、技术装备、技术水平、管理水平的全面竞争。投标人要在竞争中获胜，就必须在报价、技术、实力、业绩等诸方面展现出优势。因此，竞争迫使竞争者必须加大自己的投入，采用新材料、新技术、新工艺，加强企业和项目管理，因而促进了全行业的技术进步和管理水平的提高，进而使我国工程建设项目质量普遍得到提高，工期普遍得以合理缩短。

第 2 节　工程招投标监管机构

要　点

建设工程招投标是市场经济的产物，是期货交易的一种方式，是市场经济条件下最普遍、最常见的择优方式。推行工程招投标的目的，就是要在建筑市场中建立竞争机制，为了调节日益激烈的竞争，监管机构随之建立起来，占有重要地位。本节主要介绍工程招投标的监管体制、分级管理与管理机构。

解　释

一、工程招投标监管体制

建设工程招标投标监管体制，是指建设工程招标投标监督管理的组织机构设置及其职责权限的划分。建设工程招标投标监督管理是工程项目确立后进入实施阶段的监督管理，涉及面比较广。从国家和地方的政府职能配置来看，对建设工程招标投标的监督管理，主要是由建设行政主管部门承担的，其他有关部门也有一定的监督管理职责。从总体上讲，建设工程招标投标监管体制主要涉及以下两个方面的问题。

(1) 建设行政主管部门与有关专业主管部门的关系。建设行政主管部门与有关专业主管部门的关系，是建设工程招标投标管理体制中的外部关系。有关专业主管部门承担本专业建设工程的具体组织实施工作和相关专业的行业管理工作，也是整个建筑业的组成部分，所以，他们应当同时接受建设行政主管部门的综合管理和监督。建设行政主管部门与有关专业主管部门的关系，是归口统管与具体分管、综合主管与单项协管的关系。

(2) 建设行政主管部门上下级之间以及同级建设行政主管部门与隶属于它的招标投标管理机构的关系，是建设工程招标投标管理体制中的内部关系。建设行政主管部门上下级之间是分级管理关系，指导与被指导、监督与被监督的关系；建设行政主管部门与隶属于它的招标投标管理机构是领导与被领导的关系，授权与被授权、委托与被委托的关系。

二、工程招投标分级管理

建设工程招标投标分级管理，是指省、市、县三级建设行政主管部门依据各自的权限，对本行政区域内的建设工程招标投标分别实行管理，即分级属地管理。这是建设工程招标投标管理体制内部关系中的核心问题。实行这种建设行政主管部门系统内的分级属地管理，是现行建设工程项目投资管理体制的要求，也是进一步提高招标工作效率和质量的重要措施，有利于更好地实现建设行政主管部门对本行政区域建设工程招标投标工作的统一监管。

迄今，全国各地对建设工程招标投标工作普遍都实行分级管理。确定分级管理范围的依据或标准，主要有三种模式。

(1) 按建设项目的规模或投资总额确定分级管理的范围，如山东、福建、天津、辽宁等。采用这种模式的在具体做法上也不一样，如有的规定，省属和中央直属在本省的建设单位，投资总额在 3000 万元以上的工程施工招标由省招标投标管理部门负责管理；其他工程项目的施工招标由市招标投标管理部门负责管理。有的规定，省建设行政主管部门负责指导、监督大型建设项目和省重点工程的施工招标投标活动，审批咨询、监理等单位代理施工招标投标业务的资格；地（市）建设行政主管部门负责指导、监督本行政区域内的中型建设项目和政府所在地建设项目的施工招标投标活动；县（市）建设行政主管部门负责指导、监督本行政区域内的小型建设项目和民用建筑工程的施工招标投标活动。还有的规定，市（直辖市）建委负责管理建筑面积在 10000m^2（有的区域为 5000m^2 或 3000m^2）以上或工程造价在 500 万元（有的区域为 300 万元或 150 万元）以上（均含本数）工程项目的招标投标工作；限额以下工程项目的招标投标工作由项目所在地的区、县建委负责管理。

(2) 按招标投标管理权限与基建、技改项目立项现行审批或备案登记权限相一致的原则确定分级管理的范围，如湖北、甘肃、江苏等。按照这种模式，属省、市、县（市）审批立项或备案的工程项目，其招标投标工作分别由省、市、县（市）建设行政主管部门负责管理。至于属于国家审批立项或备案的工程建设项目的招标投标工作，应由国家建设行政主管部门负责。但由于目前国家建设行政主管部门并不直接管理工程项目的招标投标工作，所以属国家审批立项或备案的工程项目的招标投标工作，应由省建设行政主管部门负责管理。

(3) 将建设规模、投资总额和项目审批、备案权限等因素结合起来考虑确定分级管理的范围，如江西等。

三、工程招投标的管理机构

建设工程招标投标管理机构，是指经政府或政府编制主管部门批准设立的隶属于同级建设行政主管部门的省、市、县（市）建设工程招标投标办公室。在设区的市、区一般不设招标投标管理机构，省、市、县（市）各类开发区一般也不设招标投标管理机构。建设工程招标投标管理机构的法律地位，一般是通过它的性质和职权来体现的。

1. 建设工程招标投标管理机构的性质

各级建设工程招标投标管理机构，从机构设置、人员编制来看，其性质通常都是代表政府行使行政监管职能的事业单位。建设行政主管部门与建设工程招标投标管理机构之间是领导与被领导关系。省、市、县（市）招标投标管理机构之间上级对下一级之间有业务上的指导和监督关系。从法理上分析，招标投标管理机构属规章直接授权的行政管理主体、行政执法（行政处罚除外）主体和受行政机关委托的行政处罚实施主体。招标人和投标人在建设工程招标投标活动中，负有接受招标投标管理机构的管理和监督的义务。

2. 建设工程招标投标管理机构的职权

建设工程招标投标管理机构的职权，概括起来可分为两个方面。一方面是承担具体负责建设工程招标投标管理工作的职责。也就是说，建设行政主管部门作为本行政区域内建设工程招标投标工作统一归口管理部门的职责，具体是由招标投标管理机构来全面承担的。这时，招标投标管理机构行使职权是在建设行政主管部门的名义下进行的。另一方面，是在招标投标管理活动中享有可独立以自己的名义行使的管理职权。这些职权主要包括以下内容。

（1）办理建设工程项目报建登记。

（2）审查发放招标组织资质证书、招标代理人及标底编制单位的资质证书。

（3）接受招标人申报的招标申请书，对招标工程应当具备的招标条件、招标人的招标资质或招标代理人的招标代理资质、采用的招标方式进行审查认定。

（4）接受招标人申报的招标文件，对招标文件进行审查认定，对招标人要求变更发出后的招标文件进行审批。

（5）对投标人的投标资质进行复查。

（6）对标底进行审定，可以直接审定，也可以将标底委托建设银行以及其他有能力的单位审核后再审定。

（7）对评标定标办法进行审查认定，对招标投标活动进行全过程监督，对开标、评标、定标活动进行现场监督。

（8）核发或者与招标人联合发出中标通知书。

（9）审查合同草案，监督承发包合同的签订和履行。

（10）调解招标人和投标人在招标投标活动中或履行合同过程中发生的纠纷。

（11）查处建设工程招标投标方面的违法行为，依法受委托实施相应的行政处罚。

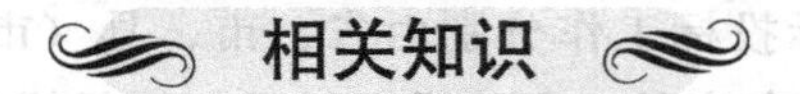

相关知识

工程招标投标与建筑市场的关系

建筑市场与工程招投标相互联系、相互制约、相互促进。工程招投标制是市场经济的产物，工程招标制作为建筑市场的一个重要组成部分，自身的发展依赖于建筑市场整体乃至市场经济体系的完善与发展，同时招投标制又是培养和发展建筑市场的主要环节，没有招投标制的发展就不会形成完善的建筑市场机制。

1. 工程招投标是培育和发展建筑市场的重要环节

(1) 推行招投标制有利于规范建筑市场主体的行为，促进合格市场主体的形成。

(2) 推行招投标制，为规范各建筑市场主体的行为，促进其尽快成为合格的市场主体创造了条件。随着与招投标制相关的各项法规的健全与完善，执法力度的加强，投资体制改革的深化，多元化投资方式的发展，工程发包中，业主的投资行为将逐渐纳入科学、规范的轨道。真正的公平竞争、优胜劣汰的市场法则，迫使施工企业必须通过各种措施提高其竞争能力，在质量、工期、成本等诸多方面创造企业生存与发展的空间。同时，招投标制又为中介服务机构创造了良好的工作环境，促使中介服务队伍尽快发展壮大，以适应市场日益发展的需求。

(3) 推行招标投标制有利于形成良性的建筑市场运行机制。建筑市场的运行机制主要包括价格机制、竞争机制和供求机制。良性的市场运行机制是市场发挥其优化配置资源的基础性作用的前提。

(4) 通过推行招投标制，有利于价格真实反映市场供求状况，真正显示企业的实际消耗和工作效率，使实力强、素质高、经营好的建筑企业的产品更具竞争性，实现资源的优化配置；有利于建筑企业降低成本、减少投入、提高质量、缩短工期、例行履约、保证信誉、公平竞争、优胜劣汰；有利于在工程建设中加强工程报建和施工管理，准确掌握市场供求状况，有效控制在建工程的数量，避免材料、能源供应及城市、交通设施的过度紧张，防止建设规模的过度膨胀。

2. 推行招投标制有利于促进经济体制的配套改革和市场经济体制的建立

推行招投标制，涉及计划、价格、物资供应、劳动工资等各个方面，客观上要求有与其相匹配的体制。对不适应招投标的内容必须进行配套改革，加快市场体制发展的步伐。

3. 推行招投标制有利于促进我国建筑业与国际接轨

国际建筑市场的竞争非常激烈，而我国建筑企业将要面临的是国内、国际两个市场的挑战与竞争，这种挑战与竞争促进了我国建筑业与国际的接轨。由于招投标是国际通用做法，通过推行招投标制可使建筑企业逐渐认识、了解和掌握国际通行做法，寻找差距，不断提高自身素质与竞争能力，为进入国际市场奠定基础。

第3节　水暖及通风空调工程施工招标

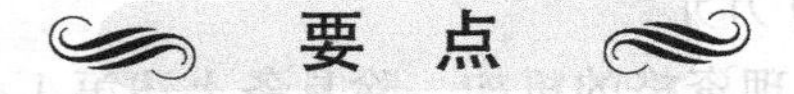

施工招标是指招标单位的施工任务发包，鼓励施工企业投标竞争，从中选出技术能力强、管理水平高、信誉可靠且报价合理的承建单位，并以签订合同的方式约束双方在施工过程中行为的经济活动。

解　释

一、施工招标单位应具备的条件

项目施工招标单位在工程招标之前，要具备一定的条件，才可以进行招标。

(1) 根据《中华人民共和国招标投标法》规定，招标人应是“提出招标项目，进行招标的法人或者其他组织”。“招标人应当有进行招标项目的相应资金或者资金来源已经落实，并应当在招标文件中如实载明”。同时“招标人具有编制招标文件和组织评标能力的，可以自行办理招标事宜”。

(2) 按照建设部的有关规定，依法必须进行施工招标的工程，招标人自行办理施工招标事宜的，应当具有编制招标文件和组织评标的能力。

① 有专门的施工招标组织机构。

② 有与工程规模、复杂程度相适应并具有同类工程施工招标经验、熟悉有关工程施工招标法律法规的工程技术、概预算及工程管理的专业人员。

不具备以上条件的，招标人应当委托具备相应资格的工程招标代理机构进行施工招标。

二、招标代理机构应具备的条件

按照建设部第154号令《工程建设项目招标代理机构资格认定办法》，规定如下。

1. 申请工程招标代理资格的机构应当具备下列条件：

(1) 是依法设立的中介组织，具有独立法人资格；

(2) 与行政机关和其他国家机关没有行政隶属关系或者其他利益关系；

(3) 有固定的营业场所和开展工程招标代理业务所需设施及办公条件；

(4) 有健全的组织机构和内部管理的规章制度；

(5) 具备编制招标文件和组织评标的相应专业力量；

(6) 具有可以作为评标委员会成员人选的技术、经济等方面的专家库；

(7) 法律、行政法规规定的其他条件。

2. 工程招标代理机构资格分为甲、乙两级

(1) 申请甲级工程招标代理资格的机构，除具备上述第1条规定的条件外，还应当具备下列条件：

① 取得乙级工程招标代理资格满3年；

② 近3年内累计工程招标代理中标金额在16亿元人民币以上（以中标通知书为依据，下同）；

③ 具有中级以上职称的工程招标代理机构专职人员不少于20人，其中具有工程建设类注册执业资格人员不少于10人（其中注册造价工程师不少于5人），从事工程招标代理业务3年以上的人员不少于10人；

④ 技术经济负责人为本机构专职人员，具有10年以上从事工程管理的经验，具有高级技术经济职称和工程建设类注册执业资格；

⑤ 注册资本金不少于200万元。

(2) 申请乙级工程招标代理资格的机构，除具备上述第1条规定的条件外，还应当具备下列条件：

① 取得暂定级工程招标代理资格满1年；

② 近3年内累计工程招标代理中标金额在8亿元人民币以上；

③ 具有中级以上职称的工程招标代理机构专职人员不少于12人，其中具有工程建设类注册执业资格人员不少于6人（其中注册造价工程师不少于3人），从事工程招标代理业务3年以上的人员不少于6人；

④ 技术经济负责人为本机构专职人员，具有8年以上从事工程管理的经历，具有高级技术经济职称和工程建设类注册执业资格；

⑤ 注册资本金不少于100万元。

三、工程招标应具备的条件

根据《中华人民共和国招标投标法》，实行工程施工招标，必须有经过批准的工程建设计划、设计文件和所需资金。在实际工作中，各地主管部门大都将这些条件规定得更加具体。一般而言必须具备的条件如下。

1. 工程建设项目已经主管部门批准，并已经列入年度投资计划

建设项目的批准是基本建设程序的重要内容和重要环节，按照有关规定，没有列入国家计划或地区计划的建设工程，是不能组织施工的，即使是外资和融资的建设工程，也必须有立项审批的程序。所以，没有列入计划的建设项目也就不能进行施工招标。

2. 设计文件已经批准

工程项目的设计文件包括：初步设计和设计概算，或技术设计和修正概算，或施工图设计和施工图预算，按项目的规模和等级的不同而定。我国许多项目的实践表明，只要时间允许，招标时应尽可能采用施工图设计和施工图预算，才最有利于项目业主单位编写招标文件和准备标底。因此在招标的有关办法中规定，“初步设计和概算文件已经批准”是实行施工招标的必备条件之一，这也是编写招标文件的基本条件。

3. 建设资金已经落实

建设资金（含自筹资金）已按规定存入银行。对于世界银行项目而言，一是指世界银行贷款已经取得承诺，完成了项目评估，将要签订协定；二是指国内配套资金已经落实，或基本落实，两者缺一不可。资金没有落实，不能进行招标，也不能进行资格审查。

4. 招标文件已经编写完成并经批准

招标文件编制质量的优劣，直接影响到采购的效果和进度。其重要性体现为：招标文件是招标者招标承建工程项目或采购货物及服务的法律文件；是投标人准备投标文件及投标的依据；是评标的依据；是签订合同所遵循的文件；技术规范或规格编写严格。总之招标文件是进行施工招标的前提条件。

5. 施工准备工作已就绪

施工准备工作，包括征地拆迁、移民安置、环保措施、临时道路、公用设施、通信设备等现场条件的准备工作已经就绪。

总之，根据实践经验，对建设工程招标的条件，最基本、最关键的是要把握两条：一是建设项目已合法成立，办理了报建登记；二是建设资金已基本落实。

四、施工招标程序

施工招标分为公开招标与邀请招标，不同的招标方式，具有不同的工作内容，其程序也不尽相同。

1. 公开招标程序

(1) 建设工程项目报建　根据《工程建设项目报建管理办法》的规定，凡在我国境内投资兴建的建设工程项目，都必须实行报建制度，接受当地建设行政主管部门的监督管理。建设工程项目报建，是建设单位招标活动的前提，报建范围包括：各类房屋建筑工程（包括新建、改建、扩建、翻修等）、土木工程（包括道路、桥梁、基础打桩等）设备安装、管道线路铺设和装修等建设工程项目。报建的主要内容包括：工程名称、建设地点、投资规模、工程规模、发包方式、计划开竣工日期和工程筹建情况。

建设工程项目的立项批准文件或投资计划下达后，建设单位根据《工程建设项目报建管理办法》规定的要求进行报建，并由建设行政主管部门审批。具备招标条件的，方可开始办理建设单位资质审查。

(2) 审查建设单位资质　指政府招标管理机构审查建设单位是否具备施工招标条件。不具备相关条件的建设单位，需委托具有相应资质的中介机构代理招标，建设单位与中介机构签订委托代理招标的协议，并报招标管理机构备案。

(3) 招标申请　指由招标单位填写“工程建设项目招标申请表”，并经上级主管部门批准后，连同“工程建设项目报建审查登记表”一起报招标管理机构审批。

申请表的主要内容包括：工程名称、建设地点、招标建设规模、结构类型、招标范围、招标方式、要求施工企业等级、施工前期准备情况（土地征用、拆迁情况、勘察设计情况、施工现场条件等）、招标机构组织情况。

(4) 资格预审文件与招标文件的编制、送审　资格预审文件是指公开招标时，招标人要求对投标的施工单位进行资格预审，只有通过资格预审的施工单位才可以参加投标。资格预审文件和招标文件都必须经过招标管理机构审查，审查同意后方可刊登资格预审通告、招标通告。

(5) 刊登资格预审通告、招标通告　公开招标可通过报刊、广播、电视等或信息网上发布“资格预审通告”或“招标通告”。

(6) 资格预审　指招标人按资格预审文件的要求，对申请资格预审的潜在投标人送交填报的资格预审文件和资料进行评比分析，确定出合格的投标人名单，并报招标管理机构核准。

(7) 发放招标文件　指招标人将招标文件、图纸和有关技术资料发放给通过资格预审获得投标资格的投标单位。投标单位收到招标文件、图纸和有关资料后，应认真核对。核对无误后，应以书面形式予以确认。

(8) 勘察现场　招标单位组织通过资格预审的投标单位勘察现场，目的在于了解工程场地和周围环境情况，以获取投标单位认为有必要的信息。

(9) 投标预备会　由招标单位组织，建设单位、设计单位、施工单位参加。目的在于澄清招标文件中的疑问，解答投标单位对招标文件和勘察现场中所提出的疑问和问题。

(10) 工程标底的编制与送审　施工招标可编制标底，也可不编制。如果编制标底，当招标文件的商务条款一经确定，即可进入编制。标底编制完后应将必要的资料报送招标管理机构审定。如果不编制标底，一般用投标单位报价的平均值作为评标价或者实行合理低价中标。

(11) 投标文件的接收　指投标单位根据招标文件的要求，编制投标文件，并进行密封和标识，在投标截止时间前按规定的地点递交至招标单位。招标单位接收投标文件并将其封存。

(12) 开标　在投标截止的同一时间，按招标文件规定的时间、地点，在投标单位法定代表人或授权代理人在场的情况下举行开标会议，按规定的议程进行开标。

(13) 评标　由招标代理、建设单位上级主管部门协商，按有关规定成立评标委员会，在招标管理机构监督下，依据评标原则、评标方法，对投标单位报价、工期、质量、施工方案或施工组织设计、以往业绩、社会信誉、优惠条件等方面进行综合评价，公正合理地择优选择中标单位。

(14) 定标　中标单位选定后，由招标管理机构核准，获准后招标单位向中标单位发出

“中标通知书”。

(15) 合同签订　投标人与中标人自中标通知发出之日起 30 天内，按招标文件和中标人投标文件的有关内容签订书面合同。

公开招标的完整程序见图 6-1。

2. 邀请招标程序

邀请招标是指招标单位直接向适合本工程施工的单位发出邀请，其程序与公开招标大同小异。其不同点主要是没有资格预审环节，但增加了发出投标邀请书的环节。

这里所说的投标邀请书，是指招标单位直接向具有承担本工程能力的施工单位发出的投标邀请书。按照《中华人民共和国招标投标法》规定，被邀请投标的单位不得少于三家。

邀请招标的完整程序见图 6-2。

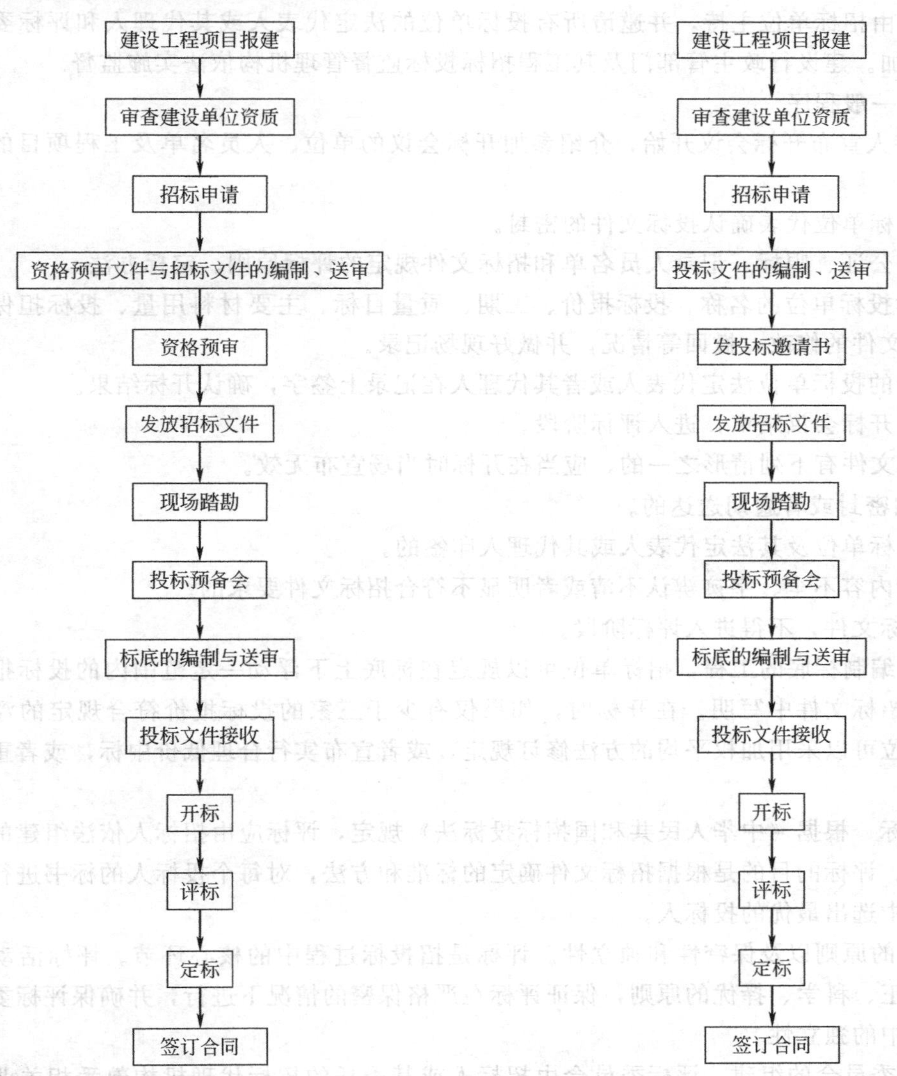

图 6-1　公开招标程序框图　　图 6-2　邀请招标程序框图

3. 开标与评标

在施工招投标中，开标、评标是招标程序中极其重要的环节。只有做出客观公正的评标，才能最终正确地选择最优秀最合适的承包商。《中华人民共和国招标投标法》规定，开标应当在招标文件确定的提交投标文件截止时间的同一时间公开进行；开标地点应当为招标文件中预先确定的地点。开标由招标人主持，邀请所有投标人参加。开标时，由投标人或者推选的代表检查投标文件的密封情况，也可以由招标人委托的公证机构检查并公证；经确认无误后，由工作人员当众拆封，宣读投标人名称、投标价格和投标文件的其他主要内容。招标人在招标文件要求提交投标文件的截止时间前收到的所有投标文件，开标时都应该当众予以拆封、宣读。开标过程应当记录，并存档备查。

(1) 开标

① 开标应当在投标截止时间后，按照招标文件规定的时间和地点公开进行。已建立建设工程项目交易中心的地方，开标应当在建设工程项目交易中心举行。

② 开标由招标单位主持，并邀请所有投标单位的法定代表人或其代理人和评标委员会全体成员参加。建设行政主管部门及其工程招标投标监督管理机构依法实施监督。

③ 开标一般程序

A. 主持人宣布开标会议开始，介绍参加开标会议的单位、人员名单及工程项目的有关情况。

B. 请投标单位代表确认投标文件的密封。

C. 宣布公证、唱标、记录人员名单和招标文件规定的评标原则、定标办法。

D. 宣读投标单位的名称、投标报价、工期、质量目标、主要材料用量、投标担保或保函以及投标文件的修改、撤回等情况，并做好现场记录。

E. 与会的投标单位法定代表人或者其代理人在记录上签字，确认开标结果。

F. 宣布开标会议结束，进入评标阶段。

④ 投标文件有下列情形之一的，应当在开标时当场宣布无效。

A. 未加密封或者逾期送达的。

B. 无投标单位及其法定代表人或其代理人印签的。

C. 关键内容不全、字迹辨认不清或者明显不符合招标文件要求的。

无效投标文件，不得进入评标阶段。

⑤ 对于编制标底的工程，招标单位可以规定在标底上下浮动一定范围内的投标报价为有效，并在招标文件中写明。在开标时，如果仅有少于三家的投标报价符合规定的浮动范围，招标单位可以采用加权平均的方法修订规定，或者宣布实行合理低价中标，或者重新组织招标。

(2) 评标　根据《中华人民共和国招标投标法》规定，评标应由招标人依法组建的评标委员会负责。评标的目的是根据招标文件确定的标准和方法，对每个投标人的标书进行评审和比较，从中选出最优的投标人。

① 评标的原则以及保密性和独立性。评标是招投标过程中的核心环节。评标活动应遵循公平、公正、科学、择优的原则，保证评标在严格保密的情况下进行，并确保评标委员会在评标过程中的独立性。

② 评标委员会的组建。评标委员会由招标人或其委托的招标代理机构熟悉相关业务的代表，以及有关技术、经济等方面的专家组成，成员人数为5人以上的单数，其中技术、经济等方面的专家不得少于成员总数的2/3。评标委员会的专家成员应当从省级以上人民政府有关部门提供的专家名册或者招标代理机构专家库内的相关专家名单中确定。评标委员会成

员名单一般应于开标前确定，而且该名单在中标结果确定前应当保密，任何单位和个人都不得非法干预、影响评标过程和结果。评标委员会由招标人负责组建，评标委员会负责评标活动，向招标人推荐中标候选人或者根据招标人的授权直接确定中标人。

③ 评标的程序。评标可以按两段三审进行，两段指初步评审和详细评审，三审指符合性评审、技术性评审和商务性评审。

④ 评标的方法。评标的方法有经评审的最低投标价法和综合评议法。具体评标方法由招标单位决定，并在招标文件中载明。

A. 经评审的最低投标价法。经评审的最低投标价法是指能够满足招标文件的实质性要求，并且经评审的最低投标价的投标，应当推荐为中标候选人。这种评标方法是按照评审程序，经初审后，以合理低标价作为中标的主要条件。通常适用于具有通用技术、性能标准或者招标人对其技术、性能没有特殊要求的招标项目。采用经评审的最低投标价法的，评标委员会应当根据招标文件中规定的评标价格调整方法，对所有投标人的投标报价以及投标文件的商务部分作必要的价格调整。

B. 综合评议法。不宜采用经评审的最低投标价法的招标项目，一般应当采取综合评议法进行评审。根据综合评议法，最大限度地满足招标文件中规定的各项综合评价标准的投标，应当推荐为中标候选人。在综合评议法中，最常用的方法是百分法。

⑤ 评标报告。评标委员会应当编制评标报告。评标报告应包括下列主要内容。

A. 招标情况，包括工程概况、招标范围和招标的主要过程。

B. 开标情况，包括开标的时间、地点、参加开标会议的单位和人员，以及唱标等情况。

C. 评标情况，包括评标委员会的组成人员名单，评标的方法、内容和依据，对各投标文件的分析论证及评审意见。

D. 对投标单位的评标结果排序，并提出中标候选人的推荐名单。

评标报告需经评标委员会全体成员签字确认。

4. 中标

(1) 中标单位的选择　招标单位应当根据评标委员会的评标报告，并从其推荐的中标候选人名单中确定中标单位，也可以授权评标委员会直接选定中标单位。

实行合理低价法评标的，在满足招标文件各项要求的前提下，投标报价最低的投标单位应当为中标单位，但评标委员会可以要求其对保证工程质量、降低工程成本拟采用的技术措施做出说明，并据此提出评价意见，供招标单位定标时参考。实行综合评议法，得票最多或者得分最高的投标单位应当为中标单位。

招标单位未按照推荐的中标候选人排序确定中标单位的，应当在其招标投标情况的书面报告中说明理由。

(2) 定标　在评标委员会提交评标报告后，招标单位应当在招标文件规定的时间内完成定标。定标后，招标单位需向中标单位发出“中标通知书”，并同时将中标结果通知所有未中标的投标人。“中标通知书”的实质内容应当与中标单位投标文件的内容相一致。

自“中标通知书”发出之日30日内，招标单位应当与中标单位签订合同，合同价应当与中标价相一致，合同的其他主要条款应当与招标文件、“中标通知书”相一致。订立书面合同后的7日内，中标人应当将合同报送县级以上工程所在地的建设行政主管部门备案。

招标人与中标人签订合同后5个工作日内，应当向中标人和未中标的投标人退还投标保证金。中标人应当按照合同约定履行义务，完成中标项目。

中标后，除不可抗力外，中标单位拒绝与招标单位签订合同的，招标单位可以不退还其投标保证金，并可以要求赔偿相应的损失；招标单位拒绝与中标单位签订合同的，应当双倍返还其投标保证金，并赔偿相应的损失。

中标单位与招标单位签订合同时，应当按照招标文件的要求，向招标单位提供履约保证。履约保证可以采用银行履约保函（一般为合同价的5%～10%），或者其他担保方式（一般为合同价的10%～20%）。招标单位应当向中标单位提供工程款支付担保。

相关知识

国际工程招标投标原则

国际工程招标投标坚持贯彻公开、公正、平等竞争、及时有效的基本原则，以真正充分发挥招标投标制度的优越性和积极作用。透明、公正、择优是这一原则的实质。具体表现为以下几点。

(1) 工程项目招标的信息向社会公开发布、由公众共享、所有投标人对招标信息有同等的了解权和知情权、使用权。

(2) 工程招标的范围和具体内容具体、明确，应当招标的工程都能实行招标。

(3) 优先使用公开竞争性招标方式，通常只有在公开竞争性招标方式不能使用时，才可采用其他招标方式。

(4) 工程招标投标的程序、规则事先公开，招标投标过程中的权利、义务和责任明确且科学合理，在招标投标过程中招标人无权与投标人直接谈判，投标截止后投标人无权对投标书做任何修改，招标投标过程透明，结果公开，没有“暗箱操作”的可能，社会公众对招标投标过程具有高度的信任感。

(5) 采取切实措施，鼓励和促进所有供应商和承包商参与投标竞争过程，给予所有参与投标的供应商和承包商以公平和平等的待遇，不得歧视不同国别的公司，以此促进国际贸易。

(6) 在价格、质量、技术、期限、方案、服务、信誉等方面尽可能满足招标人的要求，使报价最低或条件最优惠的投标人得到最多的中标机会。

(7) 通过一系列科学管理手段，保证招标投标及时、顺利进行，保证招标投标过程中的所有参加人在其权利受到侵犯时能获得及时有效的法律救济手段。

第4节　招标文件的组成

要　点

招标文件是招标人向投标人发出的，旨在向其提供编写投标文件所需的资料，并向其通报招标投标将依据的规则和程序等项目内容的书面文件，它是招标投标过程中最重要的文件之一。通常在发布招标公告或发出投标邀请书前，招标人或其委托的招标代理机构就应根据招标项目的特点和要求编制招标文件。

解　释

招标文件一般包括以下内容。

一、前附表

它是“投标须知”前附表的简称，其以表格的形式将“投标须知”概括性地表示出来，放在招标文件的最前面，使投标人一目了然，便于引起注意和查阅。前附表一般包括以下内容。

（1）招标项目概况，包括项目名称、建设地点、建设规模、结构类型、资金来源等内容。

（2）招标范围。

（3）承包方式。

（4）合同名称。

（5）投标有效期。

（6）质量标准。

（7）工期要求。

（8）投标人资质等级。

（9）必要时概括列出投标报价的特殊性规定。

（10）投标保证金数额。

（11）投标预备会时间、地点。

（12）投标文件份数。

（13）投标文件递交地点。

（14）投标截止时间。

（15）开标时间。

二、投标须知

“投标须知”一般包括总则、招标文件、投标文件、开标、评标、合同授予等内容。

（1）总则。一般包括以下内容。

① 招标项目概括。主要项目名称、建设地点、建设规模、结构类型、资金来源、建设审批文件等内容。

② 招标范围。

③ 承包方式。

④ 招标方式。

⑤ 招标要求。包括质量标准、工期要求。

⑥ 投标人条件。包括企业资质、项目经理资质等。

⑦ 投标费用。

（2）招标文件。主要包括以下内容。

① 招标文件组成。

② 招标文件解释。其中规定了招标文件解释的时间和形式。

③ 现场踏勘。

④ 投标预备会。

⑤ 招标文件修改。其中规定了招标文件修改的形式、时效、法律效力。

（3）投标文件。这是“投标须知”中对投标文件各项要求的阐述。主要包括以下内容。

① 投标文件的语言。

② 投标报价的规定。包括报价有效范围、报价依据、报价内容、部分费率和单价的规定、投标货币、主要材料和设备的品牌规定等。

③ 投标文件编制要求。包括投标书组成内容、投标文件格式要求、投标文件的份数和签署、投标文件的密封与标志、投标有效期和投标截止期等。

④ 投标文件递交规定。包括投标文件封包要求、投标文件递交的时间和地点等。

⑤ 投标保证金。这是对投标保证金的货币或单证形式及交纳时间等问题的说明。投标保证金不得超过招标项目估算价的 2%。投标保证金有效期应当与投标有效期一致。招标人不得挪用投标保证金。

⑥ 投标文件的修改与撤回。这是对投标书的修改与撤回在时间和形式上的规定。

(4) 开标。一般包括以下内容。

① 开标的时间、地点。

② 开标会议出席人员规定。

③ 会前必须交验的有关证明文件的规定。

④ 程序性废标的条件。

⑤ 唱标和记录规定。

(5) 评标。一般包括以下内容。

① 评标委员会的组成。

② 评标办法。

③ 实质性废标条件。

④ 投标文件澄清规定。

⑤ 评标保密规定。

(6) 合同授予。一般包括以下内容。

① 中标通知书发放规定。

② 履约保证金或保函递交时效规定。

③ 合同签订时效规定。

三、合同主要条款

合同主要条款一般包括：施工组织设计和工期、工程质量和验收、合同价款与支付、工程保修和其他等部分。

(1) 施工组织设计和工期。一般包括以下内容。

① 进度计划编制要求。

② 开、竣工日期。

③ 工程延期的条件。

(2) 工程质量与验收。一般包括以下内容。

① 质量标准。

② 质量验收程序。

(3) 合同价款与支付。一般包括以下内容。

① 合同价款调整规定。

② 工程款支付规定。

(4) 其他。此部分根据招标人的具体要求编写。

四、合同格式

其规定了合同所采用的文本格式。国内项目大多采用由建设部和国家工商行政管理局制定的《建设工程施工合同（示范文本）》(GF-2013-0201)。

五、技术规范

其主要说明本项目适用规范、标准。

六、设计图纸

是对施工图的移交作出规定。招标文件中的图纸，不仅是投标人拟定施工方案、确定施工方法、提出替代方案、计算投标报价必不可少的资料，也是工程合同的组成部分。因此应详细列出图纸张数和编号。

七、评标标准和方法

此部分内容前面已进行解释，不再复述。

八、投标文件的格式

此部分主要提供一些投标文件的统一格式。

相关知识

招标文件的作用

(1) 进行投标决策和编制投标文件的客观依据。招标文件规定获得招标项目的实质性条件，如招标的技术要求、报价要求、评标标准、拟签合同的基础条款等，从而可以使潜在的投标人结合自身的实际条件，做出是否参与投标的决策，若决定参与，它又是投标人编制投标文件的重要编制依据。

(2) 订立合同的基础。在招标文件中，由于拟定了招标人将与中标人签订合同的主要条款，这就为将签订的合同奠定了基础，并节约了交易时间，降低了交易成本。中标人的投标文件，实质上是响应招标文件的最佳表现形式，是对招标文件中的条件、规定、原则的书面承诺。

(3) 招标投标交易公开透明。招标投标的交易形式之所以成为国际组织、各国政府，甚至一般企业所采用的交易形式，在于它公开宣示交易条件，使交易在“阳光”下完成。

第5节　招标标底的编制与审查

要　点

标底是指招标人根据招标项目的具体情况，编制的完成招标项目所需的全部费用，是根据国家规定的计价依据和计价办法计算出来的工程造价，是招标人对建设工程项目的期望价格。

解　释

一、标底的编制原则

(1) 根据国家公布的统一工程项目划分、统一计量单位、统一计算规则以及施工图纸、招标文件，并参照国家、行业或地方批准发布的定额和国家、行业、地方规定的技术标准规范，以及要素市场价格编制标底。

(2) 标底作为建设单位的期望价格，应力求与市场的实际变化吻合，要有利于竞争和保证工程质量。

(3) 标底应由直接费、间接费、利润、税金等组成，一般应控制在批准的总概算（或修正概算）及投资包干的限额内。

（4）标底应考虑人工、材料、设备、机械台班等价格变化因素，还应包括不可预见费（特殊情况）、预算包干费、措施费（赶工措施费、施工技术措施费）、现场因素费用、保险以及采用固定价格的工程的风险金等。工程要求优良的还应增加相应费用。

（5）一个工程只能编制一个标底。

（6）标底编制完成，直至开标时，所有接触过标底价格的人员均负有保密责任，不得泄露。

二、标底的编制依据

（1）招标文件。

（2）工程施工图纸、工程量计算规则。

（3）施工现场地质、水文、地上情况等有关资料。

（4）施工方案或施工组织设计。

（5）现行的工程预算定额、工期定额、工程项目计价类别及取费标准。

（6）国家或地方有关价格调整文件规定。

（7）招标时建筑安装材料及设备的市场价格。

三、标底的编制程序

工程标底价格的编制必须遵循一定的程序才能保证标底价格的准确性。

（1）确定标底价格的编制单位。标底价格由招标单位（或业主）自行编制，或由受其委托具有编制标底资格和能力的中介机构代理编制。

（2）搜集审阅编制依据。

（3）确定标底计价方法，取定市场要素价格。

（4）确定工程计价要素消耗量指标。当使用现行定额编制标底价格时，应对定额中各类消耗量指标按社会先进水平进行调整。

（5）参加工程招投标交底会，勘察施工现场。

（6）招标文件质疑。对招标文件（工程量清单）表述，或描述不清的问题向招标方质疑，请求解释，明确招标方的真实意图，力求计价精确。

（7）确定施工方案。

（8）计算标底价格。

（9）审核修正定稿。

四、标底文件的主要内容

（1）标底的综合编制说明。

（2）标底价格审定书、标底价格计算书、带有价格的工程量清单、现场因素、各种施工措施费的测算明细以及采用固定价格工程的风险系数测算明细等。

（3）主要人工、材料、机械设备用量表。

（4）标底附件。

（5）标底价格编制的有关表格。

五、标底价格的编制方法

1. 定额计价法编制标底

定额计价法编制标底采用的是分部分项工程项目的直接工程费单价（或称为工料单价），该单价中仅仅包括了人工、材料、机械费用。

（1）单位估价法。单位估价法编制招标工程的标底大多是在工程概预算定额基础上做出的，但它不完全等同于工程概预算。编制一个合理、可靠的标底还必须在此基础上综合考虑工期、质量、自然地理条件和招标工程范围等因素。

（2）实物量法。用实物量法编制标底，主要先用计算出的各分项工程的实物工程量，分别套取工程定额中的人工、材料、机械消耗指标，并按类相加，求出单位工程所需的各种人工、材料、施工机械台班的总消耗量，然后分别乘以当时当地的人工、材料、施工机械台班市场单价，求出人工费、材料费、施工机械使用费，再汇总求和得到直接工程费。对于间接费、利润和税金等费用的计算则根据当时当地建筑市场的供求情况具体确定。

虽然以上两种方法在本质上没有大的区别，但由于标底具有力求与市场的实际变化相吻合的特点，所以标底应考虑人工、材料、设备、机械台班等价格变化因素，还应考虑不可预见费用（特殊情况）、预算包干费用、现场因素费用、保险以及采用固定价格合同的工程的风险费用。工程要求优良的还应增加相应费用。

2. 清单计价法编制标底

工程量清单计价法编制标底时采用的单价主要是综合单价。用综合单价编制标底价格，要根据统一的项目划分，按照统一的工程量计算规则计算工程量，确定分部分项工程项目以及措施项目的工程量清单。然后分别计算其综合单价，该单价是根据具体项目分别计算的。综合单价确定以后，填入工程量清单中，再与工程量相乘得到合价，汇总之后最后考虑规费、税金即可得到标底价格。

采用工程量清单计价法编制标底时应注意两点：一是若编制工程量清单与编制招标标底不是同一单位时，应注意发放招标文件中的工程量清单与编制标底的工程量清单在格式、内容、项目特征描述等各方面保持一致，避免由此造成的招标失败或评标的不公正。二是要仔细区分清单中分部分项工程清单费用、措施项目清单费用、其他项目清单费用和规费、税金等各项费用的组成，避免重复计算。

六、标底价格的确定

1. 标底价格的计算方式

工程标底的编制，需要根据招标工程的具体情况，如设计文件和图纸的深度、工程的规模和复杂程度、招标人的特殊要求、招标文件对投标报价的规定等，选择合适的编制方法计算。

在工程招标时施工图设计已经完成，标底价格应按施工图纸进行编制；如果招标时只是完成了初步设计，标底价格只能按照初步设计图纸进行编制；如果招标时只有设计方案，标底价格可用每平方米造价指标或单位指标等进行编制。

标底价格的编制，除依据设计图纸进行费用的计算外，还需考虑图纸以外的费用，包括由合同条件、现场条件、主要施工方案、施工措施等所产生费用的取定，根据招标文件或合同条件规定的不同要求，选择不同的计价方式。依据我国现行工程造价的计算方式和习惯做法，在按工程量清单计算标底价格时，单价的计算可采用工料单价法和综合单价法。综合单价法针对分部分项工程内容，综合考虑其工、料、机成本和各类间接费及利税后报出单价，再根据各分项量价积之和组成工程总价；工料单价法则首先汇总各种工、料、机消耗量，乘以相应的工、料、机市场单价，得到直接工程费，再考虑措施费、间接费和利税得出总价。

2. 确定标底价格需考虑的其他因素

（1）标底价格必须适应目标工期的要求。预算价格反映的是按定额工期完成合格产品的价格水平。若招标工程的目标工期不属于正常工期，而需要缩短工期，则应按提前天数给出必要的赶工费和奖励，并列入标底价格。

(2) 标底价格必须反映招标人的质量要求。预算价格反映的是按照国家有关施工验收规范规定完成合格产品的价格水平。当招标人提出需达到高于国家验收规范的质量要求时，就意味着承包方要付出比完成合格水平的工程更高的费用。因此，标底价格应体现优质优价。

(3) 标底价格计算时，必须合理确定措施费、间接费、利润等费用，费用的计取应反映企业和市场的现实情况，尤其是利润，一般应以行业平均水平为基础。

(4) 标底价格应根据招标文件或合同条件的规定，按规定的工程发承包模式，确定相应的计价方式，考虑相应的风险费用。

(5) 标底价格必须综合考虑招标工程所处的自然地理条件和招标工程的范围等因素。

七、标底的审查

1. 审查标底的目的

审查标底的目的是检查标底价格编制是否真实、准确。标底价格若有漏洞，应予以调整和修正。如果标底价超过概算，应按照有关规定进行处理，同时也不得以压低标底价格作为压低投资的手段。

2. 标底审查的内容

(1) 审查标底的计价依据：承包范围、招标文件规定的计价方法等。

(2) 审查标底价格的组成内容：工程量清单及其单价组成，措施费的费用组成，间接费、利润、规费、税金的计取，有关文件规定的调价因素等。

(3) 审查标底价格相关费用：人工、材料、机械台班的市场价格，现场因素费用、不可预见费用，对于采用固定价格合同的还应审查在施工周期内价格的风险系数等。

相关知识

标底的作用

(1) 标底能够使招标人预先明确自己在拟建工程中应承担的财务义务。

(2) 标底是给上级主管部门提供核实建设规模的依据。

(3) 标底是衡量投标人报价高低的准绳。只有确定了标底，才能正确判断出投标人的投标报价的合理性和可靠性。

(4) 标底是评标的重要尺度。只有编制了科学合理的标底，才能在定标时做出正确的抉择，否则评标就是盲目的。因此招标工程必须以严肃认真的态度和科学的方法来编制标底。

第6节　水暖及通风空调工程施工投标

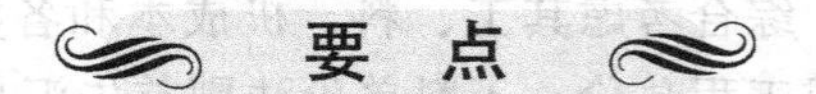

要　点

施工投标是指具有合法资格和能力的投标人（或投标单位）根据招标条件，经过初步研究和估算，在指定期限内填写标书，根据实际情况提出自己的报价，通过竞争企图为招标人选中，并等待开标，决定能否中标的一种交易行为。

解　释

一、施工投标单位应具备的基本条件

(1) 投标人应当具备与投标项目相适应的技术力量、机械设备、人员、资金等方面的能力，具有承担该招标项目能力。

(2) 具有招标条件要求的资质等级，并为独立的法人单位。

(3) 承担过类似项目的相关工作，并有良好的工作业绩与履约记录。

(4) 企业财产状况良好，没有处于财产被接管、破产或其他关、停、并、转状态。

(5) 在最近 3 年没有骗取合同及其他经济方面的严重违法行为。

(6) 近几年有较好的安全记录，投标当年没有发生重大质量和特大安全事故。

二、施工投标应满足的基本要求与程序

施工投标人是响应招标、参加投标竞争的法人或者其他组织。投标人除应具备承担招标项目的施工能力外，其投标本身还应满足下列基本要求。

(1) 投标人应当按照招标文件的要求编制投标文件，投标文件应当对招标文件提出的要求和条件做出实质性响应。

(2) 投标人应当在招标文件所要求提交投标文件的截止时间前，将投标文件送达投标地点。

(3) 投标人在招标文件要求提交投标文件的截止时间前，可以补充、修改或者撤回已提交的投标文件，并书面通知招标人。其补充、修改的内容作为投标文件的组成部分。

(4) 投标人根据招标文件载明的项目实际情况，拟在中标后将中标项目的部分非主体、非关键性工作交由他人完成的，应当在投标文件中载明。

(5) 两个以上法人或者其他组织可以组成一个联合体，以一个投标人的身份共同投标。联合体各方均应当具备承担招标项目的相应能力；国家有关规定或者招标文件对投标人资格条件有规定的，联合体各方均应当具备规定的相应资格条件。

由同一专业的单位组成的联合体，按照资质等级较低的单位确定资质等级。联合体各方应当签订共同投标协议，明确约定各方拟承担的工作和相应的责任，并将共同投标协议连同投标文件一并提交招标人。联合体中标的联合体各方应当共同与招标人签订合同，就中标项目向招标人承担连带责任，但是共同投标协议另有约定的除外。

招标人不得强制投标人组成联合体共同投标，不得限制投标人之间的竞争。

(6) 投标人不得相互串通投标报价，不得排挤其他投标人的公平竞争，损害招标人或者他人的合法权益。

(7) 投标人不得以低于合理成本的报价竞标，也不得以他人名义投标或者以其他方式弄虚作假，骗取中标。

三、投标担保

施工招投标中的投标担保，对于进一步规范招投标活动，确保合同的顺利履行具有重要意义。从法律性质上讲，施工招标是要约邀请，投标则是要约，“中标通知书”是承诺。正是在此基础上，招标作为一种要约邀请，对行为人不具有合同意义上的约束力，招标人无需向潜在投标人提供招标担保。当招标项目出现问题（如在评标过程中发现项目设计有重大问题），需要重新招标甚至终止招标，即使责任完全在招标人一方时，招标人仍可以拒绝所有投标，且无需对投标人承担赔偿责任。

而投标作为一种要约则不同，一旦招标人（受要约人）承诺，要约人即受该承诺约束。

这主要表现在以下方面：投标文件到达招标人后即不可撤回；如果要约人确定了承诺期限或以其他形式表示要约不可撤销，则该要约是不可撤销的；招标人在招标文件中确定了投标有效期，投标人接受该有效期，这个有效期即为承诺期限。在这个期限当中，招标人应该完成招标、评标、定标等工作，招标人可以要求投标人提供投标担保，以担保自己在投标有效期内不撤销投标文件，一旦中标即与投标人订立承诺合同。

施工招标中的投标担保应当在投标时提供。建设部颁布的《房屋建筑和市政基础设施工程施工招标投标管理办法》（建设部第 89 号令）中规定，“投标人应当按照招标文件要求的方式和金额，将投标保函或者投标保证金随投标文件提交投标人。”由此可见，投标担保方式一般可以有两种方式。

1. 投标保证金

一般投标保证金数额不超过投标总价的 2%，最高不得超过 50 万元（人民币），投标保证金一般可以使用支票、银行汇票等。投标保证金的有效期应超过投标有效期。

2. 银行或担保公司开具的投标保函

这是一种第三人的使用担保（保证），其保函格式应符合招标文件所要求的格式。银行保函或担保书的有效期应在投标有效期满后 28 天内继续有效（建设部《房屋建筑和市政基础设施工程施工招标文件范本》，2003 年 1 月 1 日施行）。对于未能按要求提交投标担保金的投标，招标单位将视为不响应投标而予以拒绝。如投标单位在投标有效期内有下列情况，将被没收投标保证金。

（1）投标单位在投标有效期撤回投标文件。

（2）中标单位未能在规定期限内提交履约保证金或签署合同协议。

相关知识

国际工程招标投标方式

国际工程招标的方式，通常有国际竞争性招标、国际有限招标、两阶段招标和议标。

1. 国际竞争性招标

国际竞争性招标是在世界范围内进行招标，国内外合格的投标商均可以投标。世界银行在确定项目的采购方式时都从这三个原则出发，其中采用最多的是国际竞争性招标。它的特点是高效、经济、公平，特别是采购合同金额较大，国外投标商感兴趣的货物、工程要求必须采用国际竞争性招标。

2. 国际有限招标

国际有限招标是在国际范围内对投标人选带有一定限制的竞争性招标。具体做法通常有两种：一种是一般性限制，要在国内外主要报刊上刊登广告，但是对投标人的范围作了严格限制；另一种是特别邀请，不在报刊上刊登广告，而是由业主根据自己的经验和资料或咨询公司提供的名单，在征得招标项目资助机构同意后，对一些承包商（一般为 5～10 家，最低不少于 3 家）发出邀请，经过资格预审，允许其参加投标。

3. 两阶段招标

两阶段招标是在国际范围内实行无限竞争与有限竞争相结合的招标方式。具体做法通常是，第一阶段按照国际竞争性招标方式组织招标、投标，经开标、评标确定出 3～4 家报价较低或各方面条件均较优秀的承包商；第二阶段按照国际有限招标方式邀请第一阶段选出的数家承包商再次进行报价，从中选择最终的中标人。两阶段招标是用于一次招标难以成功的工程项目，某些新型的业主尚未确定建造方式或工程内容尚处于发展过程中的工程项目。

4. 议标

议标又称谈判招标，是一种非竞争性的招标方式，一般不公开发布通告。

在招标方式上，各国和国际组织通常允许业主自由选择招标方式，但强调要优先采用竞争性强的招标方式。大多数国家允许议标，但对其进行严格限制，主要表现在两方面：一是对议标适用范围做出限制，规定议标方式一般仅是用于少数有特殊情况的工程项目。如涉及国防或国家安全的工程项目等；二是对议标的程序进行规范。在国际工程的实践中，议标运用得很少。

第 7 节　投标文件的组成

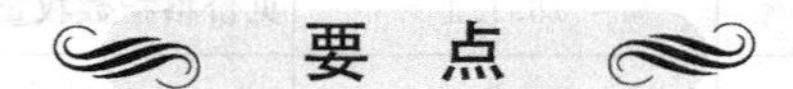

要　点

投标文件是投标人单方面阐述自己响应招标文件要求，旨在向招标人提出愿意订立合同的意思表示，是投标人确定和解释有关投标事项的各种书面表达形式的统称。本节主要介绍投标文件的组成、投标文件的编制要求及投标文件的编制格式。

解　释

一、投标函及投标函附录

主要内容为：投标报价、质量、工期目标、履约保证金数额等。见表 6-1～表 6-3。

表 6-1　投标函

投标函

致：______________（招标人名称）

在考察现场并充分研究______（项目名称）______标段（以下简称“本工程”）施工招标文件的全部内容后，我方兹以：

人民币（大写）：______________元

RMB￥：______________元

的投标价格和按合同约定有权得到的其他金额.并严格按照合同约定，施工、竣工和交付本工程并维修其中的任何缺陷。

在我方的上述投标报价中，包括：

安全文明施工费 RMB￥：______________元

暂列金额（不包括计日工部分）RMB￥：______________元

专业工程暂估价 RMB￥：______________元

如果我方中标，我方保证在____年____月____日或按照合同约定的开工日期开始本工程的施丁，____天（日历日）内竣丁，并确保工程质量达到____标准。我方同意本投标函在招标文件规定的提交投标文件截止时间后.在招标文件规定的投标有效期期满前对我方具有约束力，且随时准备接受你方发出的中标通知书。

随本投标函递交的投标函附录是本投标函的组成部分，对我方构成约束力。

随同本投标函递交投标保证金一份，金额为人民币（大写）______元（￥：　元）。

在签署协议书之前，你方的中标通知书连同本投标函，包括投标函附录，对双方具有约束力。

投标人（盖章）：

法人代表或委托代理人（签字或盖章）：

日期：______年____月____日

备注：采用综合评估法评标，且采用分项报价方法对投标报价进行评分的，应当在投标函中增加分项报价的填报。

表 6-2 投标函附录

工程名称：________（项目名称）____标段

序号	条款内容	合同条款号	约定内容	备注
1	项目经理	1.1.2.4	姓名：________	
2	工期	1.1.4.3	________日历天	
3	缺陷责任期	1.1.4.5		
4	承包人履约担保金额	4.2		
5	分包	4.3.4	见分包项目情况表	
6	逾期竣工违约金	11.5	________元/天	
7	逾期竣工违约金最高限额	11.5		
8	质量标准	13.1		
9	价格调整的差额计算	16.1.1	见价格指数权重表(表 6-3)	
10	预付款额度	17.2.1		
11	预付款保函金额	17.2.2		
12	质量保证金扣留百分比	17.4.1		
13	质量保证金额度	17.4.1		
……	……			

备注：投标人在响应招标文件中规定的实质性要求和条件的基础上，可做出其他有利于招标人的承诺。此类承诺可在本表中予以补充填写。

投标人（盖章）：

法人代表或委托代理人（签字或盖章）

日期：______年____月____日

表 6-3 价格指数权重表

名称		基本价格指数		权重			价格指数来源
		代号	指数值	代号	允许范围	投标人建议值	
定值部分				A			
变值部分	人工费	F_{01}		B_1	__至__		
	钢材	F_{02}		B_2	__至__		
	水泥	F_{03}		B_3	__至__		
	……	…		…	…		
合　计						1.00	

注：在专用合同条款 16.1 款约定采用价格指数法进行价格调整时适用本表。表 中除"投标人建议值"由投标人结合其投标报价情况选择填写外，其余均由招标人在招标文件发出前填写。

二、法定代表人身份证明

参见表 6-4。

表 6-4 法定代表人身份证明

法定代表人身份证明

投 标 人：________________________________

单位性质：________________________________

地　　址：________________________________

成立时间：____________年________月________日

经营期限：________________________________

姓　　名：____________性　　别：____________

年　　龄：____________职　　务：____________

系____________（投标人名称）的法定代表人。

特此证明。

投标人：____________（盖单位章）

____年____月____日

三、授权委托书

参见表 6-5。

表 6-5 授权委托书

授权委托书

本人______（姓名）系______（投标人名称）的法定代表人，现委托______（姓名）为我方代理人。代理人根据授权，以我方名义签署、澄清、说明、补正、递交、撤回、修改______（项目名称）______标段施工投标文件、签订合同和处理有关事宜，其法律后果由我打承担。

委托期限：________________________________

________________________________。

代理人无转委托权。

附：法定代表人身份证明

投　标　人：____________（盖单位章）

法定代表人：____________（签字）

身份证号码：____________

委托代理人：____________（签字）

身份证号码：____________

____年____月____日

四、联合体协议书

参见表 6-6。

表 6-6 联合体协议书

联合体协议书

牵头人名称：________________

法定代表人：________________

法 定 住 所：________________

成员二名称：________________

法定代表人：________________

法 定 住 所：________________

……

鉴于上述各成员单位经过友好协商，自愿组成____（联合体名称）联合体，共同参加________（招标人名称）（以下简称招标人）______（项目名称）______标段（以下简称本工程）的施工投标并争取赢得本工程施工承包合同（以下简称合同）。现就联合体投标事宜订立如下协议。

1. ________（某成员单位名称）为________（联合体名称）牵头人。

2. 在本工程投标阶段，联合体牵头人合法代表联合体各成员负责本工程投标文件编制活动，代表联合体提交和接收相关的资料、信息及指示，并处理与投标和中标有关的一切事务；联合体中标后，联合体牵头人负责合同订立和合同实施阶段的主办、组织和协调工作。

3. 联合体将严格按照招标文件的各项要求，递交投标文件，履行投标义务和中标后的合同.共同承担合同规定的一切义务和责任，联合体各成员单位按照内部职责的划分，承担各自所负的责任和风险.并向招标人承担连带责任。

4. 联合体各成员单位内部的职责分工如下：____________。按照本条上述分工，联合体成员单位各自所承担的合同工作量比例如下：__________。

5. 投标工作和联合体在中标后工程实施过程中的有关费用按各自承担的工作量分摊。

6. 联合体中标后，本联合体协议是合同的附件，对联合体各成员单位有合同约束力。

7. 本协议书自签署之日起生效，联合体未中标或者中标时合同履行完毕后自动失效。

8. 本协议书一式______份。联合体成员和招标人各执一份。

牵头人名称：________________（盖单位章）

法定代表人或其委托代理人：________________（签字）

成员二名称：________________（盖单位章）

法定代表人或其委托代理人：________________（签字）

……

______年______月______日

备注：本协议书由委托代理人签字的，应附法定代表人签字的授权委托书。

五、投标保证金

投标保证金的形式有现金、支票、汇票和银行保函。依法必须进行招标项目的境内投标单位，以现金或者支票形式提交的投标保证金应当从其基本账户转出。投标保证金具体采用何种形式应根据招标文件规定。此外，投标保证金被视为投标文件的组成部分，未及时交纳投标保证金，投标将被作为废标而遭拒绝。参见表 6-7。

表6-7　投标保证金

<table>
<tr><td>

投标保证金

保函编号：______

__________(招标人名称)：

鉴于________(投标人名称)(以下简称"投标人")参加你方——(项目名称)____标段的施工投标__________(担保人私称)(以下简称"我方")受该投标人委托，在此无条件地、不可撤销地保证：一旦收到你方提出的下述任何一种事实的书面通知，在7日内无条件地向你方支付总额不超过__________(投标保函额度)的任何你方要求的金额。

1. 投标人在规定的投标有效期内撤销或者修改其投标文件。

2. 投标人在收到中标通知书后无正当理由而未在规定期限内与贵方签署合同。

3. 投标人在收到中标通知书后未能在招标文件规定期限内向贵方提交招标文件所要求的履约担保。

本保函在投标有效期内保持有效，除非你方提前终止或解除本保函。要求我方承担保证责任的通知应在投标有效期内送达我方。保函失效后请将本保函交投标人退回我方注销。

本保函项下所有权利和义务均受中华人民共和国法律管辖和制约。

担保人名称：________________(盖单位章)
法定代表人或其委托代理人：____________(签字)
地　　址：________________
邮政编码：________________
电　　话：________________
传　　真：________________

______年______月______日

备注：经过招标人事先的书面同意。投标人可采用招标人认可的投标保函格式，但相关内容不得背离招标文件约定的实质性内容。

</td></tr>
</table>

六、已标价工程量清单

当招标文件要求投标书需附报价计算书时，应附上。

七、施工组织设计

一般包括：拟投入本工程的主要施工设备表（表6-8），拟配备本工程的试验和检测仪器设备表（表6-9），劳动力计划表（表6-10），计划开、竣工日期和施工进度网络图，施工总平面图，临时用地表（表6-11），施工组织设计（技术暗标部分）编制及装订要求（表6-12）等。

表6-8　拟投入本工程的主要施工设备表

序号	设备名称	型号规格	数量	国别产地	制造年份	额定功率/kW	生产能力	用于施工部位	备注

表 6-9 拟配备本工程的试验和检测仪器设备表

序号	仪器设备名称	型号规格	数量	国别产地	制造年份	已使用台时数	用途	备注

表 6-10 劳动力计划表

单位：人

工种	按工程施工阶段投入劳动力情况					

表 6-11 临时用地表

用 途	面积/平方米	位 置	需用时间

表 6-12　施工组织设计（技术暗标部分）编制及装订要求

（一）施工组织设计中纳入“暗标”部分的内容：____

____

____。

（二）暗标的编制和装订要求

1. 打印纸张要求：____________________。

2. 打印颜色要求：____________________。

3. 正本封皮（包括封面、侧面及封底）设置及盖章要求：____________________。

4. 副本封皮（包括封面、侧面及封底）设置要求：____________________。

5. 排版要求：____________________。

6. 图表大小、字体、装订位置要求：____________________。

7. 所有“技术暗标”必须合并装订成一册，所有文件左侧装订，装订方式应牢固、美观，不得采用活页方式装订，均应采用______方式装订。

8. 编写软件及版本要求：Microsoft word__________。

9. 任何情况下，技术暗标中不得出现任何涂改、行间插字或删除痕迹。

10. 除满足上述各项要求外，构成投标文件的“技术暗标”的正文中均不得出现投标人的名称和其他可识别投标人身份的字符、徽标、人员名称以及其他特殊标记等。

备注：“暗标”应当以能够隐去投标人的身份为原则，尽可能简化编制和装订要求。

八、项目管理机构

（1）项目管理机构组成表（表 6-13）。

表 6-13　项目管理机构组成表

职务	姓名	职称	执业或职业资格证明					备注
			证书名称	级别	证号	专业	养老保险	

（2）主要人员简历表，包括项目经理简历表、主要项目管理人员简历表、承诺书。

项目经理应附建造师执业资格证书、注册证书、安全生产考核合格证书、身份证、职称证、学历证、养老保险复印件及未担任其他在建设工程项目经理的承诺书，管理过的项目业绩须附合同协议书和竣工验收备案登记表复印件。类似项目限于以项目经理身份参与的项目。

<table>
<tr><td>姓名</td><td></td><td>年龄</td><td colspan="2"></td><td>学历</td><td></td></tr>
<tr><td>职称</td><td></td><td>职务</td><td colspan="2"></td><td>拟在本工程任职</td><td>项目经理</td></tr>
<tr><td colspan="3">注册建造师执业资格等级</td><td colspan="2">级</td><td>建造师专业</td><td></td></tr>
<tr><td colspan="3">安全生产考核合格证书</td><td colspan="4"></td></tr>
<tr><td>毕业学校</td><td colspan="6">年毕业于　　　学校　　　专业</td></tr>
<tr><td colspan="7">主要工作经历</td></tr>
<tr><td>时间</td><td colspan="3">参加过的类似项目名称</td><td colspan="2">工程概况说明</td><td>发包人及联系电话</td></tr>
<tr><td></td><td colspan="3"></td><td colspan="2"></td><td></td></tr>
<tr><td></td><td colspan="3"></td><td colspan="2"></td><td></td></tr>
<tr><td></td><td colspan="3"></td><td colspan="2"></td><td></td></tr>
<tr><td></td><td colspan="3"></td><td colspan="2"></td><td></td></tr>
<tr><td></td><td colspan="3"></td><td colspan="2"></td><td></td></tr>
<tr><td></td><td colspan="3"></td><td colspan="2"></td><td></td></tr>
<tr><td></td><td colspan="3"></td><td colspan="2"></td><td></td></tr>
<tr><td></td><td colspan="3"></td><td colspan="2"></td><td></td></tr>
</table>

主要项目管理人员指项目副经理、技术负责人、合同商务负责人、专职安全生产管理人员等岗位人员。应附注册资格证书、身份证、职称证、学历证、养老保险复印件，专职安全生产管理人员应附安全生产考核合格证书，主要业绩须附合同协议书。

<table>
<tr><td colspan="3">岗位名称</td></tr>
<tr><td colspan="2">姓名</td><td>年龄</td></tr>
<tr><td colspan="2">性别</td><td>毕业学校</td></tr>
<tr><td colspan="2">学历和专业</td><td>毕业时间</td></tr>
<tr><td colspan="2">拥有的执业资格</td><td>专业职称</td></tr>
<tr><td colspan="2">执业资格证书编号</td><td>工作年限</td></tr>
<tr><td>主要工作业绩及担任的主要工作</td><td colspan="2"></td></tr>
</table>

承诺书

________（招标人名称）：

我方在此声明，我方拟派往________（项目名称）________标段（以下简称“本工程”）的项目经理________（项目经理姓名）现阶段没有担任任何在施建设工程项目的项目经理。

我方保证上述信息的真实和准确，并愿意承担因我方就此弄虚作假所引起的一切法律后果。

特此承诺

投标人：________________（盖单位章）

法定代表人或其委托代理人：________（签字）

______年______月______日

九、拟分包计划表

参见表 6-14。

表 6-14　拟分包计划表

序号	拟分包项目名称、范围及理由	拟选分包人					备注
		拟选分包人名称		注册地点	企业资质	有关业绩	
		1					
		2					
		3					
		1					
		2					
		3					
		1					
		2					
		3					
		1					
		2					
		3					

注：本表所列分包仅限于承包人自行施工范围内的非主体、非关键工程。

日期：　　年　　月　　日

十、资格审查资料

包括投标人基本情况表（表 6-15）、近年财务状况表、近年完成的类似项目情况表（表 6-16）、正在施工的和新承接的项目情况表（表 6-17）、近年发生的诉讼和仲裁情况等。

表 6-15　投标人基本情况表

<table>
<tr><td>投标人名称</td><td colspan="9"></td></tr>
<tr><td>注册地址</td><td colspan="3"></td><td colspan="2">邮政编码</td><td colspan="4"></td></tr>
<tr><td rowspan="2">联系方式</td><td>联系人</td><td colspan="2"></td><td colspan="2">电话</td><td colspan="4"></td></tr>
<tr><td>传真</td><td colspan="2"></td><td colspan="2">网址</td><td colspan="4"></td></tr>
<tr><td>组织结构</td><td colspan="9"></td></tr>
<tr><td>法定代表</td><td>姓名</td><td></td><td colspan="2">技术职称</td><td colspan="3"></td><td>电话</td><td></td></tr>
<tr><td>技术负责人</td><td>姓名</td><td></td><td colspan="2">技术职称</td><td colspan="3"></td><td>电话</td><td></td></tr>
<tr><td>成立时间</td><td colspan="2"></td><td colspan="7">员工总人数：</td></tr>
<tr><td>企业资质等级</td><td colspan="2"></td><td rowspan="5">其中</td><td colspan="3">项目经理</td><td colspan="3"></td></tr>
<tr><td>营业执照号</td><td colspan="2"></td><td colspan="3">高级职称人员</td><td colspan="3"></td></tr>
<tr><td>注册资金</td><td colspan="2"></td><td colspan="3">中级职称人员</td><td colspan="3"></td></tr>
<tr><td>开户银行</td><td colspan="2"></td><td colspan="3">初级职称人员</td><td colspan="3"></td></tr>
<tr><td>账号</td><td colspan="2"></td><td colspan="3">技工</td><td colspan="3"></td></tr>
<tr><td>经营范围</td><td colspan="9"></td></tr>
<tr><td>备注</td><td colspan="9"></td></tr>
</table>

注：本表后应附企业法人营业执照及其年检合格的证明材料、企业资质证书副本、安全生产许可证等材料的复印件。

表 6-16　近年完成的类似项目情况表

项目名称	
项目所在地	
发包人名称	
发包人地址	
发包人联系人及电话	
合同价格	
开工日期	
竣工日期	
承担的工作	
工程质量	
项目经理	
技术负责人	
总监理工程师及电话	
项目描述	
备注	

注：1. 类似项目指＿＿＿＿＿＿＿＿＿＿＿＿＿＿工程。

2. 本表后附中标通知书和（或）合同协议书、工程接收证书（工程竣工验收证书）的复印件，具体年份要求见“投标须知”前附表。每张表格只填写一个项目，并标明序号。

表 6-17 正在施工的和新承接的项目情况表

项目名称	
项目所在地	
发包人名称	
发包人地址	
发包人电话	
签约合同价	
开工日期	
计划竣工日期	
承担的工作	
工程质量	
项目经理	
技术负责人	
项目描述	
备注	

注：本表后附中标通知书和（或）合同协议书复印件。每张表格只填写一个项目，并标明序号。

十一、其他材料

略。

相关知识

投标文件的递交

投标人应在招标文件前附表规定的日期内将投标文件递交给招标人。招标人可以按招标文件中“投标须知”规定的方式，酌情延长递交投标文件的截止日期。这种情况下，招标人与投标人之前在投标截止日期方面的全部权利、责任和义务，将适用于延长后新的投标截止日期。

投标人在递交投标文件以后，可以在规定的投标截止时间之前，采用书面形式向招标人递交补充、修改或撤回其投标文件的通知，对于撤回投标文件的通知，招标人已收取投标保证金的，应当自收到投标人书面撤回通知之日起 5 日内退还。在投标截止日期以后，投标人不能更改投标文件。投标人的补充、修改或撤回通知，应按招标文件中“投标须知”的规定编制、密封、加写标志和递交，并在内层包封标明“补充”、“修改”或“撤回”字样。补充、修改的内容为投标文件的组成部分。根据“投标须知”的规定，在投标截止时间与招标文件中规定的投标有效期终止日之间的这段时间内，投标人不能撤回投标文件，否则其投标保证金将不予退回。

投标人递交投标文件不宜太早，一般在招标文件规定的截止日期前一两天内密封送交指定地点比较好。

未通过资格预审的申请人提交的投标文件，以及逾期送达或者不按照招标文件要求密封的投标文件，招标人应当拒收。招标人应当如实记载投标文件的送达时间和密封情况，并存档备查。

招标人应当在资格预审公告、招标公告或者投标邀请书中载明是否接受联合体投标。招标人接受联合体投标并进行资格预审的，联合体应当在提交资格预审申请文件前组成。资格预审后联合体增减、更换成员的，其投标无效。联合体各方在同一招标项目中以自己名义单独投标或者参加其他联合体投标的，相关投标均无效。

另外，投标人发生合并、分立、破产等重大变化的，应当及时书面告知招标人。投标人不再具备资格预审文件、招标文件规定的资格条件或者其投标影响招标公正性的，其投标无效。

第8节　投标报价的决策与策略

要　点

决策是指人们寻求并实现某种最优化目标及选择最佳目标和行动方案而进行的活动。投标决策是承包商选择和确定投标项目和制定投标行动方案的过程。投标策略作为投标取胜的方式、手段和艺术，贯穿于投标竞争的始终。本节主要介绍投标机会选择的原则、投标项目确定以及投标策略的类型。

解　释

一、投标机会选择的原则

承包商要决定是否参加某项工程的投标，首先要考虑当前经营状况和长远经营目标，其次是明确参加投标的目的，然后分析中标可能性的影响因素。

建筑市场是买方市场，投标报价的竞争非常激烈，承包商选择投标与否的余地非常小。通常情况下，只要接到业主的投标邀请，承包商都积极响应参加投标。这主要是基于以下考虑：第一，参加投标项目多，自然中标机会多；第二，经常参加投标，在公众面前出现机会多，起到了广告宣传的作用；第三，通过参加投标，积累经验，掌握市场行情，收集信息，了解竞争对手的惯用策略；第四，承包商拒绝业主的投标邀请，可能破坏信誉度，从而失去收到投标邀请的机会。也有人认为有实力的承包商应该从投标邀请中，选择那些中标概率高，风险小的项目投标，及争取“投一个，中一个，顺利履行一个”，但是在激烈的市场竞争中这种投标策略很难实现。

二、投标项目确定

1. 项目确定的内容

承包商收到业主的投标邀请后，通常不采取拒绝投标的态度。但有时承包商同时受到多个投标邀请，而投标报价的资源有限时，若不分轻重缓急把投标资源平均分布，则每一个项目中标的概率都很低。这时承包商应针对每个项目的特点进行分析，合理分配投标资源。

不同的项目需要的资源投入量不同；同样的资源在不同的时期、不同的项目，总价值也不同。承包商必须积累大量的经验资料，通过归纳总结和动态分析，才能判断不同工程的最小最优投标资源投入量。

通过最小最优投标资源投入量，可以取舍投标项目。如图 6-3 所示的项目，尽管投入了大量的资源，但是中标概率较低，应该及时放弃，以免投标资源的浪费。这时可以采取估算的方式投标报价。

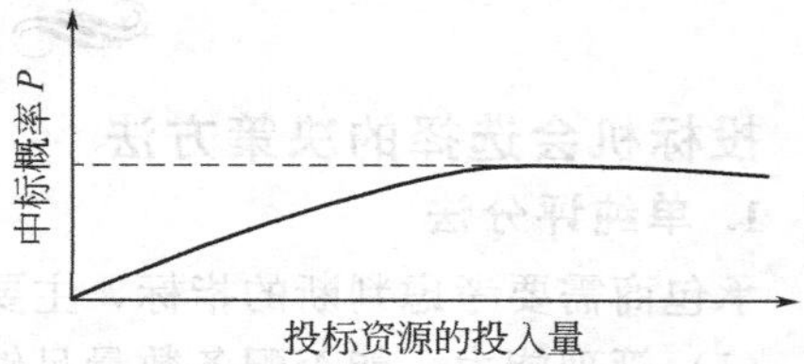

中标概率 P

投标资源的投入量

图 6-3 应放弃的投标项目

2. 投标项目选择的定量分析方法——决策树法

决策树是模仿树木成长过程，以从出发点开始不断分支来表示所分析问题的各种发展可能性，并以各种分支的期望之中的最大者作为选择的依据。决策树的画法见图 6-4。

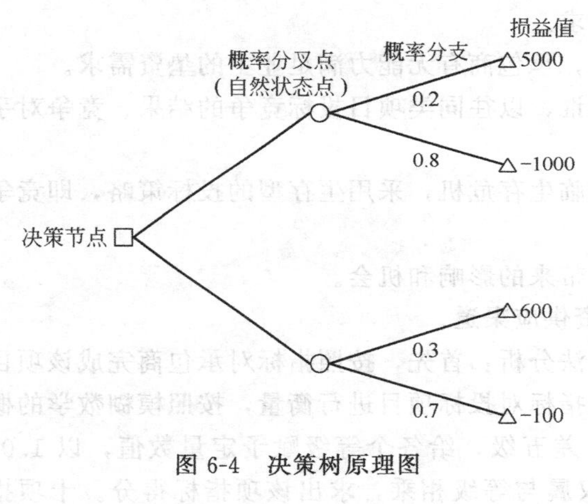

图 6-4 决策树原理图

（1）先画一个方框作为出发点，又称为决策点。

（2）从决策点向右引出若干条直线（折线），每条线代表一个方案，叫方案支。

（3）每个方案支末端画一个圆圈，叫概率分叉点又称自然状态点。

（4）从自然状态点引出代表各自然状态的直线称为概率分支，括弧中注明各自然状态发生的概率。

（5）如果问题只需要一级决策，则概率分支末端画一个“△”，表示终点。终点右侧写上各该自然状态的损益值。如果还需要作第二阶段决策，则用“决策节点□”代替“终点△”。再重复上述步骤画出决策树。

三、投标策略的类型

不同类型的承包商所处环境中的机会与威胁、自身优势和劣势都不相同，因此其投标报价决策选择的策略也会不同。

第一种报价策略是生存型的，投标报价以克服生存危机为目标，争取中标可以不考虑各种利益，只要求为生存渡过难关，以求东山再起。

第二种报价策略是竞争性的，投标报价以竞争为手段，以开拓市场、低盈利为目标，在精确计算成本的基础上，充分估计各种竞争对手的报价目标，以有竞争力的报价达到中标的目的。当承包商出于以下几种情况可以采取竞争性报价策略：经营状况不景气，近期接受的投标邀请较少，试图打入新的地区，开拓新的工程施工类型，投标项目风险小，施工工艺简单、工程量大、社会效益好的项目和附近有本企业其他正在施工的项目。

第三种报价策略是盈利型的，投标报价充分发挥自己的优势，以实现最佳盈利为目标，对效益较小的项目热情不高，对盈利大的项目充满信心。如果承包商在该地区已经打开局面，施工能力饱和、信誉度高、竞争对手少，具有技术优势并对业主有较强的名牌效应，投标目标主要是扩大影响，或者施工条件差、难度高、资金支付条件不好，工期质量要求苛刻，为联合伙伴陪标的项目可以采取盈利型报价策略。

相关知识

投标机会选择的决策方法

1. 单纯评分法

承包商需要考虑判断的指标，主要有以下内容。

（1）管理能力：能否配备数量足够的、素质相应的管理人员实施该项目，承包商本部的管理水平和能力是否能对该项目的实施提供有力的控制和保证。

（2）技术水平：技术水平和能力能否达到该项目的标准。

（3）机械设备能力：是否有数量足够的、品种齐全的、性能和型号满足项目要求的机械设备。

（4）对风险的控制能力：对该项目风险情况是否了解、以往同类项目转移和控制风险的经验。

（5）工期：有无可能达到该项目的工期要求。

（6）资金实力：业主的支付方式能否接受，承包商有无能力满足业主的垫资需求。

（7）竞争对手的数量和实力：竞争对手是谁，以往同类项目投标竞争的结果、竞争对手的实力等。

（8）竞争对手的投标积极性：如果对手面临生存危机，采用生存型的投标策略，即竞争对手比承包商更积极，则这项指标较差。

（9）社会效益：如果中标该项目，对今后带来的影响和机会。

（10）资源条件：有无合格的分包商和物资供应渠道。

承包商通常按照以上十条，采用单纯评分法分析：首先，按照指标对承包商完成该项目的相对重要性，分别为其确定权数；其次，用指标对投标项目进行衡量，按照模糊数学的概念，将各项指标分为好、较好、一般、较差、差五级，给各个等级赋予定量数值，以 1.0、0.8、0.6、0.4、0.2 打分；然后将每项指标权属与等级相乘，求出该项指标得分。十项指标得分之和即为此项投标机会总分；最后将总得分与过去其他投标情况进行比较或和承包商事先确定的准备接受的最低分数相比较。

2. 加权评分比较法

加权评分比较法的投标考虑指标也是以上述十项为依据，具体方法不再介绍。

第 9 节　投标报价的编制

要　点

投标单位根据招标文件及有关计算工程造价的计价依据，计算出投标报价，并在此基础上研究投标策略，提出更有竞争力的投标报价。对投标单位来讲，这项工作对未来企业实施工程的盈亏起着决定性的作用。

解　释

一、投标报价的编制依据

（1）招标单位提供的招标文件。

(2) 招标单位提供的设计图纸及有关的技术说明书等。

(3) 国家及地区颁发的现行建筑、安装工程预算定额及与之相配套执行的各种费用定额、规定等。

(4) 地方现行材料预算价格、采购地点及供应方式等。

(5) 因招标文件及设计图纸等不明确，经咨询后由招标单位书面答复的相关资料。

(6) 企业内部制定的有关取费、价格等的规定、标准。

(7) 其他与报价计算有关的各项政策、规定及调整系数等。

(8) 在标价的计算过程中，对于不可预见费用的计算必须慎重考虑，不要遗漏。

二、投标报价的编制方法

投标报价的编制主要是投标单位对承建招标工程所要发生的各种费用的计算。投标报价的编制方法和标底的编制方法一致，也分为定额计价法和工程量清单计价法两种方法。

三、投标报价的工作程序

任何一个工程项目的投标报价工作都是一项系统工程，应遵循一定的程序。

1. 研究招标文件

投标单位报名参加或接受邀请参加某一工程的投标，通过了资格预审并取得招标文件后，首要的工作就是认真仔细地研究招标文件，充分了解其内容和要求，以便有针对性的安排投标工作。

2. 调查投标环境

所谓投标环境就是招标工程施工的自然、经济和社会条件，这些条件都可以成为工程施工的制约因素或有利因素，必然会影响到工程成本，是投标单位报价时必须考虑的，因此在报价前尽可能了解清楚。

3. 制订施工方案

施工方案是投标报价的一个前提条件，也是招标单位评标时要考虑的主要因素之一。施工方案应由施工单位的技术负责人主持制订，主要考虑施工方法、主要施工机具的配备、各工种劳动力的安排及现场施工人员的平衡、施工进度及分批竣工的安排、安全措施等。施工方案的制订应在技术和工期两个方面对招标单位有吸引力，同时又有利于降低施工成本。

4. 投标价的计算

投标价的计算是投标单位对将要投标的工程所发生各种费用的计算。在进行投标计算时，必须首先依据招标文件计算和复核工程量，作为投标价计算的必要条件。另外在投标价的计算前，还应预先确定施工方案和施工进度，投标价计算还必须与所采用的合同形式相协调。

5. 确定投标策略

正确的投标策略对提高中标率、获得较高的利润有重要的作用。投标策略主要有：以信取胜、以快取胜、以廉取胜、靠改进设计取胜、采用以退为进的策略、采用长远发展的策略等。

6. 编制正式的投标书

投标单位应按照招标单位的要求和确定的投标策略编制投标书，并在规定的时间内送到指定地点。

相关知识

投标报价的影响因素

1. 主观因素

从本企业的主观条件、各项业务能力和能否适应投标工程的要求进行衡量，主要考虑以下方面。

(1) 设计能力。

(2) 机械设备能力。

(3) 工人和技术人员的操作技术水平。

(4) 以往对类似工程的经验。

(5) 竞争的激烈程度。

(6) 器材设备的交货条件。

(7) 中标承包后对本企业以后的影响。

(8) 对工程的熟悉程度和管理经验。

2. 客观因素

(1) 工程的全面情况。包括图纸和说明书，现场地上、地下条件，如地形、交通、水源、电源、土壤地质、水文气象等。这些都是拟订施工方案的依据和条件。

(2) 业主及其代理人（工程师）的基本情况，包括资历、业务水平、工作能力、个人的性格和作风等。这些都是有关今后在施工承包结算中能否顺利进行的主要因素。

(3) 劳动力的来源情况。如当地能否招募到比较廉价的工人，以及当地工会对承包商在劳务问题上能否合作的态度。

(4) 建筑材料和机械设备等资源的供应来源、价格、供货条件以及市场预测等情况。

(5) 专业分包。如空调、电气、电梯等专业安装力量情况。

(6) 银行贷款利率、担保收费、保险费率等与投标报价有关的因素。

(7) 当地各项法规，如企业法、合同法、劳动法、关税、外汇管理法、工程管理条例以及技术规范等。

(8) 竞争对手的情况。包括对手企业的历史、信誉、经营能力、技术水平、设备能力、以往投标报价的情况和经常采用的投标策略等。

对以上这些客观情况的了解，除了有些可以从投标文件和业主对招标公司的介绍、勘察现场获得外，必须通过广泛的调查研究、询价、社交活动等多种渠道才能获得。在某些国家甚至通过收买代理人窃取标底和承包商的情况等，也是司空见惯的，但是在我国这些是不可取的，应当坚决避免。

第7章 水暖及通风空调工程施工合同管理

第1节 施工合同概述

要 点

施工合同即建筑安装工程承包合同，是发包人和承包人为完成商定的建筑安装工程，明确相互权利、义务关系的合同。本节主要介绍施工合同文件的组成、施工合同类型与条件的选择以及施工合同双方的一般权利与义务。

解 释

一、施工合同文件的组成

(1) 施工合同协议书。

(2) 中标通知书。

(3) 投标书及其附件。

(4) 施工合同专用条款。

(5) 施工合同通用条款。

(6) 标准、规范及有关技术文件。

(7) 图纸。

(8) 工程量清单。

(9) 工程报价单或预算书。

双方有关工程的洽商、变更等书面协议或文件视为协议书的组成部分。

二、施工合同类型与条件的选择

1. 工程项目合同的分类

以计价方式进行划分，合同可分为以下几种。

(1) 总价合同　总价合同是指在合同中确定一个完成项目的总价，承包单位据此完成项目全部内容的合同。这种合同类型，建设单位在评标时容易确定报价最低的承包商，易于进行支付计算。但这类合同仅适用于工程量不太大且能精确计算、工期较短、技术不太复杂、风险不大的项目。因此采用这种合同类型要求建设单位必须准备详细而全面的设计图纸（一般要求施工详图）和各项说明，使承包单位能准确计算工程量。

（2）单价合同　单价合同是承包单位在投标时，按招标文件就分部分项工程所列出的工程量表确定各分部分项工程费用的合同类型。

这类合同的适用范围比较广泛，其风险可以得到合理分摊，并且能鼓励承包单位通过提高工效等措施从成本节约中提高利润。这类合同能够成立的关键在于双方对单价和工程量计算方法的确认。在合同履行中需要注意的问题则是双方对实际工程数量计量的确认。

（3）成本加酬金合同　成本加酬金合同，是由业主向承包单位支付工程项目的实际成本，并按事先约定的某一种方式支付酬金的合同类型。在这类合同中，业主需承担项目实际发生的一切费用，因此也就承担了项目的全部风险。而承包单位由于无风险，其报酬往往也较低。

这类合同的缺点是业主对工程总造价不易控制，承包商也往往不注意降低项目成本。这类合同主要适用于以下项目。

① 需要立即开展工作的项目，如震后的救灾工作。

② 新型的工程项目，或对项目工程内容及技术经济指标未确定。

③ 项目风险很大。

我国《施工合同文本》在确定合同计价方式时，考虑到我国的具体情况和工程计价的有关管理规定，确定有固定价格合同、可调价格合同和成本加酬金合同。但是，从我国工程造价的改革趋势看，将来单价合同也会不断增加。

2. 合同类型的选择

在这里讨论的合同类型的选择，仅指以计价方式划分的合同类型的选择，合同的内容视为不可选择。选择合同类型应考虑以下因素。

（1）项目规模和工期长短　如果项目的规模较小，工期较短，则合同类型的选择余地较大，总价合同、单价合同及成本加酬金合同都可选择。由于选择总价合同业主可以不承担风险，业主较愿选用；对这类项目，承包商同意采用总价合同的可能性较大，因为这类项目风险小，不可预测因素少。

如果项目规模大、工期长，则项目的风险也大，合同履行中的不可预测因素也多。这类项目不宜采用总价合同。

（2）项目的竞争情况　如果在某一时期和某一地点，愿意承包某一项目的承包商较多，则业主拥有较多的主动权，可按照总价合同、单价合同、成本加酬金合同的顺序进行选择。如果愿意承包项目承包商较少，则承包商拥有的主动权较多，可以尽量选择承包商愿意采用的合同类型。

（3）项目的复杂程度　如果项目的复杂程度较高，则意味着：①对承包商的技术水平要求高；②项目的风险较大。

因此，承包商对合同的选择有较大的主动权，总价合同被选用的可能性较小。如果项目的复杂程度低，则业主对合同类型的选择有较大的主动权。

（4）项目的单项工程的明确程度　如果单项工程的类别和工程量都已非常明确，则可选用的合同类型很多，总价合同、单价合同、成本加酬金合同都可以选择。如果单项工程的分类详细而明确，但实际工程量与预计的工程量可能有较大出入时，则应优先选择单价合同，此时单价合同为最合理的合同类型。如果单项工程的分类和工程量都不甚明确，则不能采用单价合同。

(5) 项目准备时间的长短　项目的准备包括业主的准备工作和承包商的准备工作。对于不同的合同类型分别需要不同的准备时间和准备费用。总价合同需要的准备时间和准备费用最高，成本加酬金合同需要的准备时间和准备费用最低。对于一些非常紧急的项目如抢险救灾等项目，给予业主和承包商的准备时间都非常短，因此，只能采用成本加酬金的合同形式。反之，则可采用单价或总价合同形式。

(6) 项目的外部环境因素　项目的外部环境因素包括：项目所在地区的政治局势是否稳定、经济局势因素（如通货膨胀、经济发展速度等）、劳动力素质（当地）、交通、生活条件等。如果项目的外部环境恶劣则意味着项目的成本高、风险大、不可预测的因素多，承包商很难接受总价合同方式，而较适合采用成本加酬金合同。

总之，在选择合同类型时，一般情况下是业主占有主动权。但业主不能单纯考虑自身利益，应当综合考虑项目的各种因素、考虑承包商的承受能力，确定双方都能认可的合同类型。

3. 合同条件的选择

我国的工程建设可选择的合同条件主要有两个：国家工商行政管理局和建设部颁布的《建设工程施工合同文本》和FIDIC合同条件。FIDIC合同条件在国际工程中影响较大，世界银行和亚洲开发银行对我国的贷款项目一般都要求采用FIDIC合同条件。另外，国内的工程项目一般应采用《建设工程施工合同文本》。

三、施工合同双方的一般权利与义务

1. 发包人的工作

根据专用条款约定的内容和时间，发包人应分阶段或一次完成以下的工作。

(1) 办理土地征用、拆迁补偿、平整施工场地等工作，使施工场地具备施工条件，并在开工后继续解决以上事项的遗留问题。

(2) 将施工所需水、电、电信线路从施工场地外部接至专用条款约定地点，并保证施工期间需要。

(3) 开通施工场地与城乡公共道路的通道，以及专用条款约定的施工场地内的主要交通干道，满足施工运输的需求，保证施工期间的畅通。

(4) 向承包人提供施工场地的工程地质和地下管线资料，保证数据真实，位置准确，对资料的真实准确负责。

(5) 办理施工许可证和临时用地、停水、停电、中断道路交通、爆破作业以及可能损坏道路、管线、电力、通信等公共设施法律、法规规定的申请批准手续及其他施工所需的证件(证明承包人自身资质的证件除外)。

(6) 确定水准点与坐标控制点，以书面形式交给承包人，并进行现场交验。

(7) 组织承包人和设计单位进行图纸会审和设计交底。

(8) 协调处理施工现场周围地下管线和邻近建筑物、构筑物（包括文物保护建筑）、古树名木的保护工作，并承担相关费用。

(9) 发包人应做的其他工作，双方在专用条款内约定。

发包人可以将上述部分工作委托承包人办理，具体内容由双方在专用条款内约定，其费用由发包人承担。

发包人不按合同约定完成以上义务，导致工期延误或给承包人造成损失的，赔偿承包人的有关损失，延误的工期相应顺延。

2. 承包人的工作

承包人按专用条款约定的内容和时间完成以下工作。

(1) 根据发包人的委托，在其设计资质允许的范围内，完成施工图设计或与工程配套的设计，经工程师确认后使用，发生的费用由发包人承担。

(2) 向工程师提供年、季、月工程进度计划及相应进度统计报表。

(3) 按工程需要提供和维修非夜间施工使用的照明、围栏设施，并负责安全保卫。

(4) 按专用条款约定的数量和要求，向发包人提供在施工现场办公和生活的房屋及设施，发生费用由发包人承担。

(5) 遵守有关部门对施工场地交通、施工噪声以及环境保护和安全生产等的管理规定，按管理规定办理有关手续，并以书面形式通知发包人。发包人承担由此发生的费用，因承包人责任造成的罚款除外。

(6) 已竣工工程未交付发包人之前，承包人按专用条款约定负责已完工程的成品保护工作，保护期间发生损坏，承包人自费予以修复。要求承包人采取特殊措施保护的工程部位和相应的追加合同价款，在专用条款内约定。

(7) 按专用条款的约定做好施工现场地下管线和邻近建筑物、构筑物（包括文物保护建筑）、古树名木的保护工作。

(8) 保证施工场地清洁，符合环境卫生管理的有关规定。交工前清理现场达到专用条款约定的要求，承担因自身原因违反有关规定造成的损失和罚款。

(9) 承包人应做的其他工作，双方在专用条款内约定。

承包人不履行上述各项义务，造成发包人损失的，应对发包人的损失给予赔偿。

3. 工程师的产生和职权

工程师包括监理单位委派的总监理工程师或者发包人指定的履行合同的负责人两种情况。

(1) 发包人委托监理　发包人可以委托监理单位，全部或者部分负责合同的履行。工程施工监理应当依照法律、行政法规及有关的技术标准、设计文件和建设工程施工合同，对承包人在施工质量、建设工期和建设资金使用等方面，代表发包人实施监督。发包人应当将委托的监理单位名称、监理内容及监理权限以书面形式通知承包人。监理单位委派的总监理工程师在施工合同中称为工程师。总监理工程师是经监理单位法定代表人授权，派驻施工现场监理组织的总负责人，行使监理合同赋予监理单位的权利和义务，全面负责受委托工程的建设监理工作。监理单位委派的总监理工程师姓名、职务、职责应当向发包人报送，在施工合同专用条款中应当写明总监理工程师的姓名、职务、职责。

(2) 发包人派驻代表　发包人派驻施工场地履行合同的代表在施工合同中也称工程师。发包人代表是经发包人单位法定代表人授权，派驻施工现场的负责人，其姓名、职务、职责在专用条款内约定，但职责不得与监理单位委派的总监理工程师职责相互交叉。发生交叉或不明确时，由发包人法定代表人明确双方职责，并以书面形式通知承包人。

(3) 发包人代表更换　发包人代表更换时，发包人应当至少提前7天以书面形式通知承包人，后任继续履行合同文件约定的前任的权利和义务，不得更改前任做出的书面承诺。

(4) 工程师的职责　工程师在施工合同的履行过程中，应当承担以下职责。

① 工程师委派具体管理人员 在施工过程中，不可能所有的监督和管理工作都由工程师自己完成。工程师可委派工程师代表等具体管理人员，行使自己的部分权力和职责，并可在认为必要时撤回委派，委派和撤回均应提前7天以书面形式通知承包人，负责监理的工程师还应将委派和撤回通知发包人。委派书和撤回通知作为合同附件。工程师代表在工程师授权范围内向承包人发出的任何书面形式的函件，与工程师发出的函件效力相同。

② 工程师发布指令、通知 工程师的指令、通知由其本人签字后，以书面形式交给项目经理，项目经理在回执上签署姓名和收到时间后生效。确有必要时，工程师可发出口头指令，并在48小时内给予书面确认，承包人对工程师的指令应予执行。工程师不能及时给予书面确认，承包人应于工程师发出口头指令后7天内提出书面确认要求。工程师在承包人提出确认要求后48小时内不予答复，应视为承包人要求已被确认。承包人认为工程师指令不合理，应在收到指令后24小时内提出书面申告，工程师在收到承包人申告后24小时内做出修改指令或继续执行原指令的决定，并以书面形式通知承包人。紧急情况下，工程师要求承包人立即执行的指令或承包人虽有异议，但工程师决定仍继续执行的指令，承包人应予执行。因指令错误发生的费用和给承包人造成的损失由发包人承担，延误的工期相应顺延。对于工程师代表在工程师授权范围内发出的指令和通知，视为工程师发出的指令和通知。但工程师代表发出指令失误时，工程师可以纠正。除工程师和工程师代表外，发包人驻工地的其他人员无权向承包人发出任何指令。

③ 工程师应当及时完成自己的职责 工程师应按合同约定，及时向承包人提供所需指令、批准、图纸并履行其他约定的义务，否则承包人在约定时间后24小时内将具体要求、需要完成的工作和延误的后果通知工程师，工程师收到通知后48小时内不予答复，应承担延误造成的追加合同价款，并赔偿承包人有关损失，顺延延误的工期。

④ 工程师做出处理决定 在合同履行中，发生影响承发包双方权利或义务的事件时，负责监理的工程师应依据合同在其职权范围内客观公正地进行处理。为保证施工正常进行，承发包双方应尊重工程师的决定。承包人对工程师的处理有异议时，按照合同约定争议处理办法解决。

4. 项目经理的产生和职责

项目经理是由承包人单位法定代表人授权的，派驻施工场地的承包人的总负责人。他代表承包人负责工程施工的组织、实施。

(1) 项目经理的产生 承包人施工质量、进度的好坏与项目经理的水平、能力、工作热情有很大的关系，一般都应当在投标书中明确，并作为评标的一项内容。项目经理的姓名、职务在专用条款内约定。项目经理一旦确定后，承包人不能随意更换。项目经理更换，承包人应当至少于更换前7天以书面形式通知发包人，后任继续履行合同文件约定的前任的权利和义务，不得更改前任作出的书面承诺。

发包人可以与承包人协商，建议调换其认为不称职的项目经理。

(2) 项目经理的职责 项目经理在施工合同的履行过程中应当完成以下职责。

① 代表承包人向发包人提出要求和通知 项目经理有权代表承包人向发包人提出要求和通知。承包人的要求和通知，以书面形式由项目经理签字后送交工程师，工程师在回执上签署姓名和收到时间后生效。

② 组织施工 项目经理按工程师认可的施工组织设计（或施工方案）和依据合同发出的指令、要求组织施工。在情况紧急且无法与工程师联系时，应当采取保证人员生命和工程

财产安全的紧急措施，并在采取措施后48小时内向工程师送交报告。责任在发包人和第三方，由发包人承担由此发生的追加合同价款，相应顺延工期；责任在承包人，由承包人承担费用，不顺延工期。

相关知识

建设工程合同的种类

建设工程合同可以从不同的角度进行分类。

（1）从承发包的不同范围和数量进行划分　可以将建设工程合同分为建设工程总承包合同、建设工程承包合同、分包合同。发包人将工程建设的全过程发包给一个承包人的合同即为建设工程总承包合同。发包人如果将建设工程的勘察、设计、施工等的每一项分别发包给一个承包人的合同即为建设工程承包合同。经合同约定和发包人认可，从工程承包人承包的工程中承包部分工程而订立的合同即为建设工程分包合同。

（2）从完成承包的内容进行划分　建设工程合同可以分为建设工程勘察合同、建设工程设计合同和建设工程施工合同等。

第2节　施工合同的谈判

要　点

谈判是工程施工合同签订双方对是否签订合同以及合同具体内容达成一致的协商过程。通过谈判，能够充分了解对方及项目的情况，为高层决策提供信息和依据。本节主要介绍谈判的目的、谈判前的准备工作、施工谈判阶段与施工合同谈判规则。

解　释

一、施工谈判的目的

1. 发包人参加谈判的目的

（1）通过谈判，了解投标者报价的构成，进一步审核和压低报价。

（2）进一步了解和审查投标者的施工规划和各项技术措施是否合理，负责项目实施的班子力量是否足够雄厚，能否保证水暖及通风空调工程的质量和进度。

（3）根据参加谈判的投标者的建议和要求，也可吸收其他投标者的建议，对设计方案、图纸、技术规范进行某些修改，并估计可能对工程报价和工程质量产生的影响。

2. 投标者参加谈判的目的

（1）争取中标。即通过谈判宣传自己的优势，包括技术方案的先进性，报价的合理性，所提建议方案的特点，许诺优惠条件等，以争取中标。

（2）争取合理的价格。既要准备应付业主的压价，又要准备当业主拟增加项目、修改设计或提高标准时适当增加报价。

（3）争取改善合同条款，包括争取修改过于苛刻的和不合理的条款，澄清模糊的条款和增加有利于保护承包商利益的条款。

二、谈判前的准备工作

开始谈判之前，必须细致地做好以下几方面的准备工作。

1. 谈判资料准备

谈判准备工作的首要任务就是要收集整理有关合同对方及项目的各种基础资料和背景材料。这些资料的内容包括对方的资信状况、履约能力、发展阶段、已有成绩等，还包括水暖及通风空调工程项目的由来、土地获得情况、项目目前的进展、资金来源等。资料准备可以起到双重作用：其一是双方在某一具体问题上争执不休时，提供证据资料、背景资料，可起到事半功倍的作用；其二是防止谈判小组成员在谈判中出现口径不一的情况，造成被动。

2. 具体分析

在获得这些基础资料的基础上，即可进行一定的分析。

（1）对本方的分析。首先要确定水暖及通风空调工程施工合同的标的物，即拟建工程项目。发包方必须运用科学研究的成果，对拟建水暖及通风空调工程项目的投资进行综合分析和论证。发包方必须按照可行性研究的有关规定，作定性和定量的分析研究，包括工程水文地质勘察、地形测量以及项目的经济、社会、环境效益的测算比较，在此基础上论证工程项目在技术上、经济上的可行性，对各种方案进行比较，筛选出最佳方案。依据获得批准的项目建议书和可行性研究报告，编制项目设计任务书并选择建设地点。水暖及通风空调建设项目的设计任务书和选点报告批准后，发包方就可以委托取得水暖及通风空调工程设计资格证书的设计单位进行设计，然后再进行招标。

对于承包方，在获得发包方发出招标公告后，不是盲目地投标，而是应该作一系列调查研究工作。主要考察的问题有：水暖及通风空调工程建设项目是否确实由发包方立项，项目的规模如何，是否适合自身的资质条件，发包方的资金实力如何等。这些问题可以通过审查有关文件，比如发包方的法人营业执照、项目可行性研究报告、立项批复、建设用地规划许可证等加以解决。承包方为承接项目，可以主动提出某些让利的优惠条件；但是，在项目是否真实，发包方主体是否合法，建设资金是否落实等原则性问题上不能让步。否则，即使在竞争中获胜，中标承包了项目，一旦发生问题，合同的合法性和有效性得不到保证。此种情况下，受损害最大的往往是承包方。

（2）对对方的分析。对对方的基本情况的分析主要从以下几方面入手。

① 对对方谈判人员的分析，主要了解对手的谈判组由哪些人员组成，了解他们的身份、地位、性格、喜好、权限等，注意与对方建立良好的关系，发展谈判双方的友谊，争取在到达谈判以前就有亲切感和信任感，为谈判创造良好的氛围。

② 对对方实力的分析，主要是指对对方诚信、技术、财力、物力等状况的分析，可以通过各种渠道和信息传递手段取得有关资料。

（3）对谈判目标进行可行性分析。分析工作中还包括分析自身设置的谈判目标是否正确合理、切合实际、能被对方接受，以及对方设置的谈判目标是否合理。如果自身设置的谈判目标有疏漏或错误，就盲目接受对方的不合理谈判目标，同样会造成项目实施过程中的后患。在实际中，由于承包方中标心切，往往接受发包方极不合理的要求，比如带资、垫资、工期短等，造成其在今后发生回收资金、获取工程款、工期反索赔方面的困难。

（4）对双方地位进行分析。对在此项目上与对方相比己方所处地位的分析也是必要的。这一地位包括整体的与局部的优势、劣势。如果己方在整体上存在优势，而在局部存有劣势，则可以通过以后的谈判等方式弥补局部的劣势。但如果己方在整体上已显劣势，则除非能有契机转化这一形势，否则就不宜再耗时耗资去进行无利的谈判。

3. 水暖及通风空调工程施工谈判的组织准备

主要包括谈判组的成员组成和谈判组长的人选确定。

(1) 谈判组的成员组成。一般说来，谈判组成员的选择要考虑下列几点。

① 能充分发挥每一个成员的作用。

② 便于组长的组内协调。

③ 具有专业知识组合优势。

(2) 谈判组长的人选。谈判组长即主谈，是谈判小组的关键人物，一般要求主谈具有如下基本素质。

① 具有较强的业务能力和应变能力。

② 具有较宽的知识面和丰富的工程经验与谈判经验。

③ 具有较强的分析、判断能力，决策果断。

④ 年富力强，思维敏捷，体力充沛。

4. 谈判的方案准备与思想准备

谈判的方案准备即指参加谈判前拟定好预达成的目标，所要解决的问题以及具体措施等。

思想准备则指进行谈判的有利与不利因素分析，设想出谈判可能出现的各种情况，制定相应的解决办法，以避免不应有的错误。

5. 谈判的议程安排

主要指谈判的地点选择、主要活动安排等准备内容。承包合同谈判的议程安排一般由发包人提出，征求对方意见后再确定。作为承包商要充分认识到非“主场”谈判的难度，做好充分的心理准备。

三、施工谈判阶段

1. 决标前的谈判

发包人在决标前与初选出的几家投标者谈判的内容主要有两个方面：一是技术答辩；二是价格问题。

技术答辩由评标委员会主持，了解投标者如果中标后将如何组织施工，如何保证工期，对技术难度较大的部位采取什么措施等。虽然投标者在编制投标文件时对上述问题已有准备，但在开标后，当本公司进入前几标时，应该在这方面再进行认真细致的准备，必要时画出有关图解，以取得评标委员的信任，顺利通过技术答辩。

价格问题是一个十分重要的问题，发包人利用其的有利地位，要求投标者降低报价，并就工程款额中付款期限、贷款利率（对有贷款的投标）以至延期付款条件等方面要求投标者作出让步。投标者在这一阶段一定要沉住气，对发包人的要求进行逐条分析，在恰当时机适当地、逐步地让步，因此，谈判有时会持续很长时间。

2. 决标后的谈判

经过决标前的谈判，发包人确定出中标者并发出中标函，这时发包人和中标者还要进行决标后的谈判，即将过去双方达成的协议具体化，并最后签署合同协议书，对价格及所有条款加以认证。

决标后，中标者地位有所改善，他可以利用这一点，积极地、有理有节地同发包人进行决标后的谈判，争取协议条款公正合理。对关键性条款的谈判，要做到彬彬有礼而又不作大的让步。对有些过分不合理的条款，一旦接受了会带来无法负担的损失，则宁可冒损失投标保证金的风险而拒绝发包人要求或退出谈判，以迫使发包人让步，因为谈判时合同并未签字，中标者不在合同约束之内，也未提交履约保证。

发包人和中标者在对价格和合同条款达成充分一致的基础上，签订合同协议书（在某些国家需要到法律机关认证）。至此，双方即建立了受法律保护的合作关系，招标投标工作即告成功。

四、施工合同的谈判规则

（1）谈判前应做好充分准备。如备齐文件和资料；拟好谈判的内容和方案；对谈判的对方其性格、年龄、爱好、资历、职务均应有所了解，以便派出合格人选参加谈判。

在谈判中，要统一口径，不得将内部矛盾暴露在对方面前。

（2）在合同中要预防对方把工程风险转嫁己方。如果发现，要有相应的条款来抵御。

（3）谈判的主要负责人不宜急于表态，应先让副手主谈，正手在旁视听，从中找出问题的症结，以备进攻。

（4）谈判中要抓住实质性问题，不要在枝节问题上争论不休。实质性问题不轻易让步，枝节问题要表现宽宏大量的风度。

（5）谈判要有礼貌，态度要诚恳、友好、平易近人；发言要稳重，当意见不一致时不能急躁，更不能感情冲动，甚至使用侮辱性语言。一旦出现僵局，可暂时休会。但是，谈判的时间不宜过长，一般应以招标文件确定的“投标有效期”为准。

（6）少说空话、大话，但偶尔赞扬自己的业绩也是必不可少的。

（7）对等让步的原则。当对方已做出一定让步时，己方也应考虑做出相应的让步。

（8）谈判时必须记录，但不宜录音，否则会使对方情绪紧张，影响谈判效果。

相关知识

合同谈判的策略

谈判是通过不断的会晤确定各方权利、义务的过程，它直接关系到谈判桌上各方最终利益的得失。因此，在谈判过程中要讲究策略和技巧。

1. 掌握谈判的进程

这里说的是掌握谈判过程的发展规律。大体上可分为五个阶段，即探测、报价、还价、拍板和签订合同。

2. 打破僵局策略

僵局往往是谈判破裂的先兆，因而为使谈判顺利进行，并取得谈判成功，遇有僵持的局面时，必须采取相应的策略，常用的方法有以下四个方面。

①拖延和体会。②假设条件。③私下个别接触。④设立专门小组。

3. 高起点战略

谈判的过程是各方妥协的过程，通过谈判，各方都或多或少会放弃部分利益以求得项目的进展，而有经验的谈判者在谈判之初会有意识地向对方提出苛刻的谈判条件。这样对方会过高估计本方的谈判底线，从而在谈判中更多做出让步。

4. 避实就虚

谈判各方都有自己的优势和弱点。谈判者应在充分分析形势的情况下，做出正确判断，利用对方的弱点，猛烈攻击，迫其就范，做出妥协。而对于己方的弱点，则要尽量注意回避。

5. 对等让步策略

为使谈判取得成功，谈判中对对方所提出的合理要求进行适当让步是必不可少的，这种让步要求对双方都是存在的。但单向的让步要求则很难达成，因而主动在某些问题上让步时，同时向对方提出相应的让步条件，一方面可争得谈判的主动，另一方面又可促使对方让步条件的达成。

6. 充分利用专家的作用

现代科技发展使个人不可能成为各方面的专家。而工程项目谈判又涉及广泛的学科领域，充分发挥各领域专家的作用，既可以在专业问题上获得技术支持，又可以利用专家的权威性给对方以心理压力。

第3节　施工合同的签订与审查

要　点

合同签订的过程是当事人双方互相协商并最后就各方的权利、义务达成一致意见的过程；合同审查是指在合同签订以前，将合同文本“解剖”开来，检查合同结构和内容的完整性以及条款之间的一致性，分析评价每一合同条款执行的法律后果及其中的隐含风险，为合同的谈判和签订提供决策依据。

解　释

一、施工合同的签订

1. 施工合同签订的原则

施工合同签订的原则是指贯穿于订立施工合同的整个过程，对承发包双方签订合同起指导和规范作用，双方均应遵守的准则。主要有：依法签订原则、平等互利协商一致原则、等价有偿原则、严密完备原则和履行法律程序原则等。具体内容见表7-1。

表7-1　施工合同签订的原则

原　　则	说　　明
依法签订原则	(1)必须依据《中华人民共和国合同法》、《中华人民共和国建筑法》、《建设工程勘察设计管理条例》等有关法律、法规 (2)合同的内容、形式、签订的程序均不得违法 (3)当事人应当遵守法律、行政法规和社会公德，不得扰乱社会经济秩序，不得损害社会公共利益 (4)根据招标文件的要求，结合合同实施中可能发生的各种情况进行周密、充分的准备，按照“缔约过失责任原则”保护企业的合法权益
平等互利协商一致原则	(1)发包方、承包方作为合同的当事人，双方均平等地享有经济权利，平等地承担经济义务，其经济法律地位是平等的，没有主从关系 (2)合同的主要内容，需经双方协商、达成一致，不允许一方将自己的意志强加于对方，一方以行政手段干预对方、压服对方等现象发生

续表

原　　则	说　　明
等价有偿原则	(1)签约双方的经济关系要合理,当事人的权利义务是对等的 (2)合同条款中也应充分体现等价有偿原则,即 ①一方给付,另一方必须按价值相等原则作相应给付 ②不允许发生无偿占有、使用另一方财产的现象 ③对工期提前、质量全优要予以奖励 ④对延误工期、质量低劣应罚款 ⑤提前竣工的收益由双方分享
严密完备原则	(1)充分考虑施工期内各个阶段,施工合同主体间可能发生的各种情况和一切容易引起争端的焦点问题,并预先约定解决问题的原则和方法 (2)条款内容力求完备,避免疏漏,措辞力求严谨、准确、规范 (3)对合同变更、纠纷协调、索赔处理等方面应有严格的合同条款作保证,以减少双方矛盾
履行法律程序原则	(1)签约双方必须具备签约资格,手续健全齐备 (2)代理人超越代理人权限签订的工程合同无效 (3)签约的程序符合法律规定 (4)签订的合同必须经过合同管理的授权机关鉴证、公证和登记等手续,对合同的真实性、可靠性、合法性进行审查,并给予确认,方能生效

2. 施工合同签订的形式和程序

(1) 施工合同签订的形式。《中华人民共和国合同法》第10条规定:“当事人订立合同,有书面合同、口头形式和其他形式。法律、行政法规规定采用书面形式的,应当采用书面形式。当事人约定采用书面形式的应当采用书面形式”。书面形式是指合同书、信件和数据电文(包括电报、电传、传真、电子数据交换和电子邮件)等可以有形地表现所载内容的形式。

《中华人民共和国合同法》第270条规定:“工程施工合同应当采用书面形式”。主要是由于施工合同涉及面广、内容复杂、建设周期长、标的金额大。

(2) 施工合同签订的程序。作为承包商的建筑施工企业在签订施工合同工作中,主要的工作程序见表7-2。

表7-2 签订施工合同的程序

程　　序	内　　容
市场调查建立联系	(1)施工企业对建筑市场进行调查研究 (2)追踪获取拟建项目的情况和信息,以及业主情况 (3)当对某项工程有承包意向时,可进一步详细调查,并与业主取得联系
表明合作意愿投标报价	(1)接到招标单位邀请或公开招标通告后,企业领导做出投标决策 (2)向招标单位提出投标申请书,表明投标意向 (3)研究招标文件,着手具体投标报价工作
协商谈判	(1)接受中标通知书后,组成包括项目经理在内的谈判小组,依据招标文件和中标书草拟合同专用条款 (2)与发包人就工程项目具体问题进行实质性谈判 (3)通过协商达成一致,确立双方具体权利与义务,形成合同条款 (4)参照施工合同示范文本和发包人拟定的合同条件与发包人订立施工合同
签署书面合同	(1)施工合同应采用书面形式的合同文本 (2)合同使用的文字要经双方确定,用两种以上语言的合同文本,需注明几种文本是否具有同等法律效力 (3)合同内容要详尽具体,责任义务要明确,条款应严密完整,文字表达应准确规范 (4)确认甲方,即业主或委托代理人的法人资格或代理权限 (5)施工企业经理或委托代理人代表承包方与甲方共同签署施工合同

续表

程　序	内　容
签证与公证	(1)合同签署后，必须在合同规定的时限内完成履约保函、预付款保函、有关保险等保证手续 (2)送交工商行政管理部门对合同进行签证并缴纳印花税 (3)送交公证处对合同进行公证 (4)经过签证、公证，确认了合同真实性、可靠性、合法性后，合同发生法律效力，并受法律保护

二、施工合同的审查

1. 施工合同效力审查与分析

合同效力是指合同依法成立所具有的约束力。对施工合同效力的审查，基本上从合同主体、客体、内容三方面加以考虑。结合实践情况，有以下合同无效的情况。

(1) 没有经营资格而签订的合同。施工合同的签订双方是否有专门从事建筑业务的资格，是合同有效、无效的重要条件之一。如：①作为发包方是否具有相应的开发资格；②作为承包方的勘察、设计、施工单位均是否具有经营资格。

(2) 缺少相应资质而签订的合同。

(3) 违反法定程序而订立的合同。

(4) 违反关于分包和转包的规定所签订的合同。

(5) 其他违反法律和行政法规所订立的合同。

以上介绍了几种合同无效的情况。实践中，构成合同无效的情况众多，需要有一定的法律知识方能判别。所以，建议承发包双方将合同审查落实到合同管理机构和专门人员，每一项目的合同文本均必须经过经办人员、部门负责人、法律顾问、总经理几层审查，批注具体意见，必要时还应听取财务人员的意见，以期尽量完善合同，确保在谈判时己方利益能够得到最大保护。

2. 施工合同内容审查与分析

合同条款的内容直接关系到合同双方的权利、义务，在施工合同签订之前，应当严格审查各项合同内容，其中尤其应注意如下内容。

(1) 确定合理的工期。

(2) 明确双方代表的权限。

(3) 明确工程造价或工程造价的计算方法。

(4) 明确材料和设备的供应。

(5) 明确工程竣工交付使用的标准。

(6) 明确违约责任。

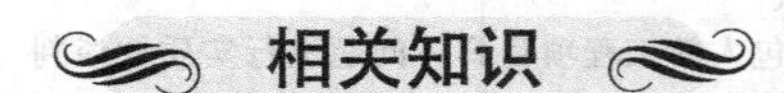

施工合同签订过程中的注意事项

1. 关于合同文件部分

招投标过程中形成的补遗、修改、书面答疑、各种协议等均应作为合同文件的组成部分。特别应注意作为付款和结算依据的工程量和价格清单，应根据评标阶段做出的修正稿重新整理、审定，并且应标明按完成的工程量测算付款和按总价付款的内容。

2. 关于合同条款的约定

在编制合同条款时，应注重有关风险和责任的约定，将项目管理的理念融入合同条款中，尽量将风险量化，明确责任，公正地维护双方的利益。其中主要重视以下几类条款。

(1) 程序性条款。目的在于规范工程价款结算依据的形成，预防不必要的纠纷。程序性条款贯穿于合同行为的始终，包括信息往来程序、计量程序、工程变更程序、索赔处理程序、价款支付程序、争议处理程序等。编写时注意明确具体步骤，约定时间期限。

(2) 有关工程计量的条款。注重计算方法的约定，应严格确定计量内容（一般按净值计量），加强隐蔽工程计量的约定。计量方法一般按工程部位和工程特性确定，以便于核定工程量及便于计算工程价款为原则。

(3) 有关工程计价的条款。应特别注意价格调整条款，如对未标明价格或无单独标价的工程，是采用重新报价方法，还是采用定额及取费方法，或者协商解决，在合同中应约定相应的计价方法。对于工程量变化的价格调整，应约定费用调整公式；对工程延期的价格调整、材料价格上涨等因素造成的价格调整，应在合同中约定是采用补偿方式，还是变更合同价。

(4) 有关双方职责的条款。为进一步划清双方责任，量化风险，应对双方的职责进行恰当的描述。对那些未来很可能发生并影响工作、增加合同价款及延误工期的事件和情况加以明确，防止索赔、争议的发生。

(5) 工程变更的条款。适当规定工程变更和增减总量的限额及时间期限。如在 FIDIC 合同条款中规定，单位工程的增减量超过原工程量 15%应相应调整该项的综合单价。

(6) 索赔条款。明确索赔程序、索赔的支付、争端解决方式等。

第 4 节 施工合同的履行与争议处理

要 点

施工合同实施的过程是完成整个合同中规定任务的过程，即工程从准备、修建、竣工、试运行直到维修期结束的全过程。这个过程有时需要很长时间，因此研究合同实施过程中的问题非常重要。

解 释

一、施工合同的履行

1. 合同履行的原则

(1) 全面履行原则 全面履行的原则也称适当履行或正确履行，它要求按照合同规定的内容全面适当地履行，使得合同的各个要素都得到正确实现。

当事人应当按照约定全面履行自己的义务。即按合同约定的标的、价款、数量、质量、地点、期限、方式等全面履行各自的义务。按照约定履行自己的义务，既包括全面履行义务，也包括正确适当履行合同义务。建设工程合同订立后，双方应当严格履行各自的义务，不按期支付预付款、工程款，不按照约定时间开工、竣工，都是违约行为。

合同有明确约定的，应当依约定履行。但是，合同约定不明确并不意味着合同无需全面履行或约定不明确部分可以不履行。

合同生效后，当事人就质量、价款或者报酬、履行地点等内容没有约定或者约定不明的，可以协议补充。不能达成补充协议的，按照合同有关条款或者交易习惯确定。按照合同有关条款或者交易习惯确定，一般只能适用于部分常见条款欠缺或者不明确的情况，也只有这些内容才能形成一定的交易习惯。如果按照上述办法仍不能确定合同如何履行的，适用下列规定进行履行。

① 价款或报酬不明的，按订立合同时履行地的市场价格履行；依法应当执行政府定价或政府指导价的，按规定履行。在建设工程施工合同中，合同履行地是不变的，一定是工程所在地。因此，约定不明确时，应当执行工程所在地的市场价格。

② 质量要求不明的，按国家标准、行业标准履行，没有国家、行业标准的，按通常标准或者符合合同目的的特定标准履行。作为建设工程合同中的质量标准，大多是强制性的国家标准，因此，当事人的约定不能低于国家标准。

③ 履行地点不明确的，给付货币的，在接收货币一方所在地履行；交付不动产的，在不动产所在地履行；其他标的在履行义务一方所在地履行。

④ 履行期限不明确的，债务人可以随时履行，债权人也可以随时要求履行，但应当给对方必要的准备时间。

⑤ 履行方式不明确的，按照有利于实现合同目的的方式履行。

⑥ 履行费用的负担不明确的，由履行义务一方承担。

（2）实际履行原则　是指除法律和合同另有规定或者客观上已不可能履行外，当事人要根据合同规定的标的完成义务，不能用其他标的来代替约定标的。一方违约时也不能以偿付违约金、赔偿金的方式代替履约，对方要求继续履行合同的，仍应继续履行。

合同中所确定的标的，是为了满足当事人在生产、经营或管理等活动中一定的物资、技术、劳务等的需要，用其他的标的代替；或者当一方违约时用违约金、赔偿金来补偿对方经济、技术等方面的损失，都不能满足当事人这种特定的实际需要。因此，实际履行原则的贯彻，能够促进合同当事人按合同规定的标的认真地履行自己应尽的义务。

但在贯彻这一原则时，还必须从实际出发，在某种情况下过于强调实际履行，不仅在客观上不可能，还会给需方造成损失。在这种情况下，应当允许用支付违约金和赔偿损失的办法代替合同的履行。如货物运输合同，按照合同法和有关货物运输法规的规定，当货物在运输途中发生损坏、灭失时，属于运输部门的过错，则承运方只按损失、灭失货物的实际损失赔偿，而不负再交付实物的义务。

（3）诚实信用原则　要求人们在市场交易中讲究信用、恪守诺言、诚实无欺，在不损害他人经济利益的前提下追求自己的利益。这一原则对于一切合同及合同履行的一切方面均应适用。

2. 合同履行方式

合同履行方式是指债务人履行债务的方法。合同采取何种方式履行，与当事人有着直接的利害关系，因此，在法律有规定或者双方有约定的情况下，应严格按照法定的或约定的方式履行。没有法定或约定，或约定不明确的，应当根据合同的性质和内容，按照有利于实现合同目的的方式履行。合同的履行方式主要有以下几种。

（1）分期履行　指当事人一方或双方不在同一时间和地点以整体的方式履行完毕全部约定义务的行为，是相对于一次性履行而言的，如果一方不按约定履行某一期次的义务，则对方有权请求违约方承担该期次的违约责任；如果对方也是分期履行的，且没有履行先后次序，一方不履行某一期次义务，对方可作为抗辩理由，也不履行相应的义务。分期履行的义务，不履行其中某一期次的义务时，对方是否可以解除合同，这需要根据该一期次的义务对整个合同履行的地位和影响来区别对待。通常情况下，不履行某一期次的义务，对方不能因此解除全部合同，如发包方未按约定支付某一期工程款的违约救济，承包方只可主张延期交付工程项目，却不能解除合同。但是不履行的期次具备了法定解除条件，则允许解除合同。

(2) 部分履行　是根据合同义务在履行期届满后的履行范围及满足程度而言的。履行期届满，全部义务得以履行为全部履行，但是其中一部分义务得以履行的，为部分履行。部分履行同时意味着部分不履行。在时间上适用的是到期履行。履行期限表明义务履行的时间界限，是适当履行的基本标志，作为一个规则，债权人在履行期届满后有权要求其权利得到全部满足，对于到期合同，债权人有权拒绝部分履行。

(3) 提前履行　是债务人在合同约定的履行期限截止前就向债权人履行给付义务的行为。在大多情况下，提前履行债务对债权人是有利的。但在特殊情况下提前履行也可能构成对债权人的不利，如可能使债权人的仓储费用增加，对鲜活产品的提前履行，可能增加债权人的风险等。因此债权人可能拒绝受领债务人提前履行，但若合同的提前履行对债权人有利，债权人则应当接受提前履行。提前履行可视为对合同履行期限的变更。

二、施工合同常见的争议

1. 施工工程进度款支付争议

尽管合同中已列出了工程量，约定了合同价款，但实际施工中会有很多变化，包括设计变更，现场工程师签发的变更指令，现场条件变化如地质、地形等，以及计量方法等引起的工程数量的增减。这种工程量的变化几乎每天或每月都会发生，而且承包商通常在其每月申请工程进度付款报表中列出，希望得到（额外）付款，但常因与现场监理工程师有不同意见而遭拒绝或者拖延不决。

在整个施工过程中，发包人在按进度支付工程款时往往会根据监理工程师的意见，扣除那些他们未予确认的工程量或存在质量问题的已完施工工程的应付款项，这种未付款项累积起来往往可能形成很大的金额，使承包商感到无法承受而引起争议，而且这类争议在水暖及通风空调工程施工的中后期可能会越来越严重。承包商会认为由于未得到足够的应付工程款而不得不将施工工程进度放慢，而发包人则会认为在施工工程进度拖延的情况下更不能多支付给承包商任何款项，这就会形成恶性循环而使争端愈演愈烈。

更主要的是，大量的发包人在资金尚未落实的情况下就开始施工工程的建设，致使发包人千方百计要求承包商垫资施工，不支付预付款，尽量拖延支付进度款，拖延工程结算及工程审价进程，导致承包商的权益得不到保障，最终引起争议。

2. 安全损害赔偿争议

安全损害赔偿争议包括相邻关系纠纷引发的损害赔偿，设备安全、施工人员安全、施工导致第三人安全、施工工程本身发生安全事故等方面的争议。其中，施工工程相邻关系纠纷发生的频率越来越高，其牵涉主体和财产价值也越来越多，已成为城市居民十分关心的问题。《中华人民共和国建筑法》第三十九条为建筑施工企业设定了这样的义务：“施工现场对毗邻的建筑物、构筑物和特殊作业环境可能造成损害的，建筑施工企业应当采取安全防护措施”。

3. 工程价款支付主体争议

施工企业被拖欠巨额工程款已成为整个建设领域司空见惯的“正常事”。往往出现工程的发包人并非工程真正的建设单位或工程的权利人。在该种情况下，发包人通常不具备工程价款的支付能力，施工单位该向谁主张权利，以维护其合法权益会成为争议的焦点。此时，施工企业应理顺关系，寻找突破口，向真正的发包方主张权利，以保证合法权利不受侵害。

4. 施工工程工期拖延争议

施工工程的工期延误，往往是由于错综复杂的原因造成的。在许多合同条件中都约定了竣工逾期违约金。由于工期延误的原因可能是多方面的，要分清各方的责任往往非常困难。经常可以看到，发包人要求承包商承担工程竣工逾期的违约责任，而承包商则提出因诸多发包人的原因及不可抗力等工期应相应顺延的理由，有时承包商还就工期的延长要求发包人承担停工、窝工的费用。

5. 合同中止及终止争议

中止合同造成的争议有：承包商因这种中止造成的损失严重而得不到足够的补偿，发包人对承包商提出的就终止合同的补偿费用计算持有异议，承包商因设计错误或发包人拖欠应支付的工程款而造成困难提出中止合同，发包人不承认承包商提出的中止合同的理由，也不同意承包商的责难及其补偿要求等。

除不可抗力外，任何终止合同的争议往往是难以调和的矛盾造成的。终止合同一般都会给某一方或者双方造成严重的损害。如何合理处置终止合同后双方的权利和义务，往往是这类争议的焦点。终止合同可能有以下四种情况。

（1）属于承包商责任引起的终止合同。

（2）属于发包人责任引起的终止合同。

（3）不属于任何一方责任引起的终止合同。

（4）任何一方由于自身需要而终止合同。

6. 水暖及通风空调工程质量及保修争议

质量方面的争议包括施工工程中所用材料不符合合同约定的技术标准要求，提供的设备性能和规格不符，或者不能生产出合同规定的合格产品，或者是通过性能试验不能达到规定的质量要求，施工和安装有严重缺陷等。这类质量争议在施工过程中主要表现为，工程师或发包人要求拆除和移走不合格材料，或者返工重做，或者修理后予以降价处置。对于设备质量问题，则常见于在调试和性能试验后，发包人不同意验收移交，要求更换设备或部件，甚至退货并赔偿经济损失。而承包商则认为缺陷是可以改正的，或者业已改正；对生产设备质量则认为是性能测试方法错误，或者制造产品所投入的原料不合格或者是操作方面的问题等，质量争议往往变成为责任问题争议。

此外，在保修期的缺陷修复问题往往是发包人和承包商争议的焦点，特别是发包人要求承包商修复工程缺陷而承包商拖延修复，或发包人未通知承包商就自行委托第三方对工程缺陷进行修复。在此情况下，发包人要在预留的保修金内扣除相应的修复费用，承包商则主张产生缺陷的原因不在承包商或发包人未履行通知义务，且其修复费用未经其确认而不予同意。

三、施工合同争议的解决方式

1. 和解

和解是指争议的合同当事人，根据有关法律规定或合同约定，以合法、自愿、平等为原则，在互谅互让的基础上，经过谈判和磋商，自愿对争议事项达成协议，从而解决分歧和矛盾的一种方法。和解方式无需第三者介入，简便易行，能及时解决争议，避免当事人经济损失扩大，有利于双方的协作和合同的继续履行。

2. 调解

调解是指争议的合同当事人，在第三方的主持下，通过其劝说引导，以合法、自愿、平等为原则，在分清是非的基础上，自愿达成协议，以解决合同争议的一种方法。调解有民间调解、仲裁机构调解和法庭调解三种。调解协议书对当事人具有与合同一样的法律约束力。运用调解方式解决争议，双方不伤和气，有利于今后继续履行合同。

3. 仲裁

仲裁也称公断，是双方当事人通过协议自愿将争议提交第三者（仲裁机构）做出裁决，并负有履行裁决义务的一种解决争议的方式。仲裁包括国内仲裁和国际仲裁。仲裁需经双方同意并约定具体的仲裁委员会。仲裁可以不公开审理从而保守当事人的商业秘密，节省费用，一般不会影响双方日后的正常交往。

4. 诉讼

诉讼是指合同当事人相互间发生争议后，只要不存在有效的仲裁协议，任何一方向有管辖权的法院起诉并在其主持下，为维护自己的合法权益而进行的活动。通过诉讼，当事人的权利可得到法律的严密保护。

5. 其他方式

除了上述四种主要的合同争议解决方式外，在国际工程承包中，又出现了一些新的有效的解决方式，正在被广泛应用。这里不作介绍。

相关知识

施工合同履行中的问题

1. 发生不可抗力

在订立合同时，应明确不可抗力的范畴，双方应承担的责任。在合同履行中加强管理和防范措施。当事人一方因不可抗力不能履行合同时，有义务及时通知对方，以减轻可能给对方造成的损失，并应当在合理期限内提供证明。

不可抗力发生后，承包人应在力所能及的条件下迅速采取措施，尽量减少损失，并在不可抗力事件发生过程中，每隔7天向工程师报告一次受害情况；不可抗力事件结束后48小时内向工程师通报受害情况和损失情况及预计清理和修复的费用；14天内向工程师提交清理和修复费用的正式报告。

因不可抗力事件导致的费用及延误的工期由合同双方承担。

（1）施工工程本身的损害、因施工工程损害导致第三方人员伤亡和财产损失以及运至施工现场用于施工的材料和待安装设备的损害，由发包人承担。

（2）发包方及承包方人员伤亡由其所在单位负责，并承担相应费用。

（3）承包人机械设备损坏及停工损失，由承包人承担。

（4）停工期间，承包人应工程师要求留在施工场地的必要的管理人员及保卫人员的费用由发包人承担。

（5）施工工程所需清理、修复费用，由发包人承担。

（6）延误的工期相应顺延。

因合同一方迟延履行合同后发生不可抗力的，不能免除迟延履行方的相应责任。

2. 合同变更

合同变更是指依法对原来合同进行的修改和补充，即在履行合同项目的过程中，由于实施条件或相关因素的变化，而不得不对原合同的某些条款做出修改、订正、删除或补充。合同变更一经成立，原合同中的相应条款就应解除。

第 5 节　施 工 索 赔

要　点

索赔是当事人在合同实施过程中，根据法律、合同规定及惯例，对不应由自己承担责任的情况造成的损失，向合同的另一方当事人提出给予赔偿或补偿要求的行为。本节主要介绍索赔的分类、要求、条件及作用。

解　释

一、索赔的分类

索赔从不同的角度、按不同的方法和不同的标准，可以有多种分类方法，见表 7-3。

表 7-3　索赔的分类

分类标准	索赔类别	说　明
按索赔的目的分类	工期索赔	由于非承包人责任的原因而导致施工进程延误，要求批准顺延合同工期的索赔，称为工期索赔，工期索赔形式上是对权利的要求，以避免在原定合同竣工日不能完工时，被发包人追究拖期违约责任。一旦获得批准合同工期顺延后，承包人不仅免除了承担拖期违约赔偿费的严重风险，而且可能提前工期得到奖励，最终仍反映在经济收益上
	费用索赔	费用索赔的目的是要求经济补偿。当施工的客观条件改变导致承包人增加开支，要求对超出计划成本的附加开支给予补偿，以挽回不应由其承担的经济损失
按索赔当事人分类	承包商与发包人间索赔	这类索赔大都是有关工程量计算、变更工期、质量和价格方面的争议，也有中断或终止合同等其他违约行为的索赔
	承包商与分包商间索赔	其内容与前一种大致相似，但大多数是分包商向总包商索要付款和赔偿及承包商向分包商罚款或扣留支付款等
	承包商与供货商间索赔	其内容多系商贸方面的争议，如货品质量不符合要求、数量短缺、交货拖延、运输损坏等
按索赔的原因分类	工程延误索赔	因发包人未按合同要求提供施工条件，如未及时交付设计图纸、施工现场、道路等，或因发包人指令工程暂停或不可抗力事件等原因造成工期拖延的，承包商对此提出索赔
	工程范围变更索赔	工程范围的变更索赔是指发包人和承包商对合同中规定工作理解的不同而引起的索赔。其责任和损失不如延误索赔那么容易确定，如某分项工程所包含的详细工作内容和技术要求，施工要求很难在合同文件中用语言描述清楚，设计图纸也很难对每一个施工细节的要求都说得清清楚楚。另外设计的错误和遗漏，或发包人和设计者主观意志的改变都会向承包商发布变更设计的命令 工程范围的变更索赔很少能独立于其他类型的索赔。如工作范围的变更索赔通常导致延期索赔。如设计变更引起的工作量和技术要求的变化都可能被认为是工作范围的变化，为完成此变更可能增加时间，并影响原计划工作的执行，从而可能导致延期索赔

续表

分类标准	索赔类别	说　明
按索赔的原因分类	施工加速索赔	施工加速索赔经常是延期或工作范围索赔的结果，有时也被称为"赶工索赔"。而加速施工索赔与劳动生产率的降低关系极大，因此又可称为劳动生产率损失索赔 如果发包人要求承包商比合同规定的工期提前，或者因工程前段的承包商的工程拖期，要后一阶段工程的另一位承包商弥补已经损失的工期，使整个工程按期完工。这样，承包商可以因施工加速成本超过原计划的成本而提出索赔，其索赔的费用一般应考虑加班工资，雇用额外劳动力，采用额外设备，改变施工方法，提供额外监督管理人员和由于拥挤、干扰加班引起疲劳造成的劳动生产率损失等所引起的费用增加。在国外的许多索赔案例中对劳动生产率损失通常数量很大，但一般不易被发包人接受。这就要求承包商在提交施工加速索赔报告中提供施工加速对劳动生产率消极影响的证据
	不利现场条件索赔	不利的现场条件是指合同的图纸和技术规范中所描述的条件与实际情况有实质性的不同或虽合同中未作描述，而一个有经验的承包商无法预料的一般是地下的水文地质条件，但也包括某些隐藏着的不可知的地面条件 不利现场条件索赔近似于工作范围索赔，但又不像大多数工作范围索赔。不利现场条件索赔应归咎于确实不易预知的某个事实。如现场的水文、地质条件在设计时全部弄得一清二楚几乎是不可能的，只能根据某些地质钻孔和土样试验资料来分析和判断。要对现场进行彻底全面的调查将会耗费大量的成本和时间，一般发包人不会这样做，承包商在较短的投标报价时间内更不可能做这种现场调查工作。这种不利现场条件的风险由发包人来承担是合理的
按索赔处理方式分类	单项索赔	单项索赔是针对某一干扰事件提出的，在影响原合同正常运行的干扰事件发生时或发生后，由合同管理人员立即处理，并在合同规定的索赔有效期内向发包人或监理工程师提交索赔要求和报告。单项索赔通常原因单一、责任单一，分析起来相对容易，由于涉及的金额一般较小，双方容易达成协议，处理起来也比较简单。因此合同双方应尽可能地用此种方式来处理索赔
	综合索赔	综合索赔又称一揽子索赔，一般在工程竣工前和工程移交前，承包商将工程实施过程中因各种原因未能及时解决的单项索赔集中起来进行综合考虑，提出一份综合索赔报告，由合同双方在工程交付前后进行最终谈判，以一揽子方案解决索赔问题。在合同实施过程中，有些单项索赔问题比较复杂，不能立即解决，为不影响工程进度，经双方协商同意后留待以后解决。有的是发包人或监理工程师对索赔采用拖延办法，迟迟不作答复，使索赔谈判旷日持久。还有的是承包商因自身原因，未能及时采用单项索赔方式等，都有可能出现一揽子索赔。由于在一揽子索赔中许多干扰事件交织在一起，影响因素比较复杂而且相互交叉，责任分析和索赔值计算都很困难，索赔涉及的金额往往又很大，双方都不愿或不容易做出让步，使索赔的谈判和处理都很困难。因此综合索赔的成功率比单项索赔要低得多
按索赔的合同依据分类	合同内索赔	此种索赔是以合同条款为依据，在合同中有明文规定的索赔，如工期延误、工程变更、工程师提供的放线数据有误、发包人不按合同规定支付进度款等。这种索赔由于在合同中有明文规定，往往容易成功
	合同外索赔	此种索赔在合同文件中没有明确的叙述，但可以根据合同文件的某些内容合理推断出，可以进行此类索赔，而且此索赔并不违反合同文件的其他任何内容。例如在国际工程承包中，当地货币贬值可能给承包商造成损失，对于合同工期较短的，合同条件中可能没有规定如何处理。当由于发包人原因使工期拖延，而又出现汇率大幅度下跌时，承包商可以提出这方面的补偿要求
	道义索赔（又称额外支付）	道义索赔是指承包商在合同内或合同外都找不到可以索赔的合同依据或法律根据，因而没有提出索赔的条件和理由，但承包商认为自己有要求补偿的道义基础，而对其遭受的损失提出具有优惠性质的补偿要求，即道义索赔。道义索赔的主动权在发包人手中，发包人在下面四种情况下可能会同意并接受这种索赔：第一，若另找其他承包商，费用会更大；第二，为了树立自己的形象；第三，出于对承包商的同情和信任；第四，谋求承包商更理解或更长久的合作

二、索赔的要求

1. 合同工期的延长

承包合同中都有工期（开始期和持续时间）和工程拖延的罚款条款。如果工程拖期是由承包商管理不善造成的，则其必须承担责任，接受合同规定的处罚。而对外界干扰引起的工期拖延，承包商可以通过索赔，取得发包人对合同工期延长的认可，则在这个范围内可免去对他的合同处罚。

2. 费用补偿

由于非承包商自身责任造成工程成本增加，使承包商增加额外费用，蒙受经济损失，他可以根据合同规定提出费用赔偿要求。如果该要求得到发包人的认可，发包人应向他追加支付这笔费用以补偿损失。这样，实质上承包商通过索赔提高了合同价格，常常不仅可以弥补损失，而且能增加工程利润。

三、索赔的条件

要取得索赔的成功，必须符合三个基本条件。

1. 客观性

确实存在不符合合同或违反合同的干扰事件，并对承包商的工期和成本造成影响。这是事实，有确凿的证据证明。由于合同双方都在进行合同管理，都在对工程施工过程进行监督和跟踪，对索赔事件也都能清楚地了解。所以承包商提出的任何索赔，首先必须是真实的。

2. 合法性

干扰事件非承包商自身责任引起，按照合同条款对方应给予补（赔）偿。索赔要求必须符合本工程承包合同的规定。合同作为工程中的最高法律，由它判定干扰事件的责任由谁承担，承担什么样的责任，应赔偿多少等。所以不同的合同条件，索赔要求就有不同的合法性，就会有不同的解决结果。

3. 合理性

索赔要求合情合理，符合实际情况，真实反映由于干扰事件引起的实际损失，采用合理的计算方法和计算基础。承包商必须证明干扰事件与干扰事件的责任、与施工过程所受到的影响、与承包商所受到的损失、与所提出的索赔要求之间存在着因果关系。

四、索赔的作用

（1）索赔是合同和法律赋予正确履行合同者免受意外损失的权利，索赔是当事人一种保护自己、避免损失、增加利润、提高效益的重要手段。

（2）索赔是落实和调整合同双方经济责、权、利关系的手段，也是合同双方风险分担的又一次合理再分配。离开了索赔，合同责任就不能全面体现，合同双方的责、权、利关系就难以平衡。

（3）索赔是合同实施的保证。索赔是合同法律效力的具体体现，对合同双方形成约束条件，特别能对违约者起到警戒作用，违约方必须考虑违约后果，从而尽量减少其违约行为的发生。

（4）索赔对提高企业和施工工程项目管理水平起着重要的促进作用。我国承包商在许多项目上提不出或提不好索赔，与其企业管理松散混乱、计划实施不严、成本控制不力等有直接关系；没有正确的工程进度网络计划就难以证明延误的发生及天数；没有完整翔实的记录，就缺乏索赔定量要求的基础。

承包商应正确地、辩证地对待索赔问题。在任何工程中，索赔是不可避免的，通过索赔能使损失得到补偿，增加收益。所以承包商要保护自身利益，争取盈利，不能不重视索赔问题。

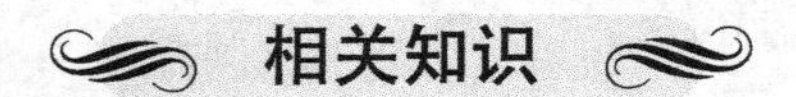

索赔的原因

(1) 施工延期引起索赔。

(2) 恶劣的现场自然条件引起索赔。

(3) 合同变更引起索赔。

(4) 合同矛盾和缺陷引起索赔。

(5) 参与施工工程建设主体的多元性。

附录

水暖及通风空调工程常用图例

1. 给水排水工程施工图常用图例

（1）管道图例　见附表1。

附表1　管道图例

序号	名称	图例	备注
1	生活给水管	J	—
2	热水给水管	RJ	—
3	热水回水管	RH	—
4	中水给水管	ZJ	—
5	循环冷却给水管	XJ	—
6	循环冷却回水管	XH	—
7	热媒给水管	RM	—
8	热媒回水管	RMH	—
9	蒸汽管	Z	—
10	凝结水管	N	—
11	废水管	F	可与中水原水管合用
12	压力废水管	YF	—
13	通气管	T	—
14	污水管	W	—
15	压力污水管	YW	—
16	雨水管	Y	—
17	压力雨水管	YY	—
18	虹吸雨水管	HY	—
19	膨胀管	PZ	—
20	保温管		也可用文字说明保温范围
21	伴热管		也可用文字说明保温范围

续表

序号	名称	图例	备注
22	多孔管		—
23	地沟管		—
24	防护套管		—
25	管道立管	XL-1 平面 XL-1 系统	X为管道类别 L为立管 1为编号
26	空调凝结水管	KN	—
27	排水明沟	坡向	—
28	排水暗沟	坡向	—

注：1. 分区管道用加注角标方式表示。

2. 原有管线可用比同类型的新设管线细一级的线型表示，并加斜线，拆除管线则加叉线。

（2）管道连接图例　见附表2。

附表2　管道连接图例

序号	名称	图例	备注
1	法兰连接		—
2	承插连接		—
3	活接头		—
4	管堵		—
5	法兰堵盖		—
6	盲板		—
7	弯折管	高 低 低 高	—
8	管道丁字上接	高 低	—
9	管道丁字下接	高 低	—
10	管道交叉	低 高	在下面和后面的管道应断开

（3）管道附件图例　见附表3。

附表3　管道附件图例

序号	名称	图例	备注
1	管道伸缩器		—
2	方形伸缩器		—
3	刚性防水套管		—

续表

序号	名称	图例	备注
4	柔性防水套管		—
5	波纹管		—
6	可曲挠橡胶接头	单球 双球	—
7	管道固定支架		—
8	立管检查口		—
9	清扫口	平面 系统	—
10	通气帽	成品 蘑菇形	—
11	雨水斗	YD- YD- 平面 系统	—
12	排水漏斗	平面 系统	—
13	圆形地漏	平面 系统	通用。如无水封，地漏应加存水弯
14	方形地漏	平面 系统	—
15	自动冲洗水箱		—
16	挡墩		—
17	减压孔板		—
18	Y形除污器		—
19	毛发聚集器	平面 系统	—
20	倒流防止器		—
21	吸气阀		—

续表

序号	名称	图例	备注
22	真空破坏器		—
23	防虫网罩		—
24	金属软管	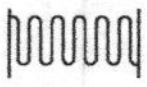	—

（4）管件图例　见附表4。

附表4　管件图例

序号	名称	图例
1	偏心异径管	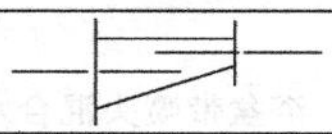
2	同心异径管	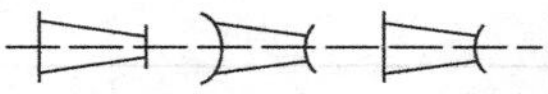
3	乙字管	
4	喇叭口	
5	转动接头	
6	S形存水弯	
7	P形存水弯	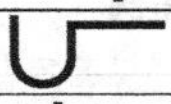
8	90°弯头	
9	正三通	
10	TY三通	
11	斜三通	
12	正四通	
13	斜四通	
14	浴盆排水管	

（5）给水配件的图例　见附表5。

附表5　给水配件图例

序号	名称	图例
1	水嘴	平面　系统
2	皮带水嘴	平面　系统

续表

序号	名称	图例
3	洒水(栓)水嘴	
4	化验水嘴	
5	肘式水嘴	
6	脚踏开关水嘴	
7	混合水嘴	
8	旋转水嘴	
9	浴盆带喷头混合水嘴	
10	蹲便器脚踏开关	

（6）阀门图例　见附表6。

附表6　阀门图例

序号	名称	图例	备注
1	闸阀		—
2	角阀		—
3	三通阀		—
4	四通阀		—
5	截止阀		—
6	蝶阀		—
7	电动闸阀		—
8	液动闸阀		—
9	气动闸阀		—
10	电动蝶阀		—

续表

序号	名称	图例	备注
11	液动蝶阀		—
12	气动蝶阀		—
13	减压阀		左侧为高压端
14	旋塞阀	平面 系统	—
15	底阀	平面 系统	—
16	球阀		—
17	隔膜阀		—
18	气开隔膜阀		—
19	气闭隔膜阀		—
20	电动隔膜阀		—
21	温度调节阀		—
22	压力调节阀		—
23	电磁阀	M	—
24	止回阀		—
25	消声止回阀		—
26	持压阀	C	—
27	泄压阀		—
28	弹簧安全阀		左侧为通用
29	平衡锤安全阀		—
30	自动排气阀	平面 系统	—
31	浮球阀	平面 系统	—

续表

序号	名称	图例	备注
32	水力液位控制阀	平面　系统	—
33	延时自闭冲洗阀		—
34	感应式冲洗阀		—
35	吸水喇叭口	平面　系统	—
36	疏水器		—

（7）卫生设备及水池图例　见附表7。

附表7　卫生设备及水池图例

序号	名称	图例	备注
1	立式洗脸盆		—
2	台式洗脸盆		—
3	挂式洗脸盆		—
4	浴盆		—
5	化验盆、洗涤盆		—
6	厨房洗涤盆		不锈钢制品
7	带沥水板洗涤盆		—
8	盥洗槽		—
9	污水池		—
10	妇女净身盆		—

续表

序号	名称	图例	备注
11	立式小便器		—
12	壁挂式小便器		—
13	蹲式大便器		—
14	坐式大便器		—
15	小便槽		—
16	淋浴喷头		—

注：卫生设备图例也可以建筑专业资料图为准。

（8）小型给水排水构筑物图例　见附表8。

附表8　小型给水排水构筑物图例

序号	名称	图例	备注
1	矩形化粪池	HC	HC为化粪池
2	隔油池	YC	YC为隔油池代号
3	沉淀池	CC	CC为沉淀池代号
4	降温池	JC	JC为降温池代号
5	中和池	ZC	ZC为中和池代号
6	雨水口(单箅)		—
7	雨水口(双箅)		—
8	阀门井及检查井	J-×× W-×× Y-×× J-×× W-×× Y-××	以代号区别管道
9	水封井		—
10	跌水井		—
11	水表井		—

（9）给水排水设备图例　见附表 9。

附表 9　给水排水设备图例

序号	名称	图例	备注
1	卧式水泵	平面　或　系统	—
2	立式水泵	平面　系统	—
3	潜水泵		—
4	定量泵		—
5	管道泵		—
6	卧式容积热交换器		—
7	立式容积热交换器		—
8	快速管式热交换器		—
9	板式热交换器		—
10	开水器		—
11	喷射器		小三角为进水端
12	除垢器		—
13	水锤消除器		—
14	搅拌器	M	—
15	紫外线消毒器	ZWX	—

（10）给水排水工程所用仪表图例　见附表 10。

附表 10 给水排水工程所用仪表图例

序号	名称	图例	备注
1	温度计		—
2	压力表		—
3	自动记录压力表		—
4	压力控制器		—
5	水表		—
6	自动记录流量表		—
7	转子流量计	平面 系统	—
8	真空表		—
9	温度传感器	T	—
10	压力传感器	P	—
11	pH 传感器	pH	—
12	酸传感器	H	—
13	碱传感器	Na	—
14	余氯传感器	Cl	—

2. 暖通空调常用图例

（1）水、汽管道阀门和附件图例 见附表 11。

附表 11 水、汽管道阀门和附件图例

序号	名称	图例	备注
1	截止阀		—
2	闸阀		—
3	球阀		—
4	柱塞阀		—
5	快开阀		—
6	蝶阀		

续表

序号	名称	图例	备注
7	旋塞阀		—
8	止回阀		
9	浮球阀		—
10	三通阀		—
11	平衡阀		—
12	定流量阀		—
13	定压差阀		—
14	自动排气阀		—
15	集气罐、放气阀		—
16	节流阀		—
17	调节止回关断阀		水泵出口用
18	膨胀阀		—
19	排入大气或室外		—
20	安全阀		—
21	角阀		—
22	底阀		—
23	漏斗		—
24	地漏		—
25	明沟排水		—
26	向上弯头		—
27	向下弯头		—
28	法兰封头或管封		—
29	上出三通		—
30	下出三通		—
31	变径管		—
32	活接头或法兰连接		—
33	固定支架		—
34	导向支架		—
35	活动支架		—
36	金属软管		—

续表

序号	名称	图例	备注
37	可屈挠橡胶软接头		—
38	Y形过滤器		—
39	疏水器		—
40	减压阀		左高右低
41	直通型(或反冲型)除污器		—
42	除垢仪	E	—
43	补偿器		—
44	矩形补偿器		—
45	套管补偿器		—
46	波纹管补偿器		—
47	弧形补偿器		—
48	球形补偿器		—
49	伴热管		—
50	保护套管		
51	爆破膜		
52	阻火器		
53	节流孔板、减压孔板		
54	快速接头		
55	介质流向	或	在管道断开处时,流向符号宜标注在管道中心线上,其余可同管径标注位置
56	坡度及坡向	i=0.003 或 i=0.003	坡度数值不宜与管道起、止点标高同时标注。标注位置同管径标注位置

(2) 风道、阀门及附件图例 见附表12。

附表12 风道、阀门及附件图例

序号	名称	图例	备注
1	矩形风管	***×***	宽×高(mm)
2	圆形风管	ϕ***	ϕ直径(mm)
3	风管向上		—
4	风管向下		—
5	风管上升摇手弯		—

续表

序号	名称	图例	备注
6	风管下降摇手弯		—
7	天圆地方		左接矩形风管，右接圆形风管
8	软风管		—
9	圆弧形弯头		—
10	带导流片的矩形弯头		—
11	消声器		—
12	消声弯头		—
13	消声静压箱		—
14	风管软接头		—
15	对开多叶调节风阀		—
16	蝶阀		—
17	插板阀		—
18	止回风阀		—
19	余压阀	DPV	—
20	三通调节阀		—
21	防烟、防火阀	*** ***	*** 表示防烟、防火阀名称代号
22	方形风口		—
23	条缝形风口		—
24	矩形风口		—
25	圆形风口		—
26	侧面风口		—
27	防雨百叶		—
28	检修门	J J	—

续表

序号	名称	图例	备注
29	气流方向		左为通用表示法，中表示送风，右表示回风
30	远程手控盒	B	防排烟用
31	防雨罩		—

（3）暖通空调设备图例　见附表13。

附表13　暖通空调设备图例

序号	名称	图例	备注
1	散热器及手动放气阀	15　15　15	左为平面图画法，中为剖面图画法，右为系统图（Y轴侧）画法
2	散热器及温控阀	15　15	—
3	轴流风机		—
4	轴（混）流式管道风机		—
5	离心式管道风机		—
6	吊顶式排气扇		—
7	水泵		—
8	手摇泵		—
9	变风量末端		—
10	空调机组加热、冷却盘管		从左到右分别为加热、冷却及双功能盘管
11	空气过滤器		从左至右分别为粗效、中效及高效
12	挡水板		—
13	加湿器		—
14	电加热器		—
15	板式换热器		—
16	立式明装风机盘管		—
17	立式暗箱风机盘管		—
18	卧式明装风机盘管		—
19	卧式暗装风机盘管		—
20	窗式空调器		—
21	分体空调器	室内机　室外机	—
22	射流诱导风机		—
23	减振器		左为平面图画法，右为剖面图画法

（4）调控装置及仪表图例　见附表14。

附表14　调控装置及仪表图例

序号	名称	图例
1	温度传感器	T
2	湿度传感器	H
3	压力传感器	P
4	压差传感器	ΔP
5	流量传感器	F
6	烟感器	S
7	流量开关	FS
8	控制器	C
9	吸顶式温度感应器	T
10	温度计	
11	压力表	
12	流量计	F.M
13	能量计	E.M
14	弹簧执行机构	
15	重力执行机构	
16	记录仪	
17	电磁（双位）执行机构	
18	电动（双位）执行机构	
19	电动（调节）执行机构	
20	气动执行机构	
21	浮力执行机构	
22	数字输入量	DI
23	数字输出量	DO
24	模拟输入量	AI
25	模拟输出量	AO

注：各种执行机构可与风阀、水阀组合表示相应功能的控制阀门。

参 考 文 献

[1] 中华人民共和国住房和城乡建设部．建设工程工程量清单计价规范 GB 50500—2013 [S]．北京：中国计划出版社，2013.

[2] 建设部标准定额研究所．《建设工程工程量清单计价规范 GB 50500—2013》宣贯辅导教材 [M]．北京：中国计划出版社，2013.

[3] 建设部标准定额司．全国统一安装工程预算工程量计算规则 GYDGZ—201—2000 [S]．2 版．北京：中国计划出版社，2001.

[4] 吉林省建设厅．全国统一安装工程预算定额：第八册　给排水、采暖、燃气工程 GYD—208—2000 [S]．2 版．北京：中国计划出版社，2001.

[5] 中国民主法制出版社．中华人民共和国招标投标法 [M]．北京：中国民主法制出版社，2001.

[6] 国务院法制办公室．中华人民共和国合同法 [M]．2 版．北京：中国法制出版社，2008.

[7] 孙宏斌．招投标与合同管理 [M]．武汉：华中科技大学出版社，2008.

[8] 刘匀，金瑞珺．工程概预算与招投标 [M]．上海：同济大学出版社，2007.

[9] 姬晓辉，程鸿群等．工程造价管理 [M]．武汉：武汉大学出版社，2004.

[10] 邢莉燕．工程量清单的编制与投标报价 [M]．济南：山东科学技术出版社，2004.

[11] 刘庆山．建筑安装工程预算．第 2 版 [M]．北京：机械工业出版社，2004.

[12] 张怡，方林梅．安装工程定额与预算 [M]．北京：中国水利水电出版社，2003.